刘蕾 主编 / 兰艳 严凤龙 刘冰月 副主编

HTML5+CSS3+JavaScript
项目开发

清华大学出版社
北京

内 容 简 介

本书内容系统全面,在技术上引入了 HTML 和 CSS 最新版本内容,详细介绍了 HTML5 和 CSS3 的各项新功能、新特性。所有知识点都紧跟 HTML5 与 CSS3 的最新发展动态,包括 HTML5 新引入的元素、属性介绍、Canvas 介绍、本地存储等,CSS3 的新属性介绍、CSS 特效和动画制作、盒子模型等内容。

本书以项目实战为主,以项目为导引,包含 42 个单元项目案例,每个单元知识点都配以精心设计的项目案例来讲解,并有扩展运用的部分。在每章结尾,使用本章知识点完成课程综合项目的一个模块,便于读者循序渐进地完成最后的综合项目。

最后的综合项目案例是一个较完整的综合性 Web 界面开发项目,体现了用 HTML5 与 CSS3 开发 Web 页面的思维和方法。本书可以满足初学者全面而系统地学习理论知识的需求,还能满足充分实践的需求。

本书适用于计算机专业的“HTML5 前端开发”“人机交互设计”“网页设计与开发”课程教学。

图书在版编目(CIP)数据

HTML5＋CSS3＋JavaScript 项目开发/刘蕾主编.—北京:清华大学出版社,2019(2022.9 重印)
ISBN 978-7-302-52051-1

Ⅰ.①H… Ⅱ.①刘… Ⅲ.①超文本标记语言－程序设计 ②网页制作工具 ③JAVA 语言－程序设计 Ⅳ.①TP312.8 ②TP393.092.2

中国版本图书馆 CIP 数据核字(2019)第 008143 号

责任编辑:张 玥 常建丽
封面设计:常雪影
责任校对:焦丽丽
责任印制:宋 林

出版发行:清华大学出版社
    网 址:http://www.tup.com.cn, http://www.wqbook.com
    地 址:北京清华大学学研大厦 A 座   邮 编:100084
    社 总 机:010-83470000   邮 购:010-62786544
    投稿与读者服务:010-62776969, c-service@tup.tsinghua.edu.cn
    质量反馈:010-62772015, zhiliang@tup.tsinghua.edu.cn
    课件下载:http://www.tup.com.cn,010-62795954
印 装 者:三河市龙大印装有限公司
经 销:全国新华书店
开 本:185mm×260mm 印 张:22 字 数:507 千字
版 次:2019 年 4 月第 1 版 印 次:2022 年 9 月第 5 次印刷
定 价:75.00 元

产品编号:081728-02

前言

"HTML5 前端开发"课程在高等院校的开设比较普遍,虽然课程名称不统一,但是很多专业都在教授相关课程。计算机专业的院系一般都开设了 HTML5 前端课程。随着技术的不断更新,网页的动态更新由服务端走向客户端,静态网页被动态网页取代,实现客户端动态的 JavaScript 技术成为重中之重。引入软件企业项目开发采用的技术和开发工具也为前端课程的开设范围和方向提供了建设性意见。我们认为前端课程应该以 HTML5、CSS3 和 JavaScript 等相关技术为主线,配合案例和源代码,使知识讲解与实践相结合,从简便易行的开发工具 HBuilder 入门,深入网页跨平台移动开发等方面,全面培养学生的 HTML5 前端开发能力。

本书以 HTML5、CSS3 和 JavaScript 等相关技术为主线,在整个知识体系讲授过程中贯穿一个完整的 Web 前端开发项目案例。在理论内容讲解和单元项目案例实现的过程中,结合具体知识点讲解 HTML 和 CSS 的基本语法、主要标签和属性作用、JavaScript 基本语法和对象的使用、函数和事件处理等内容,并在掌握了每一章的理论内容和单元项目实现过程的基础之上,完成对课程综合项目中相应模块的实现,从而综合应用所学技术加深对各章知识点的理解,提高运用技术的熟练程度。本书每个章节都配有习题和实验,是一本集理论知识、实验项目和课后习题为一体的综合性图书。

本书既可作为高校本、专科相关专业学生的课程用书,也可作为自学人员的参考资料,适合师生共同使用,满足一个学期 64 学时的教学安排。

本书的基本结构与内容组织如下。

一、本书的基本信息

1. 适用对象

本书适用于计算机专业的"HTML5 前端开发""人机交互设计""网页设计与开发"课程教学。

2. 具备的知识和能力基础

本书适用于 HTML、CSS 和 JavaScript 的零基础初学者以及具备基本的网页开发能力、了解 HTML 和 CSS 基本语法、需要进一步深入学习 HTML5 和 CSS3 新特性的前端页面开发人员。使用本书的读者需要具备最基本的计算机基础知识和计算机操作能力,同时也需要具备一定的网页基础知识理解能力。希望从事前端页面开发工作的所有学生均可使用本书。

3. 预期学习效果

学习本门课程之后,将为后续的课程奠定基本的 Web 页面开发基础能力。

通过学习,应熟练使用 CSS、JavaScript、HTML5 等技术完成界面设计和制作,熟悉 HBuilder 等开发工具,能够快速搭建 Web 项目,实现页面动画效果、用户交互和异步更新等。通过 HBuilder 集成开发环境,能够建立移动 App 项目,熟悉项目调试、打包和发布。

4. 本书的编写团队

本书由具备数年"人机交互设计""网页设计与开发"等课程讲授经验,并具备使用 HTML、CSS 和 JavaScript 等技术进行过实际项目开发经验的教师编写,编者教学经验丰富,对 Web 页面开发技术具有较丰富的实践经验和深入的研究。

本书第 1、2、6、7、8 章由刘蕾编写,第 4、5 章由严凤龙编写,第 3、9~11 章由刘冰月编写,第 12~14 章由兰艳编写。全书由刘蕾负责统稿。本书编者均为相关课程的教学一线教师,书中的内容都是多年实际教学实践的积累,虽经过编写团队教师多次集体讨论、修改、补充和完善,但错漏之处仍在所难免,敬请读者批评指正。

5. 本书教材特色

本书内容较为系统全面,在技术上引入了 HTML 和 CSS 最新版本内容,详细介绍了 HTML5 和 CSS3 的各项新功能、新特性。所有知识点都紧跟 HTML5 与 CSS3 的最新发展动态,包括 HTML5 新引入的元素、属性介绍、Canvas 介绍、本地存储等,CSS3 的新属性介绍、CSS 特效和动画制作、盒子模型等内容。

本书以项目实战为主,以项目为导引,包含 42 个单元项目案例,每个单元知识点都配以精心设计的项目案例讲解,并有扩展运用的部分。每一章结尾均设计了使用本章知识点完成课程综合项目的一个模块,便于读者循序渐进地完成最后的综合项目。

最后的综合项目案例是一个较完整的综合性 Web 界面开发项目,体现了用 HTML5 与 CSS3 开发 Web 页面的思维和方法。本书可以满足初学者全面而系统地学习理论知识的需求,还能满足充分实践的需求。

本书针对教师授课需求和学生学习需求,提供完整的立体化教学解决方案。本书从需要讲授的主体知识出发,提供配套的项目案例及案例分析、案例源代码、课后习题、案例库、课件、课程辅助教学网站等多种教学资源,以最大限度地满足课程授课需求,提高教学和学习质量,促进教学改革的实施。

二、本书的基本结构与内容组织

1. 本书的基本结构

本书遵循 TOPCARES-CDIO 教学理念和工程教育思想,坚持以案例为引导、以项目为载体、用项目驱动教学的模式,在每一章每一节均使用实际的单元项目案例讲解知识点,基于构思、设计、实施、运行的背景,通过实现具体的案例对其中涉及的知识点进行学习和强化,并在知识运用部分进行知识点的扩展使用和技能提升训练。读者在案例分析、项目实践的过程中,提高对知识掌握和技术运用的熟练程度以及提升创新实践能力。全书共分为 14 章。

第 1 章介绍开发工具 HBuilder,使初学者快速上手。

第 2 章是 HTML 基础,主要介绍 HTML 的基本语法、常用标签和重点元素的使用。

第 3 章是 HTML5 新增元素和属性,主要介绍 HTML5 中新增的元素和属性的含义和使用,包括新增的包含语义信息的文档结构元素和新增的表单元素。

第 4 章是 CSS 基础,主要介绍 CSS 的基本语法、选择符的作用和使用、常用属性的使用和样式的定义。

第 5 章是 CSS 盒子模型,主要介绍 CSS 的盒子模型的常用属性、浮动定位和位置定位、display 属性的使用。

第 6 章是 CSS3 动画,主要介绍 CSS3 中新引入的动画效果的实现,包括 Animation 动画实现和 Transition 过渡效果实现。

第 7~9 章是 JavaScript 基础,主要介绍 JavaScript 的语法规则、JavaScript 函数定义、事件和事件处理、内置对象、BOM 对象和 DOM 对象的常用属性和方法的使用。

第 10 章是 Canvas 画布,主要介绍 HTML5 中新增的 Canvas 元素的使用,包括利用 Canvas 绘制基本图形、绘制图像以及 Canvas 动画的实现。

第 11 章是本地存储,主要介绍 HTML5 中新增的本地存储技术,包括 Web Storage 和本地数据库的使用。

第 12 章是 jQuery 基础知识讲解,同时介绍 JSON 数据结构和 Ajax 的使用方法。

第 13 章讲解如何利用 HBuilder 工具建立、打包和发布移动 App 项目。

第 14 章是网站综合设计,主要介绍一个综合完整的咖啡销售网站的页面设计和开发,使用之前所学的 HTML、CSS 和 JavaScript 以及 HTML5 和 CSS3 的新特性等技术,进行一个较综合的 Web 网站页面设计开发。

本书的各单元内容的逻辑关系图如下页图所示。

本书重点介绍了 HTML、CSS 和 JavaScript 3 种技术,它们之间的关系是:HTML 主要负责定义 Web 页面结构,CSS 主要负责修饰和格式化页面效果,JavaScript 是一种解释型脚本语言,主要负责为 Web 页面添加动态功能和交互行为,提供更美观流畅和丰富的浏览效果。前端页面开发主要涉及的技术就是以上 3 种,本书将着重介绍这 3 种技术的基本语法、常用标签使用和各种新特性的应用。

本书在编写时较注重实用性和实践性,全书包含 42 个单元项目案例,每个单元的知识点都配以精心设计的项目案例讲解并包含知识的扩展运用部分。课程综合项目是一个较完整的综合性 Web 页面开发项目,体现了使用 HTML5 与 CSS3 开发 Web 页面的思维和方法。本书可以满足初学者全面而系统地学习理论知识的需求,还能满足充分实践的需求。

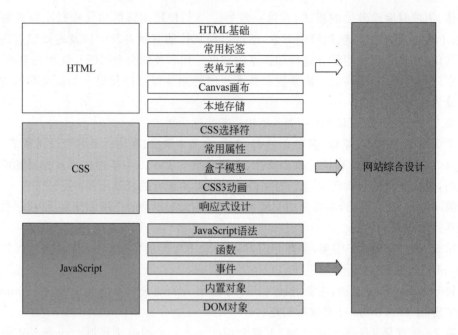

2. 本书的内容组织

本书每章的内容组织形式如下。

本章概述：对本章主要内容进行介绍。

学习重点与难点：指出本章的重要知识点和学习难点，在教学过程中应有所侧重。

知识单元正文：对本章要实现的项目案例涉及的知识点进行系统讲解。

刘　蕾

2018 年 11 月

目 录

CONTENTS

咖啡商城项目导引

学 习 目 标

现阶段，Web 前端开发工程师是一个较新并且需求量较大的职位，在国际和国内的 Web 开发相关领域中也日益受到重视，从事前端开发的程序员越来越多。对于 Web 前端开发人员来说，目前主要需要掌握的技术包括 HTML、CSS 和 JavaScript。随着富互联网应用(Rich Internet Applications，RIA)的流行和普及，Flash/Flex、Silverlight、XML 和服务器端语言也是 Web 前端开发工程师应该掌握的。

在互联网的演化进程中，Web 1.0 时代的网站主要以静态内容为主，用户使用网站时也以浏览为主。进入到 Web 2.0 时代以后，各种媲美于桌面应用程序的 Web 应用大量涌现，网站的展示和呈现方式也发生了根本的变化。网页不再只是由静态的、单一的文字和图片构成，而是包含了各种各样丰富的多媒体资源和动态功能，这使得网页的内容更加生动、效果更加炫丽、操作也越来越智能化和人性化，网页上丰富多样、智能友好的交互形式为用户提供了更好的使用体验，而这些都是基于 Web 前端开发技术实现的。

本书以 HTML5、CSS3 和 JavaScript 等相关技术为主线，在整个知识体系讲授期间贯穿一个完整的 Web 前端开发项目案例——咖啡销售网站。本书在理论内容讲解和单元项目案例实现的过程中，结合具体知识点讲解了 HTML 和 CSS 的基本语法、主要标签和属性作用、新规范中引入的新特性、JavaScript 基本语法和常用对象的使用、函数和事件处理等内容，并在掌握了每一章的理论内容和单元项目实现过程的基础之上，完成对课程综合项目中相应模块的实现，从而综合应用所学技术加深对各章知识点的理解，提高运用技术的熟练程度。本书从初步的语法介绍到单元项目实现、到综合项目各模块实现、到最后的完整的综合项目开发，一步一步循序渐进地向读者介绍了 Web 前端开发过程中需要使用到的相关知识，引导读者完成综合项目案例功能的开发，最终提高读者的 Web 前端开发能力。

通过学习，能够掌握以下 Web 前端开发技能：

(1) HTML 基本语法和常用标签的使用。

(2) CSS 基本语法和常用属性的含义。

(3) HTML5 新增元素和属性的含义和使用。

(4) HTML5 中 Canvas、本地存储的使用等。

（5）CSS3 新特性，如 CSS3 动画等。

（6）JavaScript 基本语法和常用对象、方法的使用。

（7）JavaScript 函数定义和事件处理。

（8）开发基于 HTML5＋的移动 App。

（9）了解 App 产品打包、发布的过程。

内 容 安 排

本书共 14 章。

第 1 章介绍了目前流行的前端开发工具 HBuilder，使初学者快速上手。

第 2 章是 HTML 基础，主要介绍 HTML 的基本语法、常用标签和重点元素的使用。

第 3 章是对 HTML5 规范中新引入的元素和特性进行介绍。首先介绍了 HTML5 新增元素和属性，主要包括 HTML5 中新增的元素和属性的含义和使用，如新增的包含语义信息的文档结构元素和新增的表单元素等。

第 4～6 章主要介绍 CSS 的使用，分别介绍了 CSS 的基本语法、选择符的作用和使用、常用属性的使用和样式的定义。在此基础之上，还讲解了 CSS 的盒子模型的常用属性、浮动定位和位置定位、display 属性的使用。另外，还介绍了 CSS3 中新引入的动画效果的实现，包括 Animation 动画实现和 Transition 过渡效果实现。

第 7～9 章介绍了 JavaScript 基础，主要介绍 JavaScript 的基本语法、JavaScript 函数定义、事件和事件处理、内置对象、BOM 对象和 DOM 对象的常用属性和方法的使用。

第 10 章讲解了 HTML5 中新引入的 Canvas 画布元素，主要介绍 Canvas 元素的使用，包括利用 Canvas 绘制基本图形、绘制图像以及 Canvas 动画的实现。

第 11 章介绍 HTML5 中新增的本地存储技术，包括 Web Storage 和本地数据库的使用。

第 12 章讲解 jQuery 的基础语法，同时介绍 JSON 数据结构和 Ajax 的使用方法。

第 13 章讲解了如何利用 HBuilder 工具建立、打包和发布移动 App 项目。

最后，第 14 章讲解了贯穿全书的综合项目案例，主要介绍了一个综合的完整的咖啡销售网站的页面设计和开发，使用到之前所学的 HTML、CSS 和 JavaScript 以及 HTML5 和 CSS3 的新特性等技术，进行一个较综合的 Web 网站页面设计开发。

项 目 背 景

电子商务自 1999 年在中国出现之后，已经取得了突飞猛进的发展。电子商务项目潜力巨大，从管理方式、经营理念、经营模式、政策倾向等方面，都具备传统商务模式无法比拟的优势。商家可以通过电子商务平台提供产品展示、产品宣传、网上交易和支付管理等方面的全程服务，越来越多的商家通过企业电子商务平台的建设，将买家和卖家、厂商和合作伙伴紧密地结合在一起，消除时间与空间障碍，大大节约了交易成本，扩大了交易范围。

基于国内现今电子商务平台蓬勃发展的现状和线上经营销售模式日益成熟并逐渐占据主导地位的发展状况,为适应目前销售模式的时代性变革,公司提出了建设网络平台,提供在线销售咖啡产品的需求。

本项目结合真实需求,拟开发一套可供实际应用并最终上线运行的 B2C 在线咖啡销售系统。本项目无论从实际市场应用价值,还是积累实际项目开发经验以及学习前沿开发技术等方面,都具备积极正面的意义。

本项目后台开发可以使用 Java Web 相关技术,主要负责向客户端 Web 浏览器和客户端手机 App 等终端程序提供后台数据。前端开发主要包括 C/S 模式的手机端 App 应用软件开发和 B/S 模式的网站前端 Web 页面开发。本书完成的正是网站前端 Web 页面开发的工作。针对项目需求,提供一套完整的前端 Web 页面开发解决方案。

项 目 构 思

1. 内容构思

为了明确项目开发风险及所带来的开发效益,并确定项目是否可行,为接下来的需求分析奠定基础,在此对项目的实现内容进行初步构思。

本项目内容为咖啡在线销售系统前端页面的设计和开发,主要涵盖以下几方面的工作。

(1) 网站首页设计,包括首页内容和布局结构。

(2) 网站栏目及子栏目设计,包括栏目、子栏目内容和栏目布局结构。

(3) 网站 logo 图标设计。

(4) 网站导航设计。

(5) 网站页脚设计。

(6) 网站各主要页面内容设计。

项目的主要页面包括以下几部分。

(1) 商城首页。

(2) 商品详情页面。

(3) 购物车页面。

(4) 我的订单页面。

其中:

(1) 商城首页包括网站导航区、商品分类区、商品展示区、新闻广告区和页脚区等部分。

(2) 商品详情页面包括导航区、商品购买区、热卖商品排行榜、商品详细信息显示区等部分。

(3) 购物车页面包括导航区、购物车商品信息区等部分。

(4) 我的订单页面包括导航区、链接区、订单信息显示区等部分。

2. 技术构思

关于项目中涉及的动态效果运用到的实现技术,主要构思如下。

(1)商城首页。

① 使用 DIV+CSS 实现网页布局,所有文字和段落样式、背景和边框、导航栏样式都由 CSS 实现。

② 使用 JavaScript 实现商品说明文字的显示和隐藏功能。

③ 在广告栏上做图片动态轮播效果,可以使用 JavaScript 实现。

④ 使用 HTML5 新增的<video>标签插入 MP4 格式的视频文件。

(2)商品详情页面。

① 商品购买区中的根据选中的商品缩略图切换商品大图功能,可以使用 JavaScript 的 onmousemove 事件处理函数响应鼠标行为,使用 HTML5 中的 Canvas 进行图像绘制。

② 商品购买区中的商品大图区域,可以使用 HTML5 的 Canvas 进行图像剪裁、放大和重绘,实现图片放大镜功能。

③ 商品购买区中的"加入购物车"功能,可以使用 HTML5 的本地数据库存储购物车中的商品信息。

(3)购物车页面。

① 购物车页面加载时,读取本地数据库中存放的购物车表中的所有内容,列表显示在购物车页面中。

② 购物车页面的商品信息区的"删除"功能,对本地数据库的购物车表执行删除 SQL 命令,将所选商品的记录从购物车表删除。

③ 购物车页面的已选商品件数和商品总金额计算功能,可以使用 JavaScript 的 onchange 事件处理函数响应选中/不选中的鼠标行为,对选中商品进行金额计算后,将结果动态显示在指定区域。

开发工具 HBuilder

本章概述

通过本章的学习,掌握开发工具 HBuilder 的安装和使用方法,了解 Web 项目和移动 App 项目的建立和运行方法。

学习重点与难点

重点:

(1) HBuilder 的安装和启动。

(2) 认识 HBuilder 界面。

(3) 新建项目、运行项目。

难点:

(1) 在浏览器内运行 Web 项目。

(2) 在手机上运行移动 App。

重点及难点学习指导建议:

请按照本章的内容进行实践操作,掌握新建项目和运行项目的方法,自行熟悉开发工具 HBuilder 的界面功能,并努力掌握各种快捷操作。

1.1　飞速编码的极客工具

前端开发的代码编辑工具有很多，任何能够进行文档编辑的工具都可以，如记事本和写字板，当然，还有很多便捷的开发工具可供选择，如 EditPlus、Sublime 和 Dreamweaver 等。在众多的开发工具中，推荐使用 HBuilder 作为本门课程的开发工具。

HBuilder 是专注于 HTML、JavaScript、CSS 的 IDE（集成开发环境）。它能大幅提高开发效率，对程序员也设计了更人性化的界面，它包括最全面的语法库和浏览器兼容性数据。从 FrontPage、Dreamweaver、UE，到 Sublime Text 和 WebStorm，Web 编程的 IDE 已经更换了几批。HBuilder 是 DCloud（数字天堂）推出的一款支持 HTML5 的 Web 开发 IDE。

在 HBuilder 里预置了一个名为 Hello HBuilder 的 Project（项目），该项目中包含一个快速录入的参考文件和练习文件，用户输入这几十行代码后会发现，HBuilder 比其他开发工具至少快 5 倍。以"快"为核心的 HBuilder，引入了"快捷键语法"的概念，巧妙地攻克了困扰很多开发人员的快捷键过多而记不住的问题。开发人员仅记住几条语法，就能够高速实现跳转、转义和其他操作。例如，Alt＋[是跳转到括号，Alt＋' 是跳转到引号，Alt＋快捷字母是执行菜单项，而 Alt＋左箭头是跳转到上一次光标位置。Ctrl 则是各种操作，如 Ctrl＋d 是删除一行。Shift 则是转义，如 Shift＋回车是＜br/＞，Shift＋空格是 。

另外，HBuilder 的生态系统可能是最丰富的 Web IDE 生态系统，由于它同一时候兼容 Eclipse 插件和 Ruby Bundle。SVN、git、ftp、PHP、less 等各种技术都有 Eclipse 插件。

HBuilder 的编写用到了 Java、C、Web 和 Ruby。HBuilder 本身的主体由 Java 编写，它基于 Eclipse，所以顺其自然地兼容了 Eclipse 的插件。但由于 Java 效率太低，所以用 C 写了启动器。HBuilder 柔和的绿色界面设计需要动态调节屏幕亮度，它还支持手机数据线真机联调，而这些都是用 C 写的。HBuilder 非常多界面，如用户信息界面都是使用 Web 技术做的，既美丽，开发起来又快。最后，代码块和快捷配置命令脚本都是用 Ruby 开发的。

1.2　安装 HBuilder

Windows 操作系统和 Mac 操作系统上都可以安装 HBuilder。安装步骤如下所示。

（1）直接从 DCloud-HBuilder 官网上下载最新版本的安装文件。DCloud-HBuilder 官方网站页面如图 1.1 所示。

（2）对下载到的文件夹进行解压缩，HBuilder 不用安装，解压完成后即可使用。

（3）打开解压后的文件夹，找到一个叫作 HBuilder.exe 的可执行文件，这个可执行文件就是 HBuilder 的启动文件，双击该文件打开 HBuilder 编辑器。

| HBuilder | 2017/9/26 20:24 | 应用程序 | 456 KB |

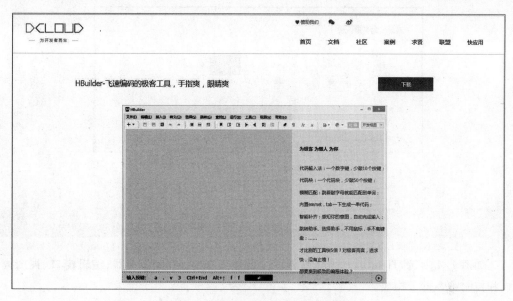

图 1.1 DCloud-HBuilder 官方网站

（4）第一次使用需要登录（可选），建议选"登录"，若不登录，则每次都会提示该窗口，如图 1.2 所示。

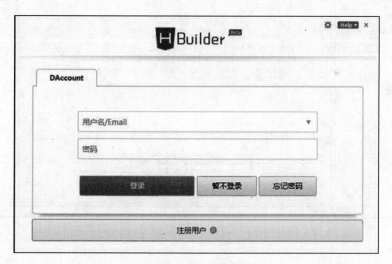

图 1.2 注册登录窗口

（5）可以将 HBuilder.exe 这个执行文件发送到桌面快捷方式，这样，每次使用时直接在桌面就可以打开。

（6）HBuilder 打开之后，会出现一些很人性化的设置，如设置视觉颜色。HBuilder 的编辑器风格是黄色系，对眼睛比较好，不同于其他的编辑器一般是以黑白为主，这里一般使用标准模式，如图 1.3 所示。

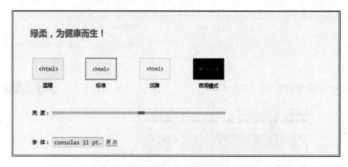

图1.3　视觉设置

1.3　认 识 界 面

如图1.4所示，HBuilder的开发界面主要由菜单栏、项目管理器、编辑窗口、视图模式和控制台5部分构成。

图1.4　界面布局

菜单栏：位于窗口的左上方，是所有界面功能的集合和导航。其中常用的选项有"文件"和"运行"，请自行了解这两个选项内的功能。

项目管理器：位于窗口左侧，是管理项目的工具，可以添加、删除、修改、查看项目文件。项目管理器被关闭后，按下F9键，将打开项目管理器。

编辑窗口：在项目管理器中双击某个文件，该文件将在编辑窗口中打开。在编辑窗口中可以同时打开并编辑多个文件。

视图模式：在窗口右侧显示，单击下拉列表将出现"开发视图""边改边看模式""团队同步模式"和"＜WebView 调试模式＞视图"选项。

控制台：调试代码时，显示代码运行状态和报告信息。运行代码时，控制台会自动弹出。当控制台被关闭后，可以通过菜单栏中的"视图"→"显示视图"找到"控制台"，手动打开控制台。

1.4 新建项目

HBuilder 可以创建两种项目，即 Web 项目和移动 App 项目。

(1) 新建 Web 项目。在菜单栏中选择"文件"→"新建"→"Web 项目"。

在出现的"创建 Web 项目"窗口中填写项目名称，设置项目所在的位置，单击"完成"按钮即可，之后新创建的 Web 项目会在左侧的项目管理器中出现。这里创建的项目名称为 Demo，如图 1.5 所示。

图 1.5 创建 Web 项目

在项目管理器中展开项目 Demo 的文件夹，会看到里面有首页 index.html、js 文件夹、css 文件夹，还有图片的文件夹，这就是自动生成的项目结构，如图 1.6 所示。

图 1.6 项目结构

到这一步之后,便可以编写我们的代码了。双击 index. html 文件,在第 8 行写入
"<h1>这是一个网页</h1>",如图 1.7 所示。

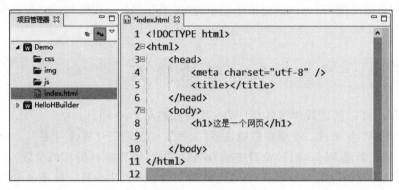

图 1.7　编辑代码

按下 Ctrl＋S 组合键,保存 index. html 文件。注意,一定要先保存,后运行。

（2）新建移动 App 项目。在菜单栏中选择"文件"→"新建"→"移动 App"。

在出现的"创建移动 App"中填写"应用名称",设置项目所在的位置,单击"完成"按
钮即可,之后新建的移动 App 项目会在左侧的项目管理器中出现。这里创建的项目名称
为 Demo2,如图 1.8 所示。注意,新建移动 App 需要联网分配一个 appid,在真机联调、打
包发行时都需要这个 ID,所以如果不联网,就无法创建移动 App。

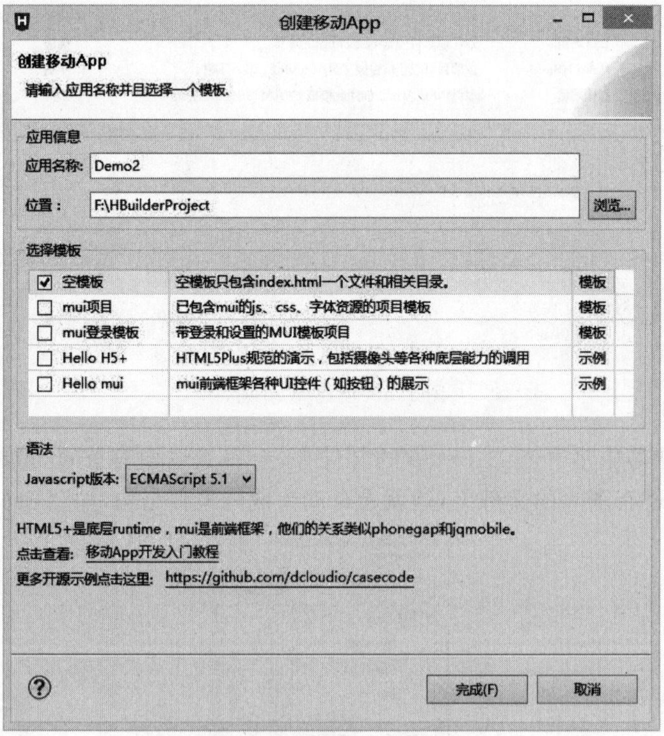

图 1.8　"创建移动 App"项目

在项目管理器中展开项目 Demo2 的文件夹，会看到里面有首页 index.html、有 js 文件夹、CSS 文件夹，还有图片的文件夹和应用配置文件 manifest.json，这就是自动生成的项目结构，如图 1.9 所示。

图 1.9　项目结构

然后就可以编写代码了。双击 index.html 文件，在第 17 行写入"<h1>这是一个移动 App</h1>"，如图 1.10 所示。

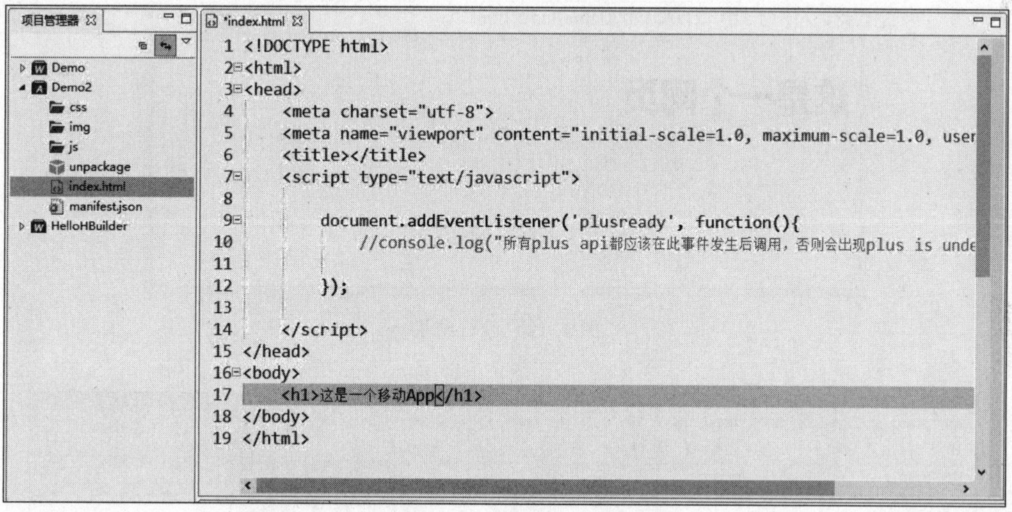

```
1  <!DOCTYPE html>
2  <html>
3  <head>
4      <meta charset="utf-8">
5      <meta name="viewport" content="initial-scale=1.0, maximum-scale=1.0, user
6      <title></title>
7      <script type="text/javascript">
8
9          document.addEventListener('plusready', function(){
10             //console.log("所有plus api都应该在此事件发生后调用，否则会出现plus is unde
11
12         });
13
14      </script>
15  </head>
16  <body>
17      <h1>这是一个移动App</h1>
18  </body>
19  </html>
```

图 1.10　编辑代码

按下 Ctrl+S 组合键，保存 index.html 文件。注意，一定要先保存，后运行。

1.5　Web 项目的运行

Web 项目的运行有两种方式，以图 1.11 为例，首先，在项目管理器中选中 Demo 项目的 index.html 文件，然后在菜单栏中选择"运行"，单击对应的浏览器后跳转到一个对应的页面，如图 1.12 所示。注意，选择的浏览器必须是事先在计算机上安装过的浏览器。

另外一种方式是在工具栏中选择"在浏览器内运行"按钮，如图 1.13 所示。运行的结果同上。

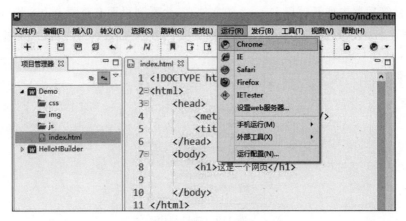

图 1.11　运行代码

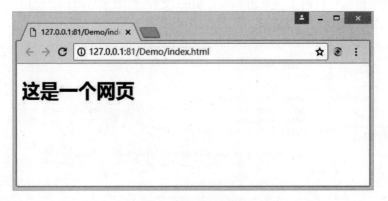

图 1.12　运行结果

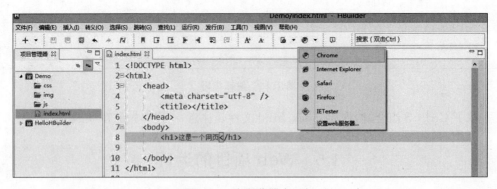

图 1.13　在浏览器内运行

1.6　移动 App 的运行

　　移动 App 运行的方式有两种：一种是在计算机浏览器上运行；另一种是在手机上运行。

（1）在计算机浏览器上运行。移动 App 项目可以在计算机浏览器上运行，在工具栏中单击"浏览器内运行"按钮，单击对应的浏览器之后跳转到一个对应的页面。

在浏览器页面按下 F12 键，进入"开发者模式"。页面会以手机屏幕大小显示，以此模拟手机上的显示效果，如图 1.14 所示。

图 1.14 运行代码

（2）在手机上运行。因为计算机浏览器不具有手机的 API 功能，所以如果程序中需要调用 API，还是需要使用真机调试。真机调试的步骤如下。

首先，手机用数据线与计算机相连。iOS 手机应事先在计算机上安装 iTools，Android 手机应在计算机上安装对应型号的驱动程序或者手机助手，以保证手机与计算机连接成功。

在 HBuilder 识别到手机以后，在菜单栏中选择"运行"→"真机运行"，弹出被识别的手机设备，如图 1.15 所示。

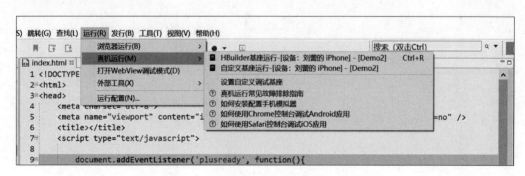

图 1.15 真机运行

选择"HBuilder 基座运行-设备"后,控制台显示信息如图 1.16 所示。

> 📃 控制台 ⊠
>
> 当前是 [Demo2 运行于 刘蕾的 iPhone] 的控制台, 点右上角工具条相应按钮可切换控制台
>
> 正在建立手机连接...
> 正在安装手机端**HBuilder**调试基座...

图 1.16　控制台显示信息

之后,在手机上会显示一个 HBuilder 应用图标,单击这个图标会看到应用运行的结果,如图 1.17 所示。

图 1.17　执行应用程序

HTML 基础

本章概述

通过本章的学习,学生能够了解 HTML 语法,学习使用编辑工具编写 HTML 文档。通过 HTML 文档的创建过程,获得编辑和修改 HTML 网页的经验;了解浏览器如何对网页进行展示,理解 HTML 文档与浏览器的关系,记忆 HTML 文档的基本结构。

学习重点与难点

重点:

(1) HTML 文档的结构。

(2) HTML 的语法。

(3) HTML 中常用的标签。

难点:

表单控件的使用。

重点及难点学习指导建议:

- 重点掌握 HTML 的文档结构,在对标签的认识基础上,会使用标签添加文字、图片、超链接等内容,着重记忆常用标签的语法和属性含义。
- 基于表格和 div、span 等形成文档基本结构,进行版块划分。
- 强化练习表单及表单元素的使用,可进行各种表单页面的大量编码练习,以达到熟练使用的程度。

2.1 认识 HTML

当畅游 Internet 时,通过浏览器看到的网站是由超文本标记语言(Hypertext Markup Language,HTML)构成的。HTML 的作用是告诉浏览器如何显示文档的内容,如文本、图像和其他媒体,还可以通过超链接把文档与其他互联网资源连接起来。

HTML 网页文件可以使用记事本、写字板或者 EditPlus 等编辑工具编写,以.htm 或.html 为文件后缀名保存。将 HTML 网页文件用浏览器打开显示,若测试没有问题,则可以放到网站服务器上,供各类客户端访问。

2.1.1　HTML 基本语法

一个 HTML 文档由一系列元素组成。HTML 元素指的是从开始标签(start tag)到结束标签(end tag)的所有代码,如表 2.1 所示的元素。

表 2.1　元素的组成

开 始 标 签	元 素 内 容	结 束 标 签
＜p＞	This is a paragraph	＜/p＞
＜a href="default. htm" ＞	This is a link	＜/a＞
＜br /＞		

大多数 HTML 元素都可以嵌套。HTML 文档由嵌套的 HTML 元素构成。

HTML 标签(或标记)是由"＜"和"＞"括住的指令标签,用于向浏览器发送指令。

HTML 标签分单标签和成对标签两种。成对标签是由开始标签＜标签名＞和结尾标签＜/标签名＞组成的,如＜html＞＜/html＞,其作用域只是这对标签中间的文档。成对标签必须有开头和结尾部分,但浏览器具有一定的容错性,即使没有配对,通常也不会报错。

书写 HTML 页面时,标签是不区分大小写的,所以实际网页中大写和小写的标签都存在。

为了便于理解,将 HTML 标签语言大致分为基本标签、格式标签、文本标签、图像标签、表格标签、链接标签、表单标签和帧标签等。

属性是标签里的参数项。大多数标签都有自己的一些属性,属性要写在开始标签内。属性用于进一步改变显示的效果,各属性之间无先后次序,属性是可选的,也可以省略而采用默认值。其格式如下。

＜标签名 属性 1="值" 属性 2="值" 属性 3="值"…＞内容＜/标签名＞

属性值可以不加双引号,但是为了适应 XHTML 规则,提倡对属性值全部加双引号,如:

＜a href="1.html" target="_blank"＞Chapter 1＜/a＞

2.1.2　HTML 文档的基本结构

如图 2.1 所示，HTML 文档的主要结构可划分为 3 个部分：网页区＜html＞…
＜/html＞、标头区＜head＞…＜/head＞和内容区
＜body＞…＜/body＞。

1. ＜html＞…＜/html＞

＜html＞标签用于 HTML 文档的最前边，用来
标识 HTML 文档的开始。＜/html＞标签恰恰相反，
它放在 HTML 文档的最后边，用来标识 HTML 文档
的结束。两个标签必须一块使用。

图 2.1　HTML 文档的基本结构

2. ＜head＞…＜/head＞

＜head＞和＜/head＞构成 HTML 文档的开头部分，在此标签对之间可以使用
＜title＞＜/title＞、＜script＞＜/script＞等标签对。这些标签对都是用来描述 HTML
文档相关信息的。＜head＞和＜/head＞标签对之间的内容是不会在浏览器的框内显示
出来的，两个标签必须一块使用。

3. ＜body＞…＜/body＞

＜body＞和＜/body＞是 HTML 文档的主体部分，在此标签对之间可包含＜p＞…
＜/p＞、＜h1＞…＜/h1＞、＜br＞、＜hr＞等众多的标签。它们定义的文本、图像等将会
在浏览器的框内显示出来。

4. ＜title＞…＜/title＞

使用过浏览器的人可能都会注意到浏览器窗口最上边蓝色部分显示的文本信息，那
些信息一般是网页的主题。要将网页的主题显示到浏览器的顶部其实很简单，只要在
＜title＞＜/title＞标签对之间加入需要显示的文本即可。

下面是一个简单的网页实例。通过该实例，可以了解以上各个标签对在一个 HTML
文档中的布局或所使用的位置。

```
<html>
    <head>
        <title>显示在浏览器窗口最顶端的文本</title>
    </head>
    <body>
        <p>正文文本</p>
    </body>
</html>
```

注意，＜title＞＜/title＞标签对只能放在＜head＞＜/head＞标签对之间。

2.1.3 项目：第一个 HTML 页面

1. 项目说明

编写第一个 HTML 页面，在页面中显示"我们开始学习 HTML"，并且在浏览器中查看和展示页面。

2. 项目设计

本项目主要完成编写、保存、修改 HTML 文档，以及查看 HTML 文档的过程和步骤。需要准备的工具是浏览器和文本编辑工具。

浏览器有很多可供选择，最普及的浏览器当属微软（Microsoft）公司的 Internet Explorer（俗称 IE），其他的一些浏览器包括 Opera、Google Chrome、Mozilla Firefox（俗称"火狐"）等。这些浏览器的基本功能都是浏览网页，因此具体使用哪个浏览器是无所谓的。

至于文本编辑工具，如果使用的是 Windows 操作系统，可以使用它自带的记事本（Notepad）程序。作为入门学习，此处先介绍一下记事本的使用方法，后面的章节会使用功能强大的 HBuilder 作为编辑工具。

3. 项目实施

（1）编写网页。

打开 Windows 自带的文本编辑器"记事本"，输入如下代码。

```
<html>
<head>
    <meta charset="utf-8">
    <title>第一个网页</title>
</head>
<body>
    我们开始学习 HTML
</body>
</html>
```

（2）保存网页。

在记事本中单击左上角的"文件"→"另存为"，保存时注意修改文件的扩展名为.htm 或.html，保存类型选择"所有文件"，Encoding 选择 UTF-8。

（3）运行网页。

双击"第一个网页.html"文件，会自动弹出一个浏览器窗口，显示这个网页的内容，如图 2.2 所示。所有的 HTML 标签浏览器都不会显示出来，浏览器中显示的是标签中间的文字，文字按照 HTML 标签规定的样式显示，这就是"标记语言"的基本特点。

（4）修改网页。

在刚才的文件"第一个网页.html"上右击，从弹出的菜单中选择"打开方式"→"记事

图 2.2 第一个网页

本",就可以在记事本中打开并编辑文件了。

（5）中文乱码问题。

<meta charset="utf-8">是告诉浏览器以 UTF-8 字符集显示文字,保存的时候也需要把文件保存为 UTF-8 格式,否则如果文档中声明的字符集与保存的不一致,就会产生乱码。

4. 知识运用

使用 EditPlus、Sublime 或 HBuilder 等工具创建并编写一个网页文件,显示"Hello World"。

2.2 HTML 常用标签

2.2.1 文本与标签

1. 文本

在浏览器中显示给读者的部分不是标签,也不是注释,就一定是文本了。

浏览器总是会截短 HTML 页面中的空格。如果在文本中写 10 个连续的空格,显示该页面前,浏览器就会删除它们中的 9 个,换行、缩进只保留一个空格。例如,下面这段代码:

```
<p>
这          是一个 HTML
的
    文件。
</p>
```

其显示结果如图 2.3 所示。

在 HTML 中不能使用小于号(<)和大于号(>),这是因为浏览器会误认为它们是标签。

这 是一个 HTML 的 文件。

图 2.3 空格的显示效果

在 HTML 中,某些字符是预留的。如果希望正确地显示预留字符,必须在 HTML 源代码中使用字符实体。如需显示小于号,必须写成"<"或"<"。如需在页面中显示空格,则使用" "。部分字符实体的定义见表 2.2。

表 2.2　部分字符实体的定义

显示结果	描述	实体名称	实体编号
	空格		
<	小于号	&lt;	&#60;
>	大于号	&gt;	&#62;
&	和号	&amp;	&#38;
"	引号	&quot;	&#34;
'	撇号	'（IE 不支持）	&#39;

2. 常用标签

(1) 注释<!-- -->。

<!--注释语句-->是 HTML 文件中的注释标签,注释语句中的内容会被浏览器忽略,不显示在网页上,所以设计者可以在里面放置任何内容。

(2) 换行
。

br 是单标签,作用是换行。

此处另起一行。

(3) 标题<h1></h1>。

h 标签用于显示标题,独自成行,带有默认的字号和段间距,例如:

<h1>标题 1</h1><h2>标题 2</h2><h3>标题 3</h3><h4>标题 4</h4><h5>标题 5</h5>
<h6>标题 6</h6>

标题的显示效果如图 2.4 所示。

(4) 段落<p></p>。

p 标签的作用是分段(paragraph),每个段落会另起一行,带有默认的段间距。

例如:

<p>这是一个段落</p>

(5) 块<div></div>。

div 标签的作用是分块(block),每个块会另起一行,一对 div 标签中间可以放置文本、图片或其他元素,div 通常作为样式的容器。

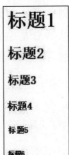

图 2.4　标题的显示效果

例如:

<div>这是一个块</div>

或者:

<div><p>这是我的内容</p></div>

（6）区间<span></span>。

span 标签的作用是划分区间，通常作为样式的容器，默认不会独立成行，多个区间会在一行上连续显示。

例如：

```
<span>这是一个区间</span>
```

（7）列表。

列表分为无序（unordered）列表、有序（ordered）列表和定义列表。

ul 代表无序列表（unordered list），它的作用是为每个列表项显示一个粗点。

ol 代表有序列表（ordered list），它的作用是显示每个列表项的序号。

用<ul></ul>或<ol></ol>定义边界，列表中的项目用<li></li>进行标记。列表可以嵌套。例如：

```
<ul>
    <li>这是一个无序列表</li>
    <li>下面是内部的一个有序列表</li>
        <ol>
        <li>列表项 A</li>
        <li>列表项 B</li>
        <li>列表项 C</li>
    </ol>
    <li>列表结束</li>
</ul>
```

列表的显示效果如图 2.5 所示。

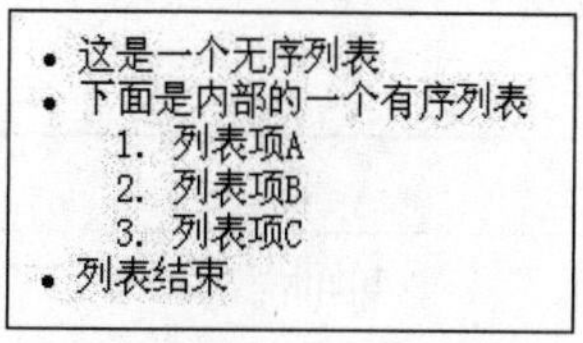

dl 代表定义列表（definition list）。在<dl></dl>标签里可以用<dt>（definition term）表示项目，用<dd>（definition description）表示描述。

例如：

```
<dl>
    <dt>HTML</dt>
    <dd>HyperText Markup Language 的缩写</dd>
    <dt>WWW</dt>
    <dd>World Wide Web 的缩写</dd>
</dl>
```

显示效果为

```
HTML
HyperText Markup Language 的缩写
WWW
World Wide Web 的缩写
```

```
• 这是一个无序列表
• 下面是内部的一个有序列表
    1. 列表项A
    2. 列表项B
    3. 列表项C
• 列表结束
```

图 2.5　列表的显示效果

（8）图片＜img＞＜/img＞。

在网上看到或听到的图像、视频、Flash 等多媒体元素并不是 HTML 文档的一部分，这些多媒体数据与 HTML 文档分开保存，通过特殊的标签把这些多媒体元素的引用包括在文档中，浏览器利用引用加载这些元素，并把它们与文本集成在一起。

＜img＞允许将外部图像文件（JPEG、GIF、PNG 等格式）嵌入文档。

＜img＞标签的常用属性包括：src 用于指定图像文件的路径和名称，一般都用相对路径，此属性是必须写的；width 用于指定所插入的图像的宽度；height 用于指定所插入的图像的高度；align 用于指定文本字段中嵌入图像水平对齐；alt 用于指定不显示图像时的替代文本；border 用于指定图像外边框大小。

如下面这段代码显示效果如图 2.6 所示。

```
<img src="pic.png" width="400px" height="300px" border="0" alt="范例图片">
```

（9）超链接＜a＞＜/a＞。

超链接用＜a＞＜/a＞标签创建。一对＜a＞＜/a＞标签中间可以是图片、文字或页面元素，单击超链接，就可以自动连到相应的文件。

＜a＞标签的常用属性包括：href 属性用于指定链接目的地，其值可以是任何有效的 URL，包括相对的 URL 和绝对的 URL，也可以是 JavaScript 语句；target 属性用于规定打开超链接文档的位置，相关属性值见表 2.3；title 属性用于指定超链接的说明文字，当鼠标在超链接上方悬停时，会出现对超链接进行说明的方框。

图 2.6　img 元素的显示效果

表 2.3　target 的属性值

值	描　　述
_blank	在新窗口中打开被链接的文档
_self	默认。在相同的框架中打开被链接的文档
_parent	在父框架集中打开被链接的文档
_top	在整个窗口中打开被链接的文档
framename	在指定的框架中打开被链接的文档

例如：

```
<a href="http://www.nou.com.cn" target="_blank">东软教育在线</a><!--在新窗口
打开东软教育在线-->
<a href="ftp://172.23.7.45/data.zip" title="数据文件">下载</a><!--下载数据文
件压缩包-->
<a href="course_list.action">课程列表</a><!--执行服务端代码-->
<a href="javascript:history.go(-1)" target="_self">返回</a><!--返回上一页
面-->
```

```
<a href="# ">首页</a><!--空链接不跳转-->
```

2.2.2 项目：介绍我的学校 1

1. 项目说明

设计并制作网页"介绍我的学校"，页面内容包括学校的图片、学校简介和大学精神的相关文字介绍，并有页内导航，单击导航文字即可跳转到"学校简介"和"大学精神"的段落标题。"介绍我的学校"网页效果如图 2.7 所示。

图 2.7 "介绍我的学校"网页效果

2. 项目设计

本项目的页面上依次出现了标题、图片、超链接和段落，使用<h>标签定义标题，使用<p>标签定义段落，使用<img>标签插入图片，使用<a>标签添加超链接，使用<ul>标签定义导航列表。

3. 项目实施

本项目代码如下。

```
<html>
  <head>
    <title>介绍我的学校</title>
    <meta charset="utf-8">
  </head>
```

```
<body>
   <h1>介绍我的学校</h1>
   <ul>
     <li><a href="# intro">学校简介</a></li>
     <li><a href="# spirit">大学精神</a></li>
     <li><a href="# campus">校园风光</a></li>
   </ul>
   <h2 id="intro">学校简介</h2>
   < img src="1395150360585.jpg" width="900" height="300" border="0" alt=""
   align="center">
   <p>学校座落于美丽的海滨城市大连,地处大连软件园核心区域,占地面积 60.3 万平方米,
   总建筑面积 39.9 万平方米,现有在校生 14000 余人。学校现设有 15 个教学机构,学科专业
   涵盖工学、管理学、艺术学、文学 4 个学科门类,共设置了 28 个本科专业,面向 29 个省市招
   生,同时还有 13 个高职专科专业面向 15 个省市招生。</p>
   <h2 id="spirit">大学精神</h2>
   <p>我们的校训是:精勤博学,学以致用。"精勤博学"强调的是为学为人的态度和原则,并诠
   释了"学"的程度、方式方法和范畴。"学以致用"旨在倡导将学与用紧密联系起来,学用结合,
   知行合一,将知识运用于实际应用,并在应用中敢为人先,勇于创新,使所学能够真正为社会
   创造价值,从而实现个人价值和社会价值的统一,达成"教育创造学生价值,学生创造社会价
   值"的目标,彰显教育的价值和使命。</p>
   <h2 id="campus">校园风光</h2>
   < img src="1492592299970.jpg" width="900" height="300" border="0" alt=""
   align="center">
</body>
</html>
```

4. 知识运用

完成如图 2.8 所示网页的制作,当单击"百度"图片后,在新窗口中打开百度网页。

图 2.8　网页制作

2.3　表 格 元 素

表格是 HTML 的一项非常重要的功能,利用其多种属性能够设计出多样化的表格。使用表格可以使页面更加整齐美观。

2.3.1　表格标签

<table>是表格标签,通常使用一对<table></table>标签划分表格的边界。

table 相关的属性有以下 4 个。

align:对齐方式,取值可以为 left、center、right。例如:

```
<table align="center"></table>
```

bgcolor:背景颜色,取值可以为十六进制、rgb 颜色或颜色名称。例如:

```
<table border="1" bgcolor="# 00FF00">
```

在 HTML4.01 中,table 元素的 align 和 bgcolor 属性是不推荐使用的,建议使用 CSS 定义样式。例如:

```
<table style="align:center;background-color:red">
```

border:边框,border="0"代表不显示边框线,border="1"代表显示宽度为 1 像素的边框线。

width:宽度,可以用%或 px 为单位。

<tr>是行标签,一对<tr></tr>标签界定表格中的一行。

<td>是单元格标签,一对<td></td>标签界定一个单元格。

<th>是表头标签,一对<th></th>用来替代<td></td>作为表头的单元格,表头的文本默认加粗并居中对齐。

<td>或<th>使用属性 colspan 表示跨列,rowspan 表示跨行。例如:<td colspan="2"></td>表示单元格跨 2 列。

示例代码如下。

```
<table border="1">
    <tr>
        <th>姓名</th>
        <th>邮件</th>
    </tr>
    <tr>
        <td>张明</td>
        <td>zhangming@neusoft.edu.cn</td>
    </tr>
    <tr>
        <td>王芳</td>
        <td>wangfang@neusoft.edu.cn</td>
    </tr>
    <tr>
        <td colspan="2" align="center">
        共 2 人
        </td>
```

```
    </tr>
</table>
```

该表格的显示效果如图 2.9 所示。

姓名	邮件
张明	zhangming@neusoft.edu.cn
王芳	wangfang@neusoft.edu.cn
共 2 人	

图 2.9　表格的显示效果

2.3.2　项目：图书统计表

1. 项目说明

制作一个表格用于统计图书分类、书名和册数，如图 2.10 所示。

2. 项目设计

本项目实现一个表格结构，共有 6 行，将使用
＜table＞元素定义表格。另外，使用＜tr＞定义
行，使用＜td＞定义单元格，使用＜th＞定义表头
单元格，对于跨行的单元格，使用 rowspan 属性，对
于跨列的单元格，使用 colspan 属性。本项目表格

分类	书名	册数
数据库	《数据库原理》	1
	《Oracle数据库管理与开发》	2
	《Oracle10g基础教程》	2
Java	《Java实用程序设计》	4
总计		9

图 2.10　图书统计表

的第 1 行单元格需要使用＜th＞定义成表头。第 2 行有 3 个单元格，其中第 1 个单元格
跨 3 行，使用 rowspan 属性。第 3 行有 2 个单元格，第 4 行有 2 个单元格。第 5 行有 3 个
单元格，第 6 行有 2 个单元格，其中第 1 个单元格跨 2 列，使用 colspan 属性。

3. 项目实施

本项目代码如下。

```
<table border="1">
    <tr>
        <th>分类</th>
        <th>书名</th>
        <th>册数</th>
    </tr>
    <tr>
        <td rowspan="3">数据库</td>
        <td>《数据库原理》</td>
        <td>1</td>
    </tr>
    <tr>
        <td>《Oracle 数据库管理与开发》</td>
        <td>2</td>
```

```
    </tr>
    <tr>
        <td>《Oracle 10g 基础教程》</td>
        <td>2</td>
    </tr>
    <tr>
        <td>Java</td>
        <td>《Java 实用程序设计》</td>
        <td>4</td>
    </tr>
    <tr>
        <td colspan=2>总计</td>
        <td>9</td>
    </tr>
</table>
```

4. 知识运用

完成如图 2.11 所示表格的制作。

图 2.11　表格制作

2.4　表 单 元 素

通常,用户需要在网页上输入信息,与服务器完成交互功能。例如,填写姓名、地址,选择性别,从列表中选择项目等,这时就要使用表单。

表单是一个包含表单元素的区域。表单元素是允许用户在表单中(如文本域、下拉列表、单选框、复选框等)输入信息的元素。

2.4.1　常用表单元素

1. 表单

表单使用表单标签<form>界定,其他的表单元素应该放在一对<form></form>标签中间。

2. 文本框

当用户要在表单中键入字母、数字等内容时,就会用到文本框(text fields)。文本框使用输入标签<input>,输入类型是由类型属性 type 定义的。

例如：

```
<form>
    First name: <input type="text" name="firstname" />
    Last name: <input type="text" name="lastname" />
</form>
```

浏览器显示如图 2.12 所示。在大多数浏览器中，文本框的默认宽度是 20 个字符。

First name: _____ Last name: _____

图 2.12　文本框

3. 密码框

密码框的作用是收集用户键入的密码，以隐藏的形式显示。
例如：

```
<form>
    密码: <input type="password" name="passwd">
</form>
```

浏览器显示如图 2.13 所示。

4. 单选按钮

当用户从若干给定的选择中选取其一时，就会用到单选按钮（radio buttons）。
例如：

```
<form>
    性别: <input type="radio" name="sex" value="male">男
    <input type="radio" name="sex" value="female">女
</form>
```

name 相同的单选按钮只能有一个被选中。浏览器显示如图 2.14 所示。

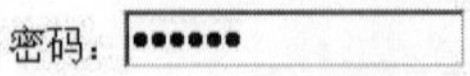

密码: ●●●●●●   性别：◉男 ○女

图 2.13　密码框    图 2.14　单选按钮

5. 复选框

当用户需要从若干给定的选择中选取一个或若干选项时，就会用到复选框。
例如：

```
<form>
    爱好:
    <input type="checkbox" name="hobby" value="1">读书
    <input type="checkbox" name="hobby" value="2">音乐
    <input type="checkbox" name="hobby" value="3">运动
```

```
</form>
```

浏览器显示如图 2.15 所示。

愛好：□读书 ☑音乐 □运动

图 2.15　复选框

6. 下拉列表

下拉列表可以为用户提供备选项。

例如：

```
<form>
    学历：
    <select name="degree">
            <option value="0">--请选择--</option>
        <option value="1">专科</option>
        <option value="2">本科</option>
        <option value="3">硕士</option>
        <option value="4">博士及以上</option>
    </select>
</form>
```

浏览器显示如图 2.16 所示。

以下代码为分组下拉列表，显示结果如图 2.17 所示。

```
<select>
    <optgroup label="咖啡">
        <option value="a">白咖啡</option>
        <option value="b">黑咖啡</option>
    </optgroup>
    <optgroup label="茶">
        <option value="c">红茶</option>
        <option value="d">绿茶</option>
    </optgroup>
</select>
```

以下代码为多选下拉列表，显示结果如图 2.18 所示。

```
<select size="4" multiple="multiple">
    <option value="a">果汁</option>
    <option value="b">牛奶</option>
    <option value="c">茶</option>
    <option value="d">咖啡</option>
</select>
```

图 2.16　下拉列表

图 2.17　分组下拉列表

图 2.18　多选下拉列表

7. 文本域

文本域控件用于输入多行文本。

例如：

```
<form>
    备注：<textarea name="comment" rows="5" cols="30"></textarea>
</form>
```

图 2.19　文本域

浏览器显示如图 2.19 所示。

8. 按钮

按钮分为"提交"按钮、"重置"按钮和"普通"按钮 3 种。

当用户单击"提交"按钮（submit）时，表单的内容会被传送到另一个文件。表单的动作属性（action）定义了目的文件的文件名。由动作属性定义的这个文件通常会对接收到的输入数据进行相关的处理。例如以下代码，假如在文本框内键入几个字母，并且单击"提交"按钮，那么输入数据会被传送到名为 html_form_action.jsp 的页面。

```
<formname="input"action="html_form_action.jsp"method="get">
    Username:<inputtype="text"name="user">
    <inputtype="submit"value="提交">
</form>
```

当用户单击"重置"按钮（reset）时，表单的控件会被重置，用户填写的内容会被清空。利用 value 属性可以对按钮上的文字进行自定义。

例如：

```
<form>
    <input type="submit" value="提交">
    <input type="reset" value="重置">
    <input type="button" value="返回">
</form>
```

浏览器显示如图 2.20 所示。

　提交　重置　返回

图 2.20　按钮

9. 隐藏字段

隐藏字段的作用是需要表单完成一些特定操作，而这些操作是不需要用户看到的，典型的应用场合就是在页面之间传递参数值。当需要传递一些参数值而不想让用户看到时，就可以使用隐藏字段。

例如：

```
<form>
    <input type="hidden" name="userId" value="1001">
```

```
</form>
```

2.4.2　项目：个人信息统计表

1. 项目概述

制作如图 2.21 所示的信息统计表，为了进行用户个人信息统计，需要用户输入的信息包括姓名、年龄、性别、爱好、学历和自我介绍。

2. 项目设计

在网页上进行信息的输入，需要根据输入的内容选用不同的表单控件。输入姓名、年龄可以使用文本框，输入性别可以使用单选按钮，输入爱好可以使用复选框，输入学历可以使用下拉列表框，输入自我介绍可以使用文本域。"提交"按钮用来将表单的内容提交到服务器，"重置"按钮可以清除表单控件中的内容，方便重新填写。

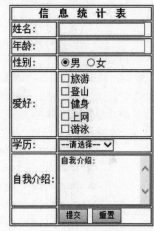

图 2.21　信息统计表

首先，把表单控件置于表格中，使用一个 8 行 2 列的表格控制整体的布局。其次，制作表单需要<form>标签，其他的表单控件元素都要位于一对<form></form>标签中间。用到的表单控件包括 <input type="text">文本框、<input type="radio">单选按钮、<input type="checkbox">复选框、<select><option></option></select>下拉列表、<textarea></textarea>文本域、<input type="submit">提交按钮、<input type="reset">重置按钮。

3. 项目实施

本项目代码如下。

```
<html>
<head>
    <title>html 示例</title>
</head>
<body>
<form action="do.action" name="fm" method="post">
<table border="1">
<tr>
    <th colspan="2">信   息   统   计  
     表</th>
</tr>
<tr>
    <td>姓名:</td>
```

```
        <td><input type="text" name="name" size="20"></td>
    </tr>
    <tr>
        <td>年龄:</td>
        <td><input type="text" name="age" size="20"></td>
    </tr>
    <tr>
        <td>性别:</td>
        <td><input type="radio" name="sex" value="1" checked="checked">男
            <input type="radio" name="sex" value="0">女
        </td>
    </tr>
    <tr>
        <td>爱好:</td>
        <td>
            <input type="checkbox" name="interest" value="1">旅游<br>
            <input type="checkbox" name="interest" value="2">登山<br>
            <input type="checkbox" name="interest" value="3">健身<br>
            <input type="checkbox" name="interest" value="4">上网<br>
            <input type="checkbox" name="interest" value="5">游泳<br>
        </td>
    </tr>
    <tr>
        <td>学历:</td>
        <td>
            <select name="degree">
                <option value="">--请选择--</option>
                <option value="1">高中</option>
                <option value="2">专科</option>
                <option value="3">本科</option>
                <option value="4">硕士</option>
                <option value="5">博士</option>
            </select>
        </td>
    </tr>
    <tr>
        <td>自我介绍:</td>
        <td><textarea name="intro" rows="5" cols="20">自我介绍:</textarea></td>
    </tr>
    <tr>
        <td> </td>
        <td><input type="submit" name="sm" value="提交">
        <input type="reset" name="rs" value="重置"></td>
    </tr>
```

```
</table>
</form>
</body>
</html>
```

需要说明的是,本项目中,表格用来布局,表单用来传输数据。可以在表格中包含表单,如果有数据要传送给后台程序,通常需要将表单元素放到表单中,从而完成数据提交。当完成本项目时,对表单元素进行填写并单击"提交"按钮,就会向服务器端提交信息。可以通过查看地址栏了解单击"提交"按钮后的变化。

4. 知识运用

完成图 2.22 所示网站注册界面的表单设计,要求使用文本框、密码框、单选框、下拉列表、文本区域、按钮等表单元素,并对必填项标识"星号"使用红色提示,服务条款、忘记密码、忘记用户名等处使用超链接功能。

图 2.22　网站注册界面

2.5　咖啡商城——商品分类模块

本项目属于综合项目中的首页中的全部商品分类部分的实现,需要用到本章所学的列表、超链接等标签。

(1) 使用列表标签定义每一个商品分类。

(2) 使用超链接标签呈现每一项商品分类和分类子项。

2.5.1　项目说明

在咖啡销售网站的首页面需要列举全部商品分类,供顾客检索到分类商品。商品共分为 11 个类,每个分类下会有若干子类,用户单击某个子类的链接时,将进入该子类商品的展示页面。

"全部商品分类.html"的显示结果如图 2.23 所示。

图 2.23　综合项目——全部商品分类

2.5.2　项目设计

列表使用定义列表<dl></dl>实现,每一个分类使用一个定义列表,分类名称写在一对<dt></dt>标签中间,分类子项写在一对<dd></dd>标签中间,其中的每一项又是一个超链接。

可以使用以下结构定义商品分类以及分类子项。

```
<dl>
    <dt>分类名称</dt>
    <dd><a>子分类 1</a>|<a>子分类 2</a>|<a>子分类 3</a></dd>
</dl>
```

2.5.3　项目实施

本项目代码如下。

```
<!DOCTYPE html>
<html>
<head>
    <meta charset="UTF-8">
    <title>Insert title here</title>
</head>
<body>
    <h2>全部商品分类</h2>
    <div>
        <dl>
            <dt>
                <a href="">白咖啡</a>
            </dt>
            <dd>
                <a href="">大马白咖啡</a>|<a href="">白咖啡</a>
            </dd>
        </dl>
        <dl>
            <dt>
                <a href="">咖啡</a>
            </dt>
            <dd>
                <a href="">咖啡豆</a>|<a href="">咖啡生豆</a>|<a href="">有机
                咖啡</a>|<ahref="">咖啡胶囊</a>
            </dd>
        </dl>
            …此处省略 43 行代码…
        <dl>
            <dt>
                <a href="">咖啡杯 / 杯类</a>
            </dt>
        </dl>
        <dl>
            <dt>
                <a href="">咖啡机零件</a>
            </dt>
            <dd>
                <a href="">咖啡机清洁粉</a>
            </dd>
        </dl>
        <dl>
            <dt>
                <a href="">咖啡厅相关设备</a>
            </dt>
```

```
        </dl>
      </div>
  </body>
  </html>
```

习　题

1. 编写出实现如图 2.24 所示页面效果的关键 HTML 代码。其中，A、B、C、D、E 均为默认字号和默认字体，并且加粗显示，它们都位于各自单元格的正中间，A 单元格的高度为 200 像素，B 单元格的高度为 100 像素，C 单元格的宽度为 100 像素，高度为 200 像素。

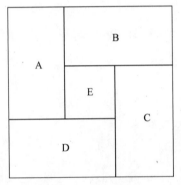

图 2.24　示例页面

2. 如图 2.25 所示，请写出该网页的完整 HTML 代码。

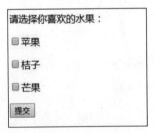

图 2.25　示例页面

HTML5 新增元素和属性

本章概述

通过本章的学习，学生能够了解 HTML5 的新增元素和属性的作用和用法，学会使用 HTML 新增元素进行网页开发。通过 HTML5 的实际案例的编写过程，学习 HTML5 的新特性，体会 HTML5 与 HTML4 的区别，掌握 HTML 新增元素的语法结构。

学习重点与难点

重点：

（1）HTML5 文档结构元素的使用。

（2）HTML5 新增输入类型的使用。

难点：

（1）HTML5 文档结构元素各自不同的含义和使用场合。

（2）HTML5 新增表单输入类型和属性的含义以及用法。

重点及难点学习指导建议：

• 先理解 HTML5 中引入哪些新的语义元素和表单元素。

• 对常用的语义和表单元素进行强化记忆和项目案例编程练习。

• 在此基础上独立完成每个章节中的知识运用部分，体会使用到的知识点的具体作用。

3.1 新增文档结构元素

HTML5 是下一代的 HTML。HTML 的上一个版本诞生于 1999 年,在 1999 年 12 月,万维网联盟(World Wide Web Consortium,W3C)网络标准化组织推出 HTML4.01,按 W3C 最初的设想,HTML4.01 应该是 HTML 规范的最后一个版本,此后将使用 XHTML 取而代之,但 Web 开发人员显然更希望使用改良式的解决方案。2014 年 10 月 29 日,W3C 宣布,经过将近 8 年的艰苦努力,HTML5 标准规范终于制定完成。HTML5 的设计目的是为了在移动设备上支持多媒体。新的语法特征被引进以支持这一点,如 video、audio 和 canvas 标签。HTML5 还引进了新的功能,可以真正改变用户与文档的交互方式。HTML5 是开放 Web 标准的基石,它是一个完整的编程环境,适用于跨平台应用程序、视频和动画、图形、风格、排版和其他数字内容发布工具、广泛的网络功能等。HTML5 将成为 HTML、XHTML 以及 HTML DOM 的新标准。Safari4+、Chrome、Firefox、Opera 以及 Internet Explorer 9+都支持 HTML5。

3.1.1 认识 HTML5

自 2006 年起,W3C 与网页超文本应用技术工作小组(Web Hypertext Application Technology Working Group,WHATWG)双方决定进行合作,创建一个新版本的 HTML。HTML5 是开放的 Web 网络平台的奠基石。HTML5 的设计目的是为了在移动设备上支持多媒体,其新的语法特征被引进,以支持这一点,如 video、audio 和 canvas 标签。HTML5 还引进了新的功能,可以真正改变用户与文档的交互方式。

HTML5 的优点主要包括:

(1)提高可用性和用户体验。

(2)增加新的标签,有助于开发人员定义重要的内容。

(3)给站点带来更多的多媒体元素(视频和音频)。

(4)很好地替代 Flash 和 SilverLight。

(5)当涉及网站的抓取和索引时,对于 SEO(搜索引擎优化)很友好。

(6)将被大量应用于移动应用程序和游戏。

(7)可移植性好。

由于各种原因,HTML5 废除了很多元素,主要包括:

• 可以用 CSS 代替的元素。

例如,big、center、font、strike、basefont、s、tt、u 等元素,它们均是纯粹地定义显示效果的元素,而在 HTML5 中,提倡把定义显示效果的代码统一放在 CSS 样式表中,因此以上元素在 HTML5 中不再使用,而是使用 CSS 样式替代。

• frame、frameset 和 noframes。

对于 frame、frameset 和 noframes 元素,由于 frame 框架对网页可用性存在负面影响,所以 HTML5 中已经不支持 frame 框架,只支持 iframe 框架,或者使用服务器端创建的由多个页面组成的复合页面形式。

- 不被所有浏览器支持的元素。

对于 applet、bgsound、marquee 等元素,由于只有部分浏览器支持这些元素,特别是 bgsound 和 marquee 元素,只有 IE 浏览器支持,因此,在 HTML5 中,这些元素被废除。其中,<applet>元素可由 embed 元素或 object 元素替代,bgsound 元素可由 audio 元素替代,marquee 元素可由 JavaScript 编程方式替代。

- 其他被废除的元素。

如 acronym、dir、rb、isindex、listing、xmp、nextid、plaintext 等元素。

3.1.2　HTML5 页面结构

通过之前的学习,我们都知道在 HTML4.01 中有 3 个不同的文档类型,而在 HTML5 中,则只有一个。

```
<!DOCTYPE HTML>
```

在 HTML5 中,<!DOCTYPE>声明必须位于文档中的第一行,也就是位于<html>标签之前。该标签告知浏览器文档使用的 HTML 规范。所有 HTML 文档中均规定 DOCTYPE 是非常重要的,这样浏览器就能了解预期的文档类型。

具有正确文档类型(DOCTYPE)的 HTML5 文档代码如下。

```
<!DOCTYPE HTML>
<html>
<head>
    <title>Title of the document</title>
</head>
<body>
    The content of the document…
</body>
</html>
```

HTML5 的文件类型和内容类型与 HTML4.01 相同,仍然保存为 .html 或 .htm 文件,内容类型仍然是 text/html。

在 HTML5 中,可以直接使用<meta>的 charset 属性指定字符编码,例如:

```
<meta charset="UTF-8">
```

从 HTML5 开始,对文件的字符编码推荐使用 UTF-8。

3.1.3　HTML5 主体结构元素

HTML5 吸取了 XHTML2 的一些建议,为了使文档的结构更清晰、明确,新增了一些改善文档结构的元素,如 header、footer、article、aside、section 等,这使得开发人员可以更加语义化地创建文档,而在之前的 HTML4 中,开发者实现这些功能时一般都使用 div。

HTML5 的主体结构元素主要包括:article 元素、section 元素、nav 元素、aside 元素和 time 元素。

1. article 元素

article 元素表示独立、完整、可独自被外部引用的内容（如文章、帖子、评论或者独立的插件等）。article 元素可以嵌套使用，内层内容原则上需要与外层内容关联。例如，针对一篇文章的评论就可以使用嵌套 article 元素的方式，呈现文章评论的 article 元素嵌套在表示文章整体内容的 article 元素的里面。

例如：

```
<article>
    <header>
        <a href="http://www.w3.org/html/logo/">HTML5 TECHNOLOGY</a><br/>
    </header>
    <p>
    Imagination, meet implementation. HTML5 is the cornerstone of the W3C's open
    web platform;
    a framework designed to support innovation and foster the full potential the
    web has to offer.?.....
    </p>
    <section>
        <h2>评论</h2>
        <article>
            <header>评论者：张三</header>
            <p>HTML5 identity system provides the visual vocabulary to
            clearly classify and communicate our collective efforts.</p>
        </article>
    </section>
</article>
```

2. section 元素

section 元素用于对网站或应用程序中页面上的内容进行分块，通常由标题及内容组成，但 section 元素并非一个普通的容器元素，当一个容器需要被直接定义样式或行为时，推荐使用 div，而非 section 元素。

section 元素强调分段和分块，而 article 元素则是强调独立性。

section 的使用注意事项包括：

（1）不要用 section 做设置样式的容器，这时应该使用 div。

（2）如果 article、aside、nav 元素更适合，就不要使用 section。

（3）不要给没有标题的内容区块使用 section，可以使用 HTML5 轮廓工具检查页面中是否有没有标题的 section。HTML5 轮廓工具的网址为 http://gsnedders. html5. org/outliner/。

例如：

```
<section>
    <h1>HTML5</h1>
    <p>HyperText Markup Language 5</p>
</section>
```

3. nav 元素

nav 元素用于表示页面导航链接的部分。

nav 的使用场合主要有：

（1）传统导航条。

（2）侧边栏导航。

（3）页内导航。

（4）翻页操作。

需要注意的是，不要用 menu 元素代替 nav，menu 是交互性元素，使用在 Web 程序中。

例如：

```
<h1>HTML5</h1>
<nav>
    <ul>
        <li><a href="# ">首页</a></li>
        <li><a href="# ">课程介绍</a></li>
    </ul>
</nav>
```

4. aside 元素

aside 元素用于表示 article 元素的内容之外的，与 article 元素的内容相关的页面或文章附属信息。

aside 元素的使用场合包括：

（1）包含在 article 中，作为主要内容的附属信息，表示与当前文章相关的参考资料、名词解释等。

（2）在 article 之外使用，作为页面和站点全局的附属信息。

例如：

```
<article>
    <h2>章节列表</h2>
    <ul>主要内容</ul>
</article>
<aside>
    <section><h3>HTML5 新增元素</h3></section>
    <section><h3>HTML5 新增属性</h3></section>
</aside>
```

5. time 元素

time 元素代表 24 小时中的某个时刻或某个日期，表示时刻时允许带时差。它可以定义很多格式的日期和时间。它的 datetime 属性用于定义元素的日期和时间。如果未定义该属性，则必须在元素的内容中规定日期或时间。例如：

```
<p>我们在每天早上<time>8:00</time>开始上课。</p>
<p>HTML5 于<time datetime="2014-10-29">2014 年</time>制定完成。</p>
```

3.1.4　HTML5 非主体结构元素

1. header 元素

header 元素是具有引导和导航作用的辅助元素，表示页面中一个内容区块或整个页面的标题。

例如：

```
<header>
    <h1>Welcome to my homepage</h1>
    <p>My name is Donald Duck</p>
</header>
<p>The rest of my home page...</p>
```

2. hgroup 元素

hgroup 元素用于对整个页面或页面中一个内容区块的标题进行组合。因为页面中有时候除了主标题，可能还需要子标题、副标题、宣传语，这时就需要对标题进行组合。

例如：

```
<article>
    <header>
        <hgroup>
            <h1>文章主标题</h1>
            <h2>文章子标题</h2>
        </hgroup>
        <p><time datetime="2013-03-20">2013 年 10 月 29 日</time></p>
    </header>
    <p>文章正文</p>
</article>
```

3. footer 元素

footer 元素用于表示整个页面或页面中一个内容区块的脚注，可以做一个区块的尾部内容，通常包括一些附加信息，如文档作者、创作日期、联系信息、相关链接及版权信息。

例如：

```
<footer>
    <ul>
        <li>版权信息</li>
        <li>站点地图</li>
        <li>联系方式</li>
    </ul>
</footer>
```

4. address 元素

address 元素用于呈现联系信息,如姓名、地址、网站、邮箱等联系方式。

例如:

```
<footer>
    <div>
        <address>
            <a title="文章作者:张三" href="# ">张三</a>
        </address>
        发表于<time datetime="2015-08-01">2015 年 08 月 01 日</time>
    </div>
</footer>
```

3.1.5　项目:新闻评论网

1. 项目说明

编写一个展示新闻评论的 HTML 页面,使用 HTML5 提供的文档结构元素显示整个网页的标题、网站导航链接、新闻标题、新闻正文、新闻评论等内容。

新闻评论页面如图 3.1 所示。

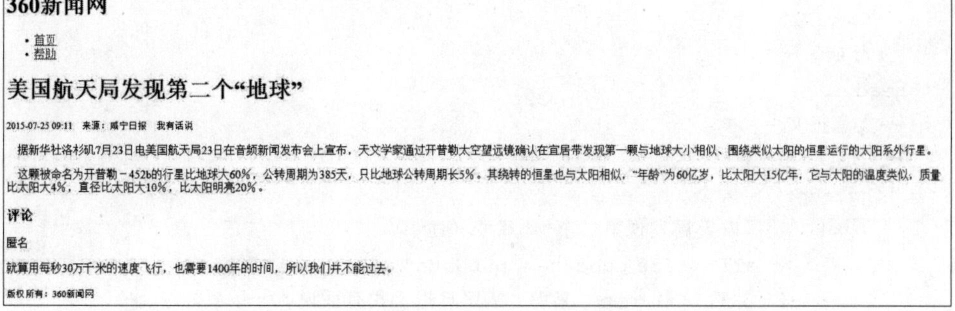

图 3.1　新闻评论页面

2. 项目设计

本项目需要使用 HTML5 中新增的文档结构元素定义一个 HTML 页面。本项目需要实现的页面包括标题、导航、正文、页脚等部分,可以使用 HTML5 中新增的文档结构元素分别定义每一个部分,使页面结构更清晰、明确,以更加语义化的方式创建 HTML文档。

(1)首先,在 HTML 页面主体部分使用＜header＞元素,定义整个页面的标题。在＜header＞元素中使用＜nav＞元素指明网站的导航链接部分。

(2)在＜header＞元素下方使用＜article＞元素表示文章正文部分。在＜article＞元素中使用＜hgroup＞元素表示文章内容区块中的主标题、副标题组合,使用＜section＞元素表示文章内容的另一区块——文章评论区块。

(3)在结尾处使用＜footer＞元素表示整个页面的版权信息。

3. 项目实施

使用 3.1.4 节介绍的 HTML5 中新增的用于描述文档语义结构的元素,创建如图 3.1 所示的新闻评论页面。

本项目代码如下。

```
<html>
<head>
    <meta charset="UTF-8">
</head>
<body>
<!--网页标题 -->
<header>
    <h1>360 新闻网</h1>
    <!--网站导航链接 -->
    <nav>
        <ul>
            <li><a href="index.html">首页</a></li>
            <li><a href="help.html">帮助</a></li>
        </ul>
    </nav>
</header>
<!--文章正文 -->
<article>
    <hgroup>
        <h1>美国航天局发现第二个"地球"</h1>
        <p><small><time pubdate="pubdate" datetime="2015-07-25 T09:11">2015
        -07-25 09:11</time> 来源:咸宁日报 我有话说</small></p>
    </hgroup>
    <p>    据新华社洛杉矶 7 月 23 日电美国航天局 23 日在音频新
    闻发布会上宣布,天文学家通过开普勒太空望远镜确认在宜居带发现第一颗与地球大小相
    似、围绕类似太阳的恒星运行的太阳系外行星。</p>
    <p>    这颗被命名为开普勒-452b 的行星比地球大 60%,公转周期
    为 385 天,只比地球公转周期长 5%。其绕转的恒星也与太阳相似,"年龄"为 60 亿岁,比太阳大
```

15 亿年,它与太阳的温度类似,质量比太阳大 4％,直径比太阳大 10％,比太阳明亮 20％。</p>

```
    <!--文章评论 -->
    <section class="comments">
        <h3>评论</h3>
            <article>
                <p>匿名</p>
                <p>就算用每秒 30 万千米的速度飞行,也需要 1400 年的时间,所以我们并不
                能过去。</p>
            </article>
    </section>
</article>
<!--版权信息 -->
<footer>
    <small>版权所有:360 新闻网</small>
</footer>
</body>
</html>
```

将以上 HTML 文件保存为"新闻评论页面.html",使用浏览器打开,观察页面上的
输出信息。

4.知识运用

运用 HTML5 中的文档结构元素制作一个个人日志页面,要求包括日志网站标题、
本篇日志标题、本篇日志发表时间、本篇日志内容、本篇日志评论、友情链接、版权声明等。

3.2　新增表单元素

3.2.1　HTML5 表单新功能

HTML 表单一直都是 Web 的核心技术之一,可以依靠它完成 Web 上的各种各样应
用的输入界面,从而使得客户端和服务器能够进行方便快捷的交互。HTML5 表单新增
了许多新控件及其 API,方便我们做更复杂的应用,而不用借助其他前端脚本语言,如
JavaScript。

HTML5 拥有多个新的表单输入类型,这些新特性提供了更好的输入控制和验证,也
使得表单结构更自由。

XHTML 中需要放在<form>标签中的诸如 input、button、select、textarea 等标签元
素,在 HTML5 中完全可以放在页面的任何位置,然后通过新增的 form 属性指向元素所
属表单的 ID 值,即可把表单和表单元素关联起来。

例如:

```
<form id="myform"></form>
<input type="text" form="myform" value="">
```

3.2.2　HTML5 表单新的输入类型

HTML5 表单新的输入类型主要包括：

（1）email 输入类型。

说明：此输入类型要求输入格式正确的 email 地址,若格式不正确,则浏览器不允许提交,并会有一个错误信息提示。此类型必须指定 name 属性值,否则无效果。

格式：

```
<input type="email " name="email">
```

（2）url 输入类型。

说明：此输入类型要求输入格式正确的 URL 地址,若格式不正确,则浏览器不允许提交,并会有一个错误信息提示。Opera 浏览器中会自动在开始处添加"http://"。

格式：

```
<input type="url" name="url">
```

（3）日期时间相关输入类型。

说明：这一系列输入类型完全解决了烦琐的 JS 日历控件问题,但目前只有 Opera 和 Chrome 新版本浏览器支持,且展示效果也不一样。

格式：

```
<input type="date">
<input type="time">
<input type="month">
<input type="week">
<input type="datetime">
<input type="datetime-local">
```

（4）number 输入类型。

说明：此输入类型要求输入一个数字字符,若格式不正确,则浏览器不允许提交,并会有一个错误信息提示。

格式：

```
<input type="number" max="10" min="0" step="1" value="5" />
```

number 输入类型属性含义见表 3.1。

表 3.1　number 输入类型属性含义

属性	值	描　　述
max	number	规定允许的最大值
min	number	规定允许的最小值
step	number	规定合法的数字间隔(如果 step＝"3",则合法的数是 −3,0,3,6 等)
value	number	规定默认值

（5）range 输入类型。

说明：此输入类型用于输入应该包含在一定范围内的数字值，显示为滑动条。

格式：

```
<input type="range" max="10"min="0" step="1" value="5" />
```

range 输入类型属性含义见表 3.2。

表 3.2　range 输入类型属性含义

属性	值	描　　述
max	number	规定允许的最大值
min	number	规定允许的最小值
step	number	规定合法的数字间隔（如果 step="3"，则合法的数是 −3,0,3,6 等）
value	number	规定默认值

（6）search 输入类型。

说明：此输入类型用于输入一个搜索关键字，显示为常规的文本域。

格式：

```
<input type="search">
```

（7）tel 输入类型。

说明：此输入类型要求输入一个电话号码。

格式：

```
<input type="tel" pattern="\d\d\d-\d\d\d\d\d">
```

（8）color 输入类型。

说明：此输入类型可让用户通过颜色选择器选择一个颜色值，并反馈到该控件的 value 值中。

格式：

```
<input type="color">
```

3.2.3　HTML5 表单新的属性

HTML5 表单新的属性主要包括：

（1）placeholder 属性。

说明：placeholder 属性提供一种提示（hint），描述输入域所期待的值。提示会在输入域为空时显示，在输入域获得焦点时消失。placeholder 属性适用于以下类型的<input>标签：text、search、url、telephone、email 以及 password。

格式：

```
<input type="search" name="user_search"  placeholder="Search W3School" />
```

（2）required/pattern 属性。

说明：这是 HTML5 新加的验证属性。

required 属性规定必须在提交之前填写输入域，即输入域不能为空。required 属性适用于以下类型的＜input＞标签：text、search、url、telephone、email、password、date pickers、number、checkbox、radio 以及 file。

pattern 属性规定用于验证 input 域的模式，pattern 类型为正则验证，可以完成各种复杂的验证。pattern 属性适用于以下类型的＜input＞标签：text、search、url、telephone、email 以及 password。

格式：

```
<input name="require" required>
<inputname="require1" required="required">
<input name="require2" pattern="^[1-9]\d{5}$">
```

（3）autofocus 自动聚焦属性。

说明：autofocus 属性规定在页面加载时，域自动获得焦点，可在页面加载时聚焦到一个表单控件，类似于 JavaScript 的 focus()方法。autofocus 属性适用于所有＜input＞标签的类型。

格式：

```
<input autofocus="true">
```

（4）autocomplete 自动完成属性。

说明：autocomplete 属性规定 form 或 input 域应该拥有自动完成功能。一般来说，此属性必须启动浏览器的自动完成功能。autocomplete 属性适用于＜form＞标签，以及以下类型的＜input＞标签：text、search、url、telephone、email、password、date pickers、range 以及 color。

格式：

```
<input autocomplete="on/off">
```

（5）novalidate 属性。

说明：novalidate 属性规定在提交表单时不应该验证 form 或 input 域。novalidate 属性适用于＜form＞以及以下类型的＜input＞标签：text、search、url、telephone、email、password、date pickers、range 以及 color。

格式：

```
<form action="demo_form.asp" method="get" novalidate="true">
```

（6）multiple 属性。

说明：multiple 属性规定在输入域中可选择多个值。multiple 属性适用于以下类型的＜input＞标签：email 和 file。

格式：

```
<input type="file" name="img" multiple="multiple" />
```

（7）表单重写属性。

说明：表单重写属性允许重写 form 元素的某些属性设定。表单重写属性适用于以下类型的＜input＞标签：submit 和 image。

表单重写属性有以下 5 个。

formaction：重写表单的 action 属性。

formenctype：重写表单的 enctype 属性。

formmethod：重写表单的 method 属性。

formnovalidate：重写表单的 novalidate 属性。

formtarget：重写表单的 target 属性。

（8）list 属性。

说明：list 属性规定输入域的 datalist。datalist 是输入域的选项列表。list 属性适用于以下类型的＜input＞标签：text、search、url、telephone、email、date pickers、number、range 以及 color。

＜datalist＞标签用于定义选项列表，要与 input 元素配合使用该元素，定义 input 可能的值。datalist 及其选项不会被显示出来，它仅是合法的输入值列表。

使用 input 元素的 list 属性绑定 datalist。

格式：

```
<input list="cars" />
<datalist id="cars">
    <option value="BMW">
    <option value="Ford">
    <option value="Volvo">
</datalist>
```

3.2.4 项目：订货人个人信息页

1. 项目说明

完成一个订货单个人信息输入页面。主要输入姓名、年龄、出生日期、Email、个人主页、个人简介等信息，如图 3.2 所示。使用 HTML5 新增的表单元素完成本页面，其中，姓名、Email 和个人简介是必填内容，年龄必须输入 0~100 的整数，出生日期必须输入有效日期格式，Email 必须输入有效的 Email 格式，个人主页必须输入有效的 URL 格式。

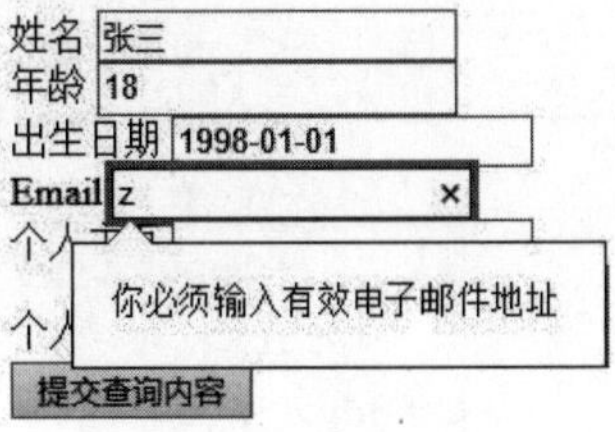

图 3.2 订货单页面

2. 项目设计

本项目要完成一个表单输入页面以及实现相应的输入格式验证功能。HTML5 新增的表单输入类型和属性已经直接支持了对输入内容格式的判断功能。在本项目的页面中,可以直接使用这些新增的表单元素,完成订货单信息的输入。

(1) 首先,在 HTML 页面的主体部分使用<form>标签定义表单元素。

(2) 对于姓名,使用 text 输入类型(type="text"),它是必填信息,在 input 元素中使用 required 属性。

(3) 对于年龄,使用 number 输入类型(type="number"),它需要输入 1~100 的整数,使用 min 和 max 属性限定输入的整数范围。

(4) 对于出生日期,使用 date 输入类型(type="date")。

(5) 对于 Email,使用 email 输入类型(type="email"),它是必填信息,在 input 元素中使用 required 属性。

(6) 对于个人主页,使用 url 输入类型(type="url")。

(7) 对于个人简介,使用 textarea,它是必填信息,在 textarea 元素中使用 required 属性。

3. 项目实施

本项目代码如下。

```
<html>
    <head>
        <meta charset="utf-8">
    </head>
    <body>
        <form name="form1">
            <label for="username">姓名</label>
            <input name="username" id="username" type="text" required /><br/>
            <label for="age">年龄</label>
            <input name="age" id="age" type="number" min="0" max="100" /><br/>
            <label for="birthday">出生日期</label>
            <input name="birthday" id="birthday" type="date" /><br/>
            <label for="email">Email</label>
            <input name="email" id="email" type="email" required /><br/>
            <label for="url">个人主页</label>
            <input name="url" id="url" type="url" /><br/>
            <label for="memo">个人简介</label>
            <textarea name="memo" id="memo" required></textarea><br/>
            <input type="submit">
        </form>
    </body>
</html>
```

将以上 HTML 文件保存为"订货单页面.html",使用浏览器打开,输入各项信息,当输入格式错误时,例如,输入错误的出生日期格式或者错误的 Email 格式,观察页面上的错误提示信息。

4. 知识运用

制作一个个人联系信息输入页面,其中包括:姓名、电子邮箱、站点、电话、收入范围(1000～10000)等信息,姓名和电话为必填信息。使用新增的 HTML5 表单元素和属性完成此页面。

3.3　咖啡商城——用户注册模块实现

本项目要完成的功能属于课程综合项目中的首页页面中的注册用户功能模块,需要利用本章学习的 HTML5 新增的表单输入类型以及新增属性完成规定的输入数据格式限定,主要包括 number、date、email 等输入类型的使用和非空输入验证。

(1) 年龄使用 number 输入类型,出生日期使用 date 输入类型,Email 使用 email 输入类型,个人主页使用 url 输入类型。

(2) 必填项使用 required 属性进行限定。

3.3.1　项目说明

本项目要实现网站的用户注册表单功能。使用浏览器打开"商城首页.html"页面,单击右上角的"免费注册"超链接,查看弹出的用户注册窗口。如果未填写用户名就提交表单,会提示警告信息。用户注册页面如图 3.3 所示。

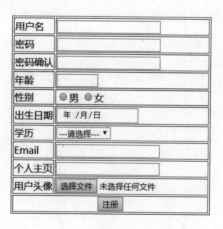

图 3.3　用户注册页面

在本项目中,需要完成以下几个功能。

(1) 在注册表单中,需要用户输入注册信息,包括:用户名、密码、密码确认、年龄、性别、出生日期、学历、Email、个人主页和用户头像。

(2) 用户名、密码和 Email 是必填项。

3.3.2 项目设计

在本项目中需要完成的功能的设计思路如下：

（1）在注册表单中使用以下表单元素让用户输入注册信息。

```
用户名：<input name="username" id="username" type="text" />
密码：<input name="pwd" id="pwd" type="password" />
密码确认：<input name="pwd2" id="pwd2" type="passwork" required />
年龄：<input name="age" id="age" type="number"min="0" max="100" />
性别：<input type="radio" name="sex">男
      <input type="radio" name="sex">女
出生日期：<input name="birthday" id="birthday" type="date"/>
学历：
<select name="degree" id="degree">
    <option value="0" selected>---请选择---</option>
    <option value="1">初中</option>
    <option value="2">高中</option>
    <option value="3">大学</option>
    <option value="4">研究生</option>
</select>
Email：<input name="email" id="email" type="email"  />
个人主页：<input name="ur"l id="url" type="url"/>
用户头像：<input type="file" name="pic" id="pic"/>
```

（2）检查用户名、密码和 Email 是否已填写内容。

通过添加 required 属性，对用户名、密码和 Email 做必填验证。

```
用户名：<input name="username" id="username" type="text" required />
密码：<input name="pwd" id="pwd" type="password" required />
Email：<input name="email" id="email" type="email" required />
```

3.3.3 项目实施

本项目代码如下。

```
<!DOCTYPE HTML>
<html>
    <head>
        <title>用户注册</title>
        <meta charset="utf-8">
    </head>
    <body>
        <form name="form1">
            <table border="1">
                <tr>
```

```html
        <td><label for="username">用户名</label></td>
        <td><input name="username" id="username" type="text"
            required/>
        </td>
    </tr>
    <tr>
        <td><label for="pwd">密码</label></td>
        <td><input name="pwd" id="pwd" type="password" required />
        </td>
    </tr>
    <tr>
        <td><label for="pwd2">密码确认</label></td>
        <td><input name="pwd2" id="pwd2" type="password" required />
        </td>
    </tr>
    <tr>
        <td><label for="age">年龄</label></td>
        <td><input name="age" id="age" type="number" min="0"
        max="100" />
        </td>
    </tr>
    <tr>
        <td><label for="sex">性别</label></td>
        <td><input type="radio" name="sex">男
            <input type="radio" name="sex">女
        </td>
    </tr>
    <tr>
        <td><label for="birthday">出生日期</label></td>
        <td><input name="birthday" id="birthday" type="date" />
        </td>
    </tr>
    <tr>
        <td><label for="degree">学历</label></td>
        <td>
            <select name="degree" id="degree">
                <option value="0" selected>---请选择---</option>
                <option value="1">初中</option>
                <option value="2">高中</option>
                <option value="3">大学</option>
                <option value="4">研究生</option>
            </select>
        </td>
    </tr>
```

```
        <tr>
            <td><label for="email">Email</label></td>
            <td><input name="email" id="email" type="email" required/>
            </td>
        </tr>
        <tr>
            <td><label for="url">个人主页</label></td>
            <td><input name="url" id="url" type="url" />
            </td>
        </tr>
        <tr>
            <td><label for="pic">用户头像</label></td>
            <td><input type="file" name="pic" id="pic">
            </td>
        </tr>
        <tr align="center">
            <td colspan="2"><input type="submit" class="button"
                value="注册"></td>
        </tr>
    </table>
</form>
</body>
</html>
```

习　题

1. HTML5 之前的 HTML 版本是(　　)。

    A. HTML4.01　　　B. HTML4　　　　　C. HTML4.1　　　　D. HTML4.9

2. HTML5 的正确 DOCTYPE 是(　　)。

    A. <!DOCTYPE HTML PUBLIC>

    B. <!DOCTYPE html>

    C. <!DOCTYPE HTML5>

    D. <!DOCTYPE HTML PUBLIC "-//W3C//DTD HTML5.0//EN"
        "http://www.w3.org/TR/html5/ strict.dtd">

3. 在 HTML5 中,(　　)元素用于组合标题元素。

    A. <group>　　　　B. <header>　　　　C. <headings>　　　D. <hgroup>

4. 在 HTML5 中,(　　)元素用于表示文档中的节。

    A. <article>　　　B. <header>　　　　C. <section>　　　D. <aside>

5. 在 HTML5 中,(　　)元素用于表示文档中的导航链接。

    A. <article>　　　B. <hgroup>　　　　C. <aside>　　　　D. <nav>

6. HTML5 中不再支持(　　)元素。

A. <q>　　　　　B. <ins>　　　　　C. <menu>　　　　　D. <font>

7. HTML5 中不再支持(　　)元素。

A. <cite>　　　　B. <acronym>　　　C. <abbr>　　　　D. <base>

8. 在 HTML5 中,onblur 和 onfocus 是(　　)。

A. HTML 元素　　B. 样式属性　　　C. 事件属性　　　　D. 不存在此属性

9. 新的 HTML5 全局属性,contenteditable 用于(　　)。

A. 规定元素的上下文菜单,该菜单会在用户右击元素时出现

B. 规定元素内容是否是可编辑的

C. 从服务器升级内容

D. 返回内容在字符串中首次出现的位置

10. 在 HTML5 中,(　　)属性用于规定输入字段是必填的。

A. required　　　B. formvalidate　　C. validate　　　　D. placeholder

11. 输入类型(　　)用于定义滑块控件。

A. search　　　　B. controls　　　　C. slider　　　　　D. range

12. 输入类型(　　)用于定义周和年控件(无时区)。

A. date　　　　　B. week　　　　　C. year　　　　　　D. month

13. URL 是 HTML5 表单新增的(　　)。

A. 输入类型　　　B. 元素　　　　　C. 属性　　　　　　D. 约束

14. 在 HTML5 中,(　　)属性规定用于验证 input 域的模式。

A. required　　　B. formvalidate　　C. validate　　　　D. pattern

15. 在 HTML5 中,(　　)属性规定输入域中可选择多个值。

A. required　　　B. multiple　　　　C. autofocus　　　　D. autocomplete

CSS 基础

本章概述

通过本章的学习,学生能够了解如何使用 CSS 控制显示样式,制作不同的效果。学习 CSS 各类选择符,设置文本和字体相关属性,并且学习对背景和边框相关样式的控制,从而实现对网页页面布局、字体、颜色、背景及图文效果的精准控制。

学习重点与难点

重点:

(1) CSS 基本语法及样式规则。

(2) 选择符原理及定义方式。

(3) 文本和字体相关属性对网页的美化方法。

(4) 背景和边框相关样式。

(5) CSS 样式中常用的属性设置。

难点:

(1) CSS 的位置分类。

(2) CSS 伪类。

重点及难点学习指导建议:

- 重点在于掌握 CSS 选择符的使用,可以在学习和使用中逐渐扩展对 CSS3 新增选择符的认识。
- 字体和文本、背景、边框、边距等常用属性必须记忆,通过大量编码练习强化记忆。
- 使用 CSS 伪类知识可以制作出丰富多彩的显示效果,学生需要在平时多积累。

4.1　CSS 基本语法

CSS(Cascading Style Sheets)的中文意思是层叠样式表或级联样式表,它的作用是控制页面里每一个元素的表现形式,如字体样式、背景、排列方式、区域尺寸、边框等。

使用 CSS 具有以下 3 个优势。

(1) CSS 将 Web 前端代码与 HTML 页面中负责布局、美化及一些特殊效果的代码分隔开。

第 2 章学习了 HTML 基础知识,HTML 标签的主要作用是定义网页的内容,而本章学习的 CSS 则侧重于网页的内容如何显示。

(2) 实现了样式重复使用。

样式重复使用可以简化和格式化代码,提高开发人员书写或维护时的工作效率,并且在修改网页样式时也会更加容易。如果需要更改网页的样式,只对相应的 CSS 进行修改即可。

(3) 有利于搜索引擎的搜索。

目前越来越多的用户在使用网站时并不会直接输入网站地址,而是使用搜索引擎搜索,这就要求在 Web 开发时不仅要对用户友好,也要对搜索引擎友好。使用 CSS 样式可以简化原网页的代码量,使得网页结构和内容更适合于搜索引擎搜索。

4.1.1　CSS 语句格式

CSS 样式可以直接存储于 HTML 页面中,也可以保存在单独的样式文件中,并在 HTML 页面中引用。CSS 样式设置方式可归纳为以下 3 种方式。

- 内联样式:也叫行内样式,它的样式属性内容直接跟在将要修饰的文字的标签里。
- 嵌入样式:样式的属性内容以代码的形式写在网页中,一个样式可以在一个页面多次应用。
- 外部样式:样式的属性通过与外部单独存放的 CSS 文件连接,此时的 CSS 样式是一个独立的文件,在网页中通过代码将该文件引入。

CSS3 种样式对比见表 4.1。

表 4.1　CSS3 种样式对比

设置方式	举　　　例	特　　　点
内联样式	＜body＞ ＜h1 style＝"font-family:宋体;font-size:12pt;color:blue"＞这里使用了 H1 标签＜/h1＞ ＜/body＞	灵活、简单方便

设置方式	举　　例	特　　点
嵌入样式	＜head＞ ＜style type＝"text/css"＞ h1 {font-family:宋体;font-size:12pt;color:blue} ＜/style＞ ＜/head＞ ＜body＞ ＜h1＞这里使用了 H1 标签＜/h1＞ ＜/body＞	一个样式可以在一个页面多次应用
外部样式	＜head＞ ＜link rel＝"stylesheet" href＝"h1.css" type＝"text/css"＞ ＜/head＞ ＜body＞＜h1＞这里使用了 H1 标签＜/h1＞＜/body＞ h1.css 文件 h1 {font-family:宋体;font-size:12pt;color:blue}	需要有一个外部的样式表文件(.css)，可以为多个网页共同引用，既减少代码，又可以做到统一页面风格

由表 4.1 可以发现，CSS 语句由 3 部分构成：选择符、属性和值。其中选择符的作用是限制样式的作用范围。语句格式如下。

选择符{属性：值}

例如：p {font-size:14px}，选择符是 p，属性是 font-size，值是 14px，语句的作用是将段落文本的字号设置为 14 像素。

如果需要对一个选择符指定多个属性，则需要使用分号隔开。

例如：

p {font-size:14px; color:red}

另外，当属性的值是多个单词组成时，必须在值上加引号。

例如：

h1 {font-family: "Courier New"}

4.1.2　CSS 选择符

CSS 选择符主要包括 HTML 选择符、class 选择符和 id 选择符。下面分别讨论各个选择符的使用方式。

1. HTML 选择符

HTML 选择符是以 HTML 标签作为选择符，其作用域为所有符合条件的 HTML 标签。

例如：

h1 {text-align: center; color: blue}

```
p {font-size:15;color:red}
```

2. class 选择符

class 选择符是使用 HTML 标签的 class 属性值作为选择符。定义 class 选择符时，前面需要加 "." 标志。

class 选择符可以实现以下两种效果。

（1）可以为相同的元素定义不同的样式。

（2）可以为不同的元素定义相同的样式。

下面分别介绍这两种情况。

（1）在 CSS 中，可以为相同的 HTML 元素定义不同的样式。

例如，首先设置样式如下。

```
.warning{ font-size:20px }
.danger{ font-size:30px }
.normal{ font-size:40px }
```

HTML 页面 body 中的代码如下。

```
<p class="warning">这是 warning 的样式</p>
<p class="danger">这是 danger 的样式</p>
<p class="normal">这是 normal 的样式</p>
```

其显示结果如图 4.1 所示。

（2）对于不同的 HTML 元素来说，也可以为它们定义相同的样式。

例如，首先设置样式如下。

```
.title {text-align:center;color: blue}
```

HTML 页面 body 中代码如下。

```
<p class="title">蓝色的段落</p>
<h1 class="title">蓝色的标题</h1>
```

其显示结果如图 4.2 所示。

这是warning的样式

这是danger的样式

这是normal的样式

蓝色的段落

蓝色的标题

图 4.1　为相同的元素定义不同的样式　　　　图 4.2　为不同的元素定义相同的样式

对于上例来说，不同元素在使用了 class＝"title" 的 CSS 样式后，它们的样式都显示为蓝色居中。

3. id 选择符

id 选择符使用 HTML 标签的 id 属性值作为选择符。id 属性用来定义某一特定的 HTML 标签,在 id 选择符前面需要加"#"标志。

例如,下面的两个 id 选择器,第一个定义元素的颜色为红色,第二个定义元素的颜色为绿色。

```
#red {color:red;}
#green {color:green;}
```

HTML 页面 body 中的代码如下。

```
<p id="red">这个段落是红色。</p>
<p id="green">这个段落是绿色。</p>
```

id 选择符一般用于修饰对应 id 标识的 HTML 元素,理论上,在一个网页文件中的 id 属性值不应该相同。id 属性在后面要学习的 JavaScript 部分会得到广泛的应用。

有时需要指明选择器所属的元素。例如:

```
#sidebar {
    border: 1px dotted #000;
    padding: 10px;
}
```

根据这条规则,id 为 sidebar 的元素将拥有一个像素宽的黑色点状边框,同时其周围会有 10 个像素宽的内边距(padding,内部空白)。老版本的 IE 浏览器可能会忽略这条规则,除非特别定义这个选择器所属的元素。

```
div#sidebar {
    border: 1px dotted #000;
    padding: 10px;
}
```

class 选择符与 id 选择符的区别如下。

区别 1:一个 id 只能在文档中使用一次,而 class 可以重复使用。

区别 2:不能使用 id 词列表。id 选择符不能结合使用,因为 id 属性不允许有以空格分隔的词列表。而 class 选择符可以结合使用,一个 HTML 元素可以同时具有多个 class 属性值,例如:

```
<div class="box none top"></div>
```

这个 div 元素有 3 个 class 值,class 选择符 .box、.none 和 .top 可以同时作用于它。

注意,class 选择符和 id 选择符可能是区分大小写的,这取决于文档的语言。HTML 和 XHTML 将 class 和 id 值定义为区分大小写,所以 class 和 id 值的大小写必须与文档中的相应值匹配。

因此,对于以下的 CSS 和 HTML,元素不会变成粗体。

```
#intro {font-weight:bold;}
<p id="Intro">This is a paragraph of introduction.</p>
```

由于字母 i 的大小写不同,所以选择器不会匹配上面的元素。

4. 其他选择符

1) 包含选择符

包含选择符是指用空格隔开的两个或多个单一选择符组成的字符串。例如:

```
div p{color:red;font-size:12;}
```

主要用来对某些具有包含关系的元素单独定义样式,如元素 1 里包含元素 2。使用包含选择符定义的样式就只能对在元素 1 里的元素 2 起作用,而对单独的元素 1 和元素 2 不起作用。

例如:

```
<html>
<head>
    <style type="text/css">
    table a {
        color: green;
        font-size: 36px;
        text-decoration : none;
    }
    </style>
</head>
<body>
    <a href="http://www.nou.com.cn">欢度国庆节</a>
    <table border=1>
    <tr>
    <td><a href="http://www.nou.com.cn">欢度国庆节</a></td>
    </tr>
    </table>
</body>
</html>
```

这里定义了元素 table 中包含的元素 a 的字体为绿色无下画线样式,这种定义对单独的元素 table 和 a 不起作用,而对元素 table 中包含的 a 才会起作用。

在 IE11 中其浏览效果如图 4.3 所示。

图 4.3　包含选择符显示效果

包含选择符的优先级要比单一选择符定义的样式规则的优先级高。如果定义了

```
table a {color: green;font-size: 36px;text-decoration : none;}
```

同时也定义了

```
a{color:yellow;}
```

那么其显示结果为表格中的超链接文本是绿色、字号是 36 像素。

2）组合选择符

为了减少样式表的重复声明，可以在一条样式规则定义语句中组合若干个选择符，每个选择符之间用逗号隔开。

例如：

```
<html>
<head>
    <style type="text/css">
        h1,h2,h3{color:#CC66FF;}
    </style>
</head>
<body>
    <h1>这里使 h1 标签</h1>
    <h2>这里使 h2 标签</h2>
    <h3>这里使 h3 标签</h3>
</body>
</html>
```

使用组合选择符既减少了代码量，也更便于阅读修改。

3）伪元素选择符

伪元素选择符是指同一个 HTML 元素的各种状态和部分内容的一种定义方式。

例如，超链接元素 a 的 4 种伪类分别是：

a:link 表示超链接标签（<a>）的正常状态（没有做任何动作前）。

a:visited 表示访问过的超链接的状态。

a:hover 表示鼠标移动到超链接上的状态。hover 的中文意思为"停留、悬停"，意思是当鼠标指向一个元素时，元素改变其渲染效果，当鼠标离开元素时，回复元素原有的样式显示。

a:active 表示超链接选中的状态。

一般它们的声明按:link、:visited、:hover、:active 顺序进行。

其他元素也可以使用这些伪元素选择符，例如：

```
p:hover{
    color:green;
    background:yellow;
    font-size:large;
}
```

还有，段落的首字母和首行都可以用伪元素选择符定义样式。例如：

```
p:first-letter{font-size:20px;font-weight:bold}
p:first-line{line-height:20px;text-indent:2em}
```

最后,对各种选择符的优先级进行说明。

如果对一个元素定义了多个样式,那么它们之间的优先级决定了元素最终会如何显示。对于优先级,一般有如下规定。

- id 选择符＞class 选择符＞HTML 标签选择符。
- 内联样式表＞嵌入样式表＞外部样式表。

例如,思考下列代码最终的显示字体的颜色及大小。

```
<html>
<head>
    <style type="text/css">
    #title {
        color: blue;
        font-size: 30;
    }
    .head {
        color: red;
        font-size: 20;
    }
    div {
        color: green;
        font-size: 10;
    }
    </style>
</head>
<body>
    <div id="title" class="head">猜猜是什么样式在起作用</div>
</body>
</html>
```

运行上例,id 选择符起作用,最终显示为蓝色字体、30 号字。

```
<html>
<head>
    <style type="text/css">
        P {text-align:right}
    </style>
</head>
<body>
    <p style="text-align:center">中国</p>
</body>
</html>
```

运行上例,内联样式起作用,文字居中显示。

4.1.3 项目：世界杯胜负榜

1. 项目说明

制作如图 4.4 所示的世界杯胜负榜的表格，以指定的字号和不同颜色对得分加以区别。

国家	胜	平	负
西班牙	6	0	1
荷兰	6	0	1

图 4.4 世界杯胜负榜

本项目要求设置字体和颜色的样式，表头的文本设置为红色、字号设置为 50 像素，单元格中文字字号设置为 50 像素，其中胜利场次显示为黄色，平局场次显示为灰色，失败场次显示为绿色。

2. 项目设计

(1) 要定义文字的样式，需要使用 CSS。CSS 的定义包括外部样式、嵌入样式、内联样式，该项目中采用嵌入样式。

(2) 使用组合选择符 table、th、td 选中表和所有单元格，从而定义整体的边框和字号属性。

(3) 为 table 添加 class="medal"，从而与其他表格区分，在复杂网页的布局中这种区分非常必要。

(4) 要为表头单元格添加字体颜色，可以使用包含选择符.medal th 选中表头单元格。

(5) 要为<td>单元格添加不同的字体颜色，需要用不同的 class 属性值对所有单元格加以区分，然后使用 class 选择符分别选取对应的单元格。

3. 项目实施

本项目代码如下。

```
<html>
<head>
<meta charset="utf-8">
<title>世界杯胜负榜</title>
```

```
<style>
    table, th, td {
        border: 1px solid black;
        font-size:50px;
    }
    .medal th {
        color: red;
    }
    .sheng {
        color: yellow;
    }
    .ping {
        color: gray;
    }
    .fu {
        color: green;
    }
</style>
</head>
<body>
    <table class="medal">
    <tr>
            <th>国家</th>
            <th>胜</th>
            <th>平</th>
            <th>负</th>
    </tr>
    <tr>
            <td>西班牙</td>
            <td class="sheng">6</td>
            <td class="ping">0</td>
            <td class="fu">1</td>
    </tr>
    <tr>
        <td>荷兰</td>
        <td class="sheng">6</td>
        <td class="ping">0</td>
        <td class="fu">1</td>
    </tr>
</table>
</body>
</html>
```

4. 知识运用

前面章节使用表单元素制作了信息统计表,下面利用本节所学的 CSS 对其进行美化,要求将表头设置为红色背景,表头字的颜色为淡蓝色,表格内的颜色为浅灰色,效果如图 4.5 所示。

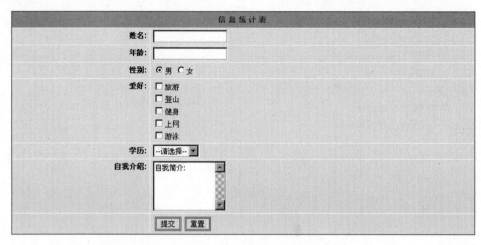

图 4.5　美化信息统计表

4.2　文本和字体相关属性

对于一个网页来说,主要使用文字和图片表达自己的观点。一个简洁清晰的网页设计会使用户有更好的体验。而文字是传递信息的主要手段,所以字体和文本的设置十分重要。本节主要讲解文本和字体的相关属性。

4.2.1　字体属性

字体属性主要用于设置字体的外观,包括字体、字号、风格、粗细等。

1. 指定字体

指定字体(font-family)属性可以实现文本的字体选择,如宋体、黑体、隶书等。需要注意的是,如果字体名字中包含空格、"♯"或"$"之类的符号,则需要在声明中加引号,其语法示例如下:

```
p {font-family:"Times New Roman", Times, serif}
```

显示字体时,如果指定一种特殊字体类型,而在浏览器或者操作系统中该类型不能正确获取,则可以使用 font-family 预设多种字体类型,每种字体类型之间使用逗号隔开,如果前面的字体类型不能正确显示,则系统将自动选择后一种字体类型,所以在页面设计时要考虑不能正确显示的问题,最好以最基本的字体类型作为最后一个选择,如使用宋体。

2. 字体大小

字体大小(font-size)属性可以设置文本的字体大小,例如:

```
p {font-size:14px;}
```

这里设置字体大小为 14 像素。浏览器的默认字体大小是 16px,而中文常用的字体大小是 12px。像文章的标题等应该显示大字体,但此时不应使用字体大小属性,应使用 h1、h2 等 HTML 标签。

一般使用 px 作为字体大小的单位,设置时也可以使用 em 单位替代 px。em 是相对大小,这里的相对指的是相对于元素父元素的 font-size。例如,如果在一个<div>设置字体大小为“16px”,此时这个<div>的后代元素将继承它的字体大小,除非重新在其后代元素中进行显式的设置。此时如果将其子元素的字体大小设置为“0.75em”,那么其字体大小计算出来后就相当于“0.75×16px＝12px”。

font-size 属性的合法取值见表 4.2。

表 4.2　font-size 属性的合法取值

值	描　　述
xx-small x-small small medium large x-large xx-large	把字体的尺寸设置为不同的尺寸,从 xx-small 到 xx-large。 默认值为 medium
smaller	把 font-size 设置为比父元素更小的尺寸
larger	把 font-size 设置为比父元素更大的尺寸
length	把 font-size 设置为一个固定的值
%	把 font-size 设置为基于父元素的一个百分比值
inherit	规定应该从父元素继承字体尺寸

3. 字体风格

字体风格(font-style)即字体的显示样式,主要的属性有 normal、italic、oblique 等,其含义见表 4.3。其语句格式如下。

```
p.normal {font-style:normal;}
p.italic {font-style:italic;}
p.oblique {font-style:oblique;}
```

表 4.3　font-style 属性的值

值	描　　述	值	描　　述
normal	默认值。浏览器显示一个标准的字体样式	oblique	浏览器会显示一个倾斜的字体样式
italic	浏览器会显示一个斜体的字体样式	inherit	规定应该从父元素继承字体样式

4．字体加粗

可以通过设置字体的粗细，从而使文字显示出不同的外观。CSS 中字体加粗（font-weight）属性的主要取值有 bold、normal、lighter 等，具体参见表 4.4。或者可以通过设置数字值的方式进行设置，数字值的范围为 100～900，值越大，加粗的程度越强。

其语句格式如下。

```
.normal {font-weight:normal;}
.thick {font-weight:bold;}
.thicker {font-weight:900;}
```

表 4.4　font-weight 属性的值

值	描　　述
normal	默认值。定义标准的字符
bold	定义粗体字符
bolder	定义更粗的字符
lighter	定义更细的字符
100 200 300 400 500 600 700 800 900	定义由粗到细的字符。400 等同于 normal，700 等同于 bold
inherit	规定应该从父元素继承字体的粗细

5．其他字体属性

除了上述字体属性外，还有一些常用的属性，如可以使用 font-variant 属性设置小型大写字母的字体；使用 color 属性定义字体颜色等。

常用的字体属性总结见表 4.5。

表 4.5　常用的字体属性总结

属　　性	描　　述
font-family	设置字体系列
font-size	设置字体大小
font-style	设置字体风格

续表

属　　性	描　　述
font-variant	以小型大写字体或者正常字体显示文本
font-weight	设置字体粗细
color	定义颜色

另外,font 是所有字体属性的简写,可以在一个声明中设置所有字体属性。其属性排列顺序是 font-style、font-variant、font-weight、font-size 和 font-family。其中,font-style、font-variant、font-weight 这 3 个属性值可以自由调换,而 font-size 和 font-family 属性必须按照固定顺序出现,而且还必须都出现在 font 属性中,如果 font-size 和 font-family 属性顺序不对或者缺少一个,则整个样式规则可能会被忽略。font 属性的语句格式如下。

```
{ font:normal 15px 宋体; }
```

4.2.2　文本属性

在文本控制和显示方面,CSS 定义了许多属性。文本属性主要用来对网页的文字进行控制,如控制文字的缩进、行高、字母间隔和对齐方式等。设置不同的文本属性,不仅方便用户使用,同时也更加适应复杂的文本呈现。

下面介绍几个典型的 CSS 文本属性。

1. 缩进文本

缩进文本(text-indent)属性可以方便地实现文本缩进,它的初始值为 0,其语法说明如下。

```
p {text-indent: 2em;}<!--段落的首行缩进 2 字符  -->
```

2. 对齐方式

对齐方式(text-align)属性用于实现一个元素中的文本行相互之间的对齐方式,分为左对齐、居中、右对齐和两端对齐,其语法举例如下。

```
p { text-align:center;}<!--所有段落的内部内容居中对齐  -->
```

3. 字母间隔

字母间隔(letter-spacing)属性用于控制字符或字母之间的间隔,默认值为 0,值可以为负数。取正数时,字母间的间隔会增加;取负数时,字母间的间隔会减少。其语法举例如下。

```
p { letter-spacing: 20px;}<!--所有段落内部字符之间间隔 20 像素  -->
```

4. 文本阴影

在 CSS 中,可以给文字添加阴影效果,即使用 text-shadow 命令,其基本语法如下所示。

```
<style type="text/css">
    p{
        text-shadow:3px 3px 2px #333;
    }
</style>
```

text-shadow 属性的第一个值表示水平位移(正值表示偏右,负值表示偏左),第二个值表示垂直位移,第三个值是可选值,表示模糊半径;第四个值表示阴影颜色,如上面语法的♯333。其显示结果如图4.6所示。

文本阴影示例

图4.6 文本阴影

CSS中提供了各种各样的文本属性。常用的文本属性见表4.6。

表4.6 常用的文本属性

属　　性	描　　述
color	设置文本颜色
direction	设置文本方向
line-height	设置行高
letter-spacing	设置字母间隔
text-align	设置对齐方式
text-decoration	向文本添加修饰,如下画线
text-indent	缩进文本
text-transform	控制文本的大小写
text-shadow	给页面上的文字添加阴影效果
text-overflow	规定当文本溢出包含元素时发生的事情
word-wrap	允许对长的不可分割的单词进行分割,并换行到下一行

4.2.3 项目:介绍我的学校2

1.项目说明

为第2章完成的案例"2.2.2 介绍我的学校1"设置CSS样式,效果如图4.7所示。

本项目中,要求一级标题设置为30像素,字体为"华文隶书",居中;二级标题颜色为灰黑色,大小为16像素,字体为"微软雅黑"。正文段落首行缩进2字符,1.5倍行距。超链接去掉下画线,字体颜色为绿色,字体为"微软雅黑"。校训的内容显示为红色,斜体,隶书,字号为20像素。

2.项目设计

使用CSS设置文字段落样式,其中字体属性为font-family,字号属性为font-size,文字颜色属性为color;段落缩进属性为text-indent,行距属性为line-height,文字下画线的

图 4.7 介绍我的学校 2

属性为 text-decoration，文字倾斜的属性为 font-style。

3. 项目实施

```
<html>
  <head>
    <title>介绍我的学校</title>
    <meta charset="utf-8">
    <style>
    h1{font-size:20px;font-family:华文细黑;}
    h2{color:#4F4F4F;font-size:16px;font-family:微软雅黑;}
    p{text-indent:2em;line-height:1.5em;}
    a{text-decoration:none;color:green;font-family:微软雅黑;}
    .em{font-size:20px;font-family:隶书;font-style:italic;color:red}
    </style>
  </head>
<body>
  <h1>介绍我的学校</h1>
  <ul>
    <li><a href="#intro">学校简介</a></li>
    <li><a href="#spirit">大学精神</a></li>
    <li><a href="#campus">校园风光</a></li>
  </ul>
  <h2 id="intro">学校简介</h2>
  <img src="1395150360585.jpg" width="900" height="300" border="0" alt=""
  align="center">
```

```
<p>学校坐落于美丽的海滨城市大连,地处大连软件园核心区域,占地面积 60.3 万平方米,
总建筑面积 39.9 万平方米,现有在校生 14000 余人。学校现设有 15 个教学机构,学科专业
涵盖工学、管理学、艺术学、文学 4 个学科门类,共设置了 28 个本科专业,面向 29 个省市招
生,同时还有 13 个高职专科专业面向 15 个省市招生。</p>
<h2 id="spirit">大学精神</h2>
<p><span class="em">我们的校训是:精勤博学,学以致用。</span>"精勤博学"强调
的是为学为人的态度和原则,并诠释了"学"的程度、方式方法和范畴。"学以致用"旨在倡导将
学与用紧密联系起来,学用结合,知行合一,将知识运用于实际应用,并在应用中敢为人先,勇
于创新,使所学能够真正为社会创造价值,从而实现个人价值和社会价值的统一,达成"教育
创造学生价值,学生创造社会价值"的目标,彰显教育的价值和使命。</p>
<h2 id="campus">校园风光</h2>
<img src="1492592299970.jpg" width="900" height="300" border="0" alt=""
align="center">
    </body>
</html>
```

4. 知识运用

要求:完成如图 4.8 所示的古文对联网页的制作,并且设置字体为红色隶书、字号为
40px,并使用阴影、左对齐、行高、字母间距等文字属性。

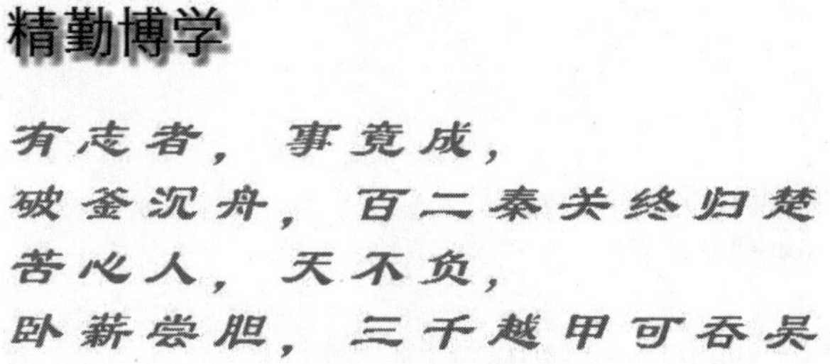

精勤博学

有志者，事竟成，
破釜沉舟，百二秦关终归楚
苦心人，天不负，
卧薪尝胆，三千越甲可吞吴

图 4.8　古文对联

4.3　背景和边框相关属性

4.3.1　边框

元素的边框是围绕在元素内容和内边距之外的条线,通常通过设置边框的不同属性
实现不同的表现形式。一般我们关注边框,主要是关注它的宽度、样式以及颜色。通俗来
讲,样式就是边框的外部形状。

由 border-style 属性定义边框的样式,如设置双线边框的语法举例如下。

```
img {border-style:double;}        <!--将图片的边框设置为双线边框样式   -->
```

其他边框样式如图 4.9 所示。

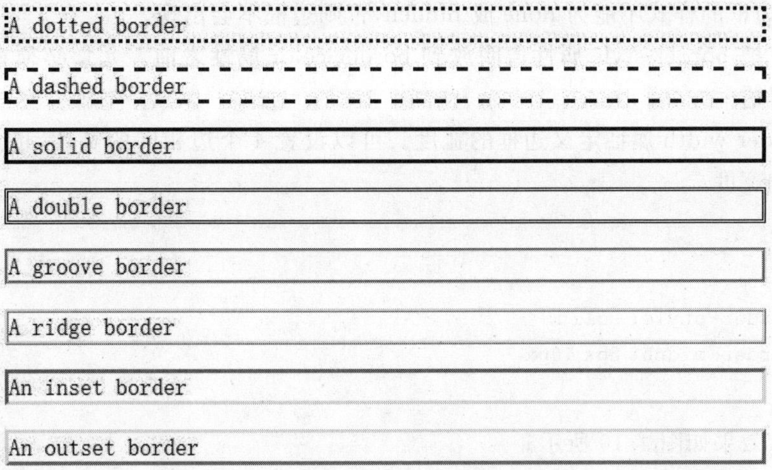

图 4.9　边框样式

如果想设置 4 个边框不同的样式，可以使用 border-left-style 设置左边框，使用 border-top-style 设置上边框，使用 border-bottom-style 设置下边框，使用 border-right-style 设置右边框。分别对不同边框属性进行设置可丰富表现形式，更有利于视觉表达。

由 border-color 属性定义边框颜色。例如：

```
p {
    border-style:solid;
    border-color:#ff0000 #0000ff;
}
```

border-color 属性用于设置 4 条边框的颜色。此属性可设置 1～4 种颜色。

border-color 属性是一个简写属性，可设置一个元素的所有边框中可见部分的颜色，或者为 4 个边分别设置不同的颜色。请看下面的例子。

• 例子 1：

```
border-color:red green blue pink;
```

4 个颜色分别赋予 4 个边框，依次是上框红色、右框绿色、下框蓝色、左框粉色。

• 例子 2：

```
border-color:red green blue;
```

3 个颜色分别赋予 4 个边框，依次是上框红色、左右框绿色、下框蓝色。

• 例子 3：

```
border-color: red green;
```

两个颜色分别赋予 4 个边框，依次是上下框红色、左右框绿色。

• 例子 4：

```
border-color:red;
```

所有 4 个边框都是红色。

注意,边框的样式不能为 none 或 hidden,否则边框不会出现。

请始终把 border-style 属性声明放到 border-color 属性之前。元素必须在赋予其颜色之前获得边框。

由 border-width 属性定义边框的宽度。可以设置 4 个边相同的宽度,也可以设置 4 个边不同的宽度。

例如:

```
p{
    border-style: solid;
    border-width: 5px 10px
}
```

其显示效果如图 4.10 所示。

```
Some text
```

图 4.10　边框宽度

边框宽度的合法值见表 4.7。

表 4.7　边框宽度的合法值

值	描　　述	值	描　　述
thin	定义细的边框	px	以像素单位自定义边框的宽度
medium	默认。定义中等的边框	inherit	规定应该从父元素继承边框宽度
thick	定义粗的边框		

注意,由于 border-style 的默认值是 none,如果没有声明样式,就相当于 border-style:none,此时 border-color、border-width 都将无效。因此,如果希望边框出现,就必须声明一个边框样式。

另外,border 属性是所有边框属性的简写,可以在一个声明中设置所有的边框属性。

可以按顺序设置如下属性。

```
border-width
border-style
border-color
```

例如:

```
p {
    border:5px solid red;
}
```

如果不设置其中的某个值,也不会出问题,如 border:solid #ff0000;也是允许的。

常用的边框属性总结见表 4.8。

表 4.8 常用的边框属性总结

属 性	描 述
border	同时设置 4 个边框
border-style	设置边框样式
border-width	设置边框宽度
border-color	设置边框颜色
border-bottom	将下边框的所有属性设置在一个声明中
border-bottom-color	设置下边框颜色
border-bottom-style	设置下边框样式
border-bottom-width	设置元素的下边框的宽度

4.3.2 边框阴影

box-shadow 属性向边框添加一个或多个阴影。

例如,向 div 元素添加阴影,效果如图 4.11 所示。

```
div{
    box-shadow: 10px 10px 5px #888888;
}
```

box-shadow 的语法如下。

图 4.11 阴影

box-shadow: h-shadow v-shadow blur spread color inset;

参数说明见表 4.9。

表 4.9 参数说明

值	描 述	值	描 述
h-shadow	必需,水平阴影的位置,允许负值	spread	可选,阴影的尺寸
v-shadow	必需,垂直阴影的位置,允许负值	color	可选,阴影的颜色,请参阅 CSS 颜色值
blur	可选,模糊距离	inset	可选,将外部阴影(outset)改为内部阴影

例如:

```
div{
    width:300px;
    height:100px;
    background-color:#ff9900;
    -moz-box-shadow: 10px 10px 5px #888888;          /* 低版本 Firefox */
    box-shadow: 10px 10px 5px #888888;
}
```

此例中规定阴影水平位移为 10px，垂直位移为 10px，模糊距离为 5px，阴影颜色为 ♯888888，为兼容低版本 Firefox 浏览器加前缀-moz-。

4.3.3　圆角边框

为了美化效果，通常会对一个边框使用圆角属性。使用 border-radius 可以设计元素以圆角的样式显示，其基本语法如下。

```
border-radius:10px;  <!—设置圆角半径为 10 像素 -->
```

其显示效果如图 4.12 所示。

圆角边框

图 4.12　圆角边框

有时候会对元素不同的位置定义圆角，这样就需要分别设置。borde-radius 属性派生了 4 个子属性。

borde-top-right-radius：定义右上角的圆角。

borde-top-left-radius：定义左上角的圆角。

borde-bottom-right-radius：定义右下角的圆角。

borde-bottom-left-radius：定义左下角的圆角。

4.3.4　图形边框

border-image 是 CSS3 新增的属性，用于定义图形边框，可以制作出更加多样化的边框效果。

border-image 属性是以下属性的简写，具体描述见表 4.10。

表 4.10　border-image 属性

值	描　　述
border-image-source	用在边框的图片的路径
border-image-slice	图片边框剪裁位置向内偏移
border-image-width	图片边框的宽度
border-image-outset	边框图像区域超出边框的量
border-image-repeat	图像边框是否应重复（repeated）、平铺（rounded）或拉伸（stretched）

例如：

```
div{
    border:15px solid transparent;
    width:200px;
    border-image:url(img/g2.jpg)  30 30 round;
}
```

此例中,图片的路径为 img/g2.jpg,剪裁位置向内偏移 30 像素,图片填充宽度为 30 像素,平铺方式。

其显示效果如图 4.13 所示。

关于兼容性问题,这里介绍一下常见浏览器内核。

1. Trident 内核

该内核程序在 IE4 中首次被采用,是微软在 Mosaic 代码的基础之上修改而来的,并沿用到 IE11,也被普遍称作"IE 内核"。Trident 实际上是一款开放的内核,其接口内核设计得相当成熟,因此才有许多采用 IE 内核而非 IE 的浏览器涌现。

Trident 内核的常见浏览器有 IE6、IE7、IE8、IE9、IE10、猎豹安全浏览器、360 安全浏览器、360 极速浏览器、搜狗高速浏览器。

这是我们使用的图片:

图 4.13　图形边框

2. WebKit 内核

WebKit 内核常见的浏览器有 Apple Safari、Symbian 手机浏览器、Android 默认浏览器、Google Chrome、360 极速浏览器以及搜狗浏览器高速模式。

3. Blink 内核

Blink 是一个由 Google 和 Opera Software 开发的浏览器排版引擎,这一渲染引擎是开源引擎 WebKit 中 WebCore 组件的一个分支,并且在 Chrome(28 及往后版本)、Opera(15 及往后版本)和 Yandex 浏览器中使用。

上述代码在浏览器不兼容时需要加前缀,例如:

```
div{
    -webkit-border-image:url(border.png) 30 30 round; /* Safari 5 */
    -o-border-image:url(border.png) 30 30 round; /* Opera */
    border-image:url(border.png) 30 30 round;
}
```

4.3.5　背景

在 CSS 中可以使用背景属性创建需要的样式。背景属性包括背景颜色、背景图片以及背景的位置。

背景色通过使用 background-color 属性进行设置,如使用如下语句设置了纯色背景。

```
p {background-color: gray;}   <!—段落背景设置为灰色 -->
```

如果需要设置图像背景,则使用 background-image 属性,必须为这个属性设置一个 url 值。

```
p{background-image:url(../image/2009.jpg); }<!—段落使用背景图片 -->
```

上面语句中,将名字为 2009.jpg 的图片作为背景,但是一定要注意文件存放的位置,如果图片文件路径不正确,将无法正确显示。

由 background-position 属性设置背景图像的起始位置,也就是如何定位背景图片。例如:

```
div{
    border:1px solid black;
    width:200px;
    height:200px;
    background-image:url(img/f2.jpg);
    background-position:75% 0%;
}
```

其中,原始图片如图 4.14 所示。

图 4.14　原始图片

通过 background-position 属性定位后的图片如图 4.15 所示。

图 4.15　图片定位示例

把 background-attachment 属性设置为 fixed,才能保证该属性在 Firefox 和 Opera 中能正常工作。

例如:

```
body{
    background-image:url('bgimage.gif');
    background-repeat:no-repeat;
    background-attachment:fixed;
    background-position:center;
}
```

background-position 的取值参见表 4.11。

表 4.11　background-position 的取值

值	描　述
top left top center top right center left center center center right bottom left bottom center bottom right	如果仅规定了一个关键词，那么第二个值将是 center 默认值为 0%0%
x% y%	第一个值是水平位置，第二个值是垂直位置。 左上角是 0% 0%。右下角是 100% 100%。 如果仅规定了一个值，另一个值将是 50%
xpos ypos	第一个值是水平位置，第二个值是垂直位置。 左上角是 0 0。单位是像素（0px 0px）或任何其他的 CSS 单位。 如果仅规定了一个值，另一个值将是 50%。 可以混合使用%和 position 值

由 background-size 规定背景图像的尺寸。

例如：

```
div{
    background:url(img_flwr.gif);
    background-size:63px 100px;
    background-repeat:no-repeat;
}
```

其中，原始图片如图 4.16 所示。通过 background-size 属性缩小后的图片如图 4.17
所示。

图 4.16　原始图片　　　　　　图 4.17　定义图片尺寸示例

与背景相关的属性总结见表 4.12。

表 4.12　与背景相关的属性总结

属　　　性	描　　　述
background	将背景属性设置在一个声明中
background-attachment	设置背景图片固定或者随元素移动
background-color	设置元素背景颜色
background-image	设置图片背景
background-position	设置背景的位置
background-repeat	设置背景图像是否重复、如何重复
Background-size	设置背景图像尺寸

4.3.6　项目：校训 Logo

1. 项目说明

设计并制作一个校训 Logo,利用 CSS 背景和边框相关的属性制作出如图 4.18 所示的页面效果。

图 4.18　校训 Logo

2. 项目设计

制作校训 Logo,使用的素材有一个校徽图片和一行校训文字。首先,用 div 做一个大盒子,填充蓝色背景;在这个大盒子里添加两个小盒子。在两个小盒子里分别放置文字和图片,它们左右相邻的布局可以通过浮动实现。左边的校徽图片通过背景填充,原图片如图 4.19 所示,需使用

图 4.19　原图片

background-position、background-size 等属性调整位置和大小。

3. 项目实施

本项目的代码如下。

```html
<html>
  <head>
    <title>设计 logo</title>
    <meta charset="utf-8">
```

```
<style type="text/css">
    #box1 {
        background: blue;
        width: 500px;
        height: 100px;
    }
    #box2 {
        width: 100px;
        height: 100px;
        background-image: url(img/logo.png);
        background-size: 480px 100px;
        background-repeat: no-repeat;
        float: left;
    }
    #box3 {
        text-align: center;
        font-family: 隶书;
        font-size: 40px;
        line-height: 100px;
        color: white;
    }
</style>
</head>
<body>
    <div id="box1">
        <div id="box2"></div>
        <div id="box3">精勤博学,学以致用</div>
    </div>
</body>
</html>
```

4. 知识运用

完成如图 4.20 所示的边框圆角练习的网页制作,要求使用圆角、阴影等属性。

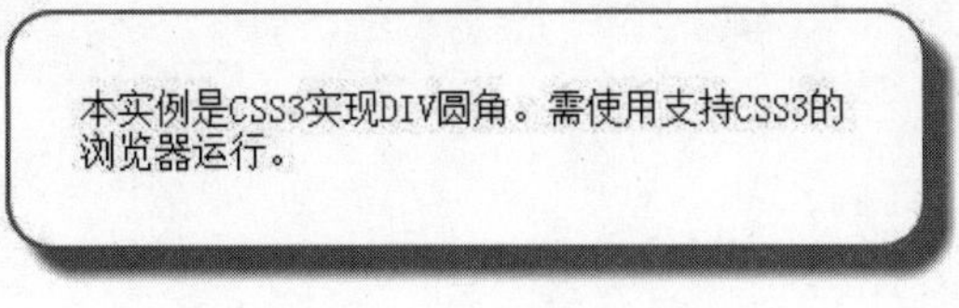

本实例是CSS3实现DIV圆角。需使用支持CSS3的
浏览器运行。

图 4.20　边框圆角练习

4.4 咖啡商城——网站页脚模块实现

本项目属于综合项目中的首页页脚部分的实现,需要用到本章所学的文本、字体、背景等属性。

（1）对页脚部分字体、文本属性的设置,在网页中会有很多位置使用到文本、字体属性,灵活运用这些属性将会使页面可用性大大增强。

（2）对页脚的宽度、高度以及背景颜色的设置。

（3）灵活使用CSS效果可以使网页显示更加灵活,如超链接文本修饰效果、内容溢出效果设置等。

4.4.1 项目说明

咖啡网站的页脚部分包含导航链接和登录、注册按钮等。一个网页如果没有了页脚,就像一篇好的文章没有结尾一样,让人感到头重脚轻,既不美观,也不协调。页脚设计主要用来展示网站的版权和网站介绍,通常具有导航和总结的功能,还有美化的作用。合理设计页脚能够提升用户体验。

"咖啡网站页脚部分.html"的显示结果如图4.21所示。

图4.21 咖啡网站页脚部分

4.4.2 项目设计

首先对页脚的大小进行设置,本项目中使用width、height等属性。文本、字体方面,我们使用font-size、color、line-height、text-align等属性,并且针对不同的功能分别进行设置。另外,为实现更好的显示效果,可以使用伪类对超链接进行美化,通过设置:hover选择器实现鼠标悬浮时文本修饰效果进行变化。

4.4.3 项目实施

项目实现代码如下所示。

```
<!doctype html>
<html>
<head>
<meta charset="utf-8">
<title>页脚部分</title>
<style type="text/css">
footer {
    background: #644108;
```

```
        color: #A9A9A9;

        padding-bottom: 10px;

        overflow: hidden;

        width: 1210px;

} /* 设置页脚背景颜色、字体颜色、宽度等属性 */

footer a {

        color: #FFF;

        text-decoration: none;

} /* 设置超链接为白色、无下画线 */

footer a:hover {

        color: #d2d0ce;

        text-decoration: underline;

}/* 设置当鼠标悬浮时显示为灰色、带下画线 */

footer .nav {

        top: 45px;

        right: 20px;

        position: absolute;

        line-height: 150%;

        text-align: left;

} /* 该部分使用了绝对定位,并设置了行高和对齐方式 */

footer .footer {

        text-align: center;

        overflow: hidden;

        zoom: 1;

        width: auto;

        height: 68px;

        color: #FFFFFF;

        position: relative;

}

footer .login {

        background-color: #598428;

        color: #FFF;

        padding: 3px 14px;

        margin-left: 10px;

}/* 设置会员登录按钮的背景色、字体颜色等属性 */

footer .register {

        background-color: #F36523;

        color: #FFF;

        padding: 3px 14px;

}/* 设置会员注册按钮的背景色、字体颜色等属性 */

</style>

</head>

<body>

<footer>
```

```
    <div class="footer box">
        <div class="nav"><a href="#" target="_blank">网站地图</a>/<a target=
        "_blank" href="#">关于我们</a>/<a target="_blank" href="#">沙龙动态</a>/
        <a target="_blank" href="#">友情链接</a>/<a target="_blank" href="#">
        联系我们</a>/< a target ="_blank" href ="#">版权声明</a>< a target =
        "_blank" class="login" href="">会员登录</a><a target="_blank" class=
        "register" href="">会员注册</a><br>
            <div style="text-align:left; padding-top:5px;"></div>
        </div>
    </div>
</footer>
</body>
</html>
```

习　　题

一、选择题

1. CSS 指的是(　　　)。
   A. Computer Style Sheets　　　　　B. Cascading Style Sheets
   C. Creative Style Sheets　　　　　D. Colorful Style Sheets

2. CSS 样式表不能实现(　　　)功能。
   A. 将格式和结构分离　　　　　　　B. 一个 CSS 文件控制多个网页
   C. 控制图片的精确位置　　　　　　D. 兼容所有的浏览器

3. 在 HTML 文档中，引用外部样式表的正确位置是(　　　)。
   A. 文档的末尾　　B. 文档的顶部　　C. <body>部分　　D. <head>部分

4. (　　　)属性可用来定义内联样式。
   A. font　　　　　　B. class　　　　　C. styles　　　　　D. style

5. 选项(　　　)的 CSS 语法是正确的。
   A. body;color＝black　　　　　　　B. {body;color＝black(body}
   C. body {color: black}　　　　　　D. {body;color:black}

6. 为所有的<h1>元素添加背景颜色的语法为(　　　)。
   A. h1. all {background-color:♯FFFFFF}
   B. h1 {background-color:♯FFFFFF}
   C. all. h1 {background-color:♯FFFFFF}
   D. all. h1 {backgroundcolor:♯FFFFFF}

7. 改变某个元素的文本颜色的属性为(　　　)。
   A. text-color:　　B. fgcolor:　　C. color:　　　D. text-color＝

8. (　　　)属性可控制文本的尺寸。
   A. font-size　　　B. text-style　　C. font-style　　D. text-size

9. 在以下的 CSS 中,可使所有<p>元素变为粗体的正确语法是(   )。

    A. <p style="font-size:bold">   B. <p style="text-size:bold">

    C. p {font-weight:bold}   D. p {text-size:bold}

10. 如果要使用 CSS 将文本样式定义为粗体,需要设置的文本属性是(   )。

    A. font-family   B. font-style   C. font-weight   D. font-size

11. 显示没有下画线的超链接的 CSS 语法为(   )。

    A. a {text-decoration:none}

    B. a {text-decoration:no underline}

    C. a {underline:none}

    D. a {decoration:no underline}

12. (   )使文本以大写字母开头。

    A. text-transform:capitalize   B. 无法通过 CSS 实现

    C. text-transform:uppercase   C. text-animation:uppercase

13. 改变元素字体的属性为(   )。

    A. font=   B. f: C. font-family: D. font-size:

14. CSS 中 ID 选择符在定义的前面要有指示符(   )。

    A. *   B. .   C. !   D. #

15. 在 CSS 的文本属性中,文本修饰的取值 text-decoration:overline 表示(   )。

    A. 不用修饰   B. 下画线

    C. 上画线   D. 横线从字中间穿过

16. 外部样式文件的扩展名为(   )。

    A. .js   B. .dom   C. .htm   D. .css

17. 在 CSS 中使用背景图片需要用参数(   )。

    A. image   B. url   C. style   D. embed

二、综合题

1. 使用 HTML+CSS 制作如图 4.22 所示的百度首页页面效果。

图 4.22 示例页面

2. 利用 CSS 对网页页面做如下设置。

(1) h1 标题字体颜色为白色、背景颜色为蓝色、居中、4 个方向的填充值均为 15px。

(2) 使文字环绕在图片周围,图片边线:粗细 1px,颜色♯9999cc,虚线,与周围元素的边界为 5px。

　　（3）段落格式：字体大小 12px，首行缩进两字符、行高 1.5 倍行距、填充值 5px。

　　（4）消除网页内容与浏览器窗口边界间的空白，并设置背景色♯ccccff。

　　（5）给两个段落加不同颜色的右边线 3px double red 和 3px double orange。

最终显示效果如图 4.23 所示。

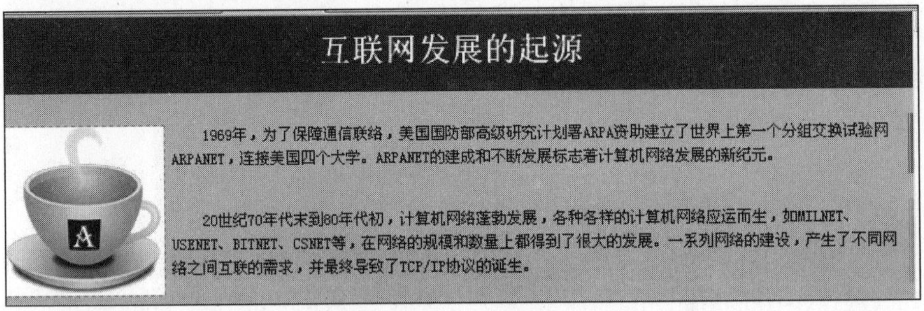

互联网发展的起源

　　1969年，为了保障通信联络，美国国防部高级研究计划署ARPA资助建立了世界上第一个分组交换试验网ARPANET，连接美国四个大学。ARPANET的建成和不断发展标志着计算机网络发展的新纪元。

　　20世纪70年代末到80年代初，计算机网络蓬勃发展，各种各样的计算机网络应运而生，如MILNET、USENET、BITNET、CSNET等，在网络的规模和数量上都得到了很大的发展。一系列网络的建设，产生了不同网络之间互联的需求，并最终导致了TCP/IP协议的诞生。

图 4.23　示例页面

CSS 盒子模型

本章概述

通过本章的学习，重点掌握 CSS 中盒子模型的各个属性，熟练使用 margin、padding、border、width 等属性，掌握盒子模型的 3 种定位机制，了解 display 属性、显示及隐藏的方法。通过对 5 个盒子项目的实施，掌握浮动、position 定位等机制。

学习重点与难点

重点：

(1) 盒子相关属性。

(2) 浮动定位。

(3) 位置定位。

(4) display 属性。

难点：

(1) 浮动定位。

(2) clear 属性。

(3) CSS 的层叠。

重点及难点学习指导建议：

- 盒子模型在前端开发中非常重要，重点掌握 CSS 中盒子模型的各个属性，学生须通过大量编码练习强化记忆。
- 浮动和定位在页面布局中有着重要的意义，是学习时必须掌握的重点，通过编码实践，比较每一个属性值不同的含义。
- 了解 clear 属性知识，从而设置元素的某个方向不允许出现浮动元素。

5.1 盒子相关属性

在网页设计中,经常会使用内容(content)、内边距(padding)、边框(border)、外边距(margin)等属性。如图 5.1 所示,可以视这些 CSS 属性为日常生活中的盒子模型,盒子模型是实现网页布局的基础,学习网页布局必须了解盒子模型。

盒子模型如图 5.1 所示。俯视这个盒子,margin 为盒子边缘与其他物体的距离,一般称为边界或外边距;border 类似于盒子的厚度,称为边框;padding 是填充的厚度,一般称为填充或者内边距;而 content 为盒子的内容。也就是说,整个盒子在页面中占的位置大小应该是内容的大小加上填充的厚度再加上框边的厚度再加上它的外边距。

图 5.1　盒子模型

5.1.1　内边距和外边距

在 HTML 中,每个元素都可以被视为一个"盒子",不管这个元素是段落,还是图像。想象一个盒子,它有上、下、左、右 4 条边,所以每个属性除了内容(content),都包括 4 个部分:上、下、左、右;这 4 部分可同时设置,也可分别设置,如图 5.2 所示。

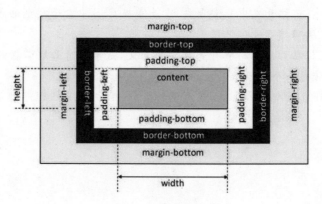

图 5.2　标准盒子模型

下面分别说明各个属性的语法。

1. 外边距

外边距属性也称为边界属性,根据上、下、左、右 4 个方向可细分为上边距(margin-top)、下边距(margin-bottom)、左边距(margin-left)、右边距(margin-right)。一般情况下,可以使用 margin 属性一次性设置 4 个边距,也可以分别对不同的边距设置不同的属性,设置时必须按顺时针方向依次代表上、右、下、左 4 个方向的属性值。如果省略,则按上下、左右同值处理。

例如,有如下语句:

```
{margin:1px 2px 3px.4px;}
```

有 4 个值,表示上外边距为 1px,右外边距为 2px,下外边距为 3px,左外边距为 4px。

```
{margin:1px 4px;}
```

有两个值,表示上下外边距为 1px,左右外边距为 4px。

除了上述设置具体值之外,也可以设置水平位 auto,这样做会使盒子里的水平位置自动居中。

如下面代码所示,样式设置为

```
.margin{
    width:200px;
    margin:0px auto
}
```

内容设置为

```
<p class="margin">使用 auto 效果</p>
```

在浏览器中运行该代码,结果显示该段落位置为水平居中。

2. 边框属性

边框(border)有 3 个属性:颜色(border-color)、粗细(border-width)、样式(border-style)。

例如,边框粗细的说明如下。

```
border-width: thin 10px thick medium   <!--对盒子的边框粗细进行设置-->
```

对边框的设置方法是:按照规定的顺序给出 1 个、2 个、3 个或者 4 个属性值,它们的含义将有所区别,具体含义如下。

(1) 如果给出 1 个属性值,表示 4 个边框的属性一样。

(2) 如果给出 2 个属性值,前者表示上下边框的属性,后者表示左右边框的属性。

(3) 如果给出 3 个属性值,前者表示上边框的属性,中间的数值表示左右边框的属性,后者表示下边框的属性。

(4) 如果给出 4 个属性值,依次表示上、右、下、左边框的属性,即顺时针排序。

3．内边距

内边距（padding）属性，也称为填充属性，设置的是内容与边框的距离。同外边距属性一样，内边距属性也包括上、下、左、右 4 个方向的属性值，其使用方法请参照外边距属性代码。

如图 5.3 所示，有时候网页中或者盒子中的内容并不能完全填充到整个区域中，这时可以使用内边距 padding 调整盒子中内容的位置。

例如，要将图 5.3 中盒子的文字居中，可对代码进行如下更改。

```
p {
    width: 150px;
    height: 50px;
    background-color: pink;
    padding-left: 40px;
}
```

在 IE11 中其显示结果如下。

图 5.3　盒子示例

图 5.4　内边距使用效果

5.1.2　块级元素与行内元素

大多数 HTML 元素都被定义为块级元素（block）或行内元素（inline）。

（1）块级元素默认占一行，一行内添加一个块级元素后，一般无法再添加其他元素。例如，div、p、h1～h6、ul、ol、table 都是块级元素。

（2）行内元素会在一条直线上排列（默认宽度只与内容有关），都是同一行的，水平方向排列。例如，a、span、img 都是行内元素。

它们的区别如下。

块级元素可以包含行内元素和块级元素。行内元素不能包含块级元素，只能包含文本或者其他行内元素。

行内元素与块级元素属性的不同，主要是盒模型属性：块级元素的宽高、行高以及外边距和内边距都是可控的。行内元素设置 width 无效，height 无效（可以设置 line-height），margin 上下无效，padding 上下无效。

块级元素的用法：

div 元素是块级元素，实际上，div 就是一个容器，它把文档分成独立的、不同的部分。div 还有一个最常用的用途是文档布局。

例如，一个网页有头部、内容和尾部 3 个结构，那么在布局时就可以用 3 个 div 标签把 3 个部分划分出来。

行内元素的用法：

span 标签是行内元素,用来组合文档中的行内元素。通过使用 span 标签,可以更好地管理行内元素。如果不加样式,span 元素中的文本与其他文本不会有任何区别。当想给某些文字设置特殊样式时,可以使用以下语句。

```
<body>
    <p><span style="font-style: italic;">注释</span>span 是行内元素</p>
</body>
```

其显示结果为:

注释 span是行内元素

在 CSS 中,将各版块看作一个个盒子,可以利用盒子的属性描述各版块的尺寸、边界等样式,而位置方面一般由浏览器自动控制。各版块一般用<div>标签进行描述,即采用 CSS+DIV 布局。使用 CSS 可以灵活设置 div 元素的样式,width 属性用于设置其宽度,height 属性用于设置其高度。一般用 px 作为固定尺寸的单位。单位为百分比时,div 元素的宽度和高度为自适应状态。

盒子在标准流中的定位原则如下。

1. 块级元素之间的竖直 margin

如下面语句所示:

```
<div style="margin-bottom:50px;">块元素 1</div>
<div style="margin-top:30px;">块元素 2</div>
```

例如,想要依次放置两个盒子,并且设置了块元素 1 的下边界为 50px,块元素 2 的上边距为 30px,这样就形成了一种如图 5.5 所示的塌陷现象。

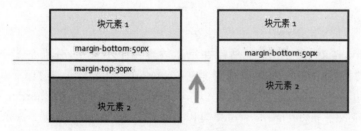

图 5.5　塌陷现象

2. margin 中的负值

如下面语句所示。

```
.left{
    margin-right:30px;
    background-color:#a9d6ff;}
.right{
```

```
margin-left:-53px;                    /* 设置为负数 */
background-color:#eeb0b0;
}
```

如果在 margin 中使用了负值,那么就会出现如图 5.6 所示的叠加现象。

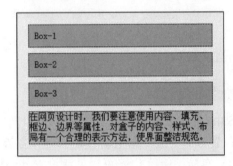

图 5.6　叠加现象　　　　　　　　图 5.7　5 个盒子实例

5.1.3　项目:盒子模型

1. 项目说明

为"5 个盒子.html"设置 CSS 样式,显示结果如图 5.7 所示。

页面上一共有 5 个盒子。

(1) 最外层的盒子为黄色背景,宽度为 350px,内边距宽度为 10px。

(2) Box-1、Box-2、Box-3 每个小盒子都设置为黑色虚线框(dashed black),1px 宽,背景色为♯00CCFF,外边距和内边距均为 10px。

(3) 第 4 个盒子为文本,背景为粉色,外边距宽度为 10px。

2. 项目设计

首先,用 div 定义一个大盒子,然后在里边放置 4 个小盒子,分别是 3 个 div 和一个 p。盒子的样式将要用到的属性包括背景色(background-color)、宽度(width)、内边距(padding)、外边距(margin)、边框宽度(border-width)、边框线型(border-style),其中 border-width、border-style、border-color 可以合并简写成 border 属性。盒子的高度由其内容的高度决定。

3. 项目实施

项目代码如下所示。

```
<html>
  <head>
    <title>New Document</title>
      <style>
        .outter{border:1px solid black; width:350px;background:yellow;
```

```
            padding:10px;}
        div{border:1px dashed black;background:#00CCFF;margin:10px;padding:
        10px;}
        p{border:1px dashed black;background:pink;margin:10px}
      </style>
    </head>
    <body>
      <div class="outter">
        <div class="box1">Box-1</div>
        <div class="box2">Box-2</div>
        <div class="box3">Box-3</div>
        <p>在网页设计时,我们要注意使用内容、填充、框边、边界等属性,对盒子的内容、样式、
        布局有一个合理的表示方法,使界面整洁规范。</p>
      </div>
    </body>
</html>
```

4. 知识运用

完成如图 5.8 所示的盒子相关属性练习的网页制作,请思考如何将两个盒子放置在同一行内。

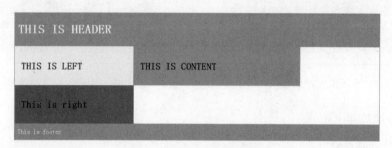

图 5.8　盒子相关属性练习

5.2　浮动定位

在 CSS 中,如何定位是网页整体布局的关键。CSS 有 3 种基本的定位机制:普通流、浮动和位置定位。

5.2.1　float 属性

在 CSS 中,通过 float 属性实现元素的浮动。float 属性定义元素在哪个方向浮动。以往这个属性总应用于图像,使文本围绕在图像周围,不过,在 CSS 中,任何元素都可以浮动。浮动元素会生成一个块级框,而不论它本身是何种元素。

float 属性实现元素的浮动主要有以下几种形式(表 5.1)。

表 5.1　主要浮动形式

值	描　　　述
left	元素向左浮动
right	元素向右浮动
none	默认值,元素不浮动,显示其在文本中出现的位置
inherit	规定应该从父元素继承 float 属性的值

在"盒子模型"项目实施过程中使用了盒子模型,如果在该模型中添加如下语句:

`.box1{float:left}`

结果是"Box-1"向左浮动,浮动的块不能独立占领一行,以自适应宽度存在,居左对齐。其下一行"Box-2"受到浮动的影响向上移动,如图 5.9 所示。

然后再添加如下语句:

`.box2{float:left}`

结果是"Box-2"向左浮动,其下一行"Box-3"受到浮动的影响向上移动,如图 5.10 所示。

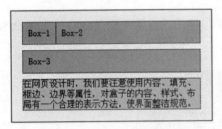

图 5.9　盒子向左浮动效果(一)

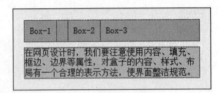

图 5.10　盒子向左浮动效果(二)

最后再添加如下语句。

`.box3{float:left}`

该语句的作用是将盒子 box3 向左浮动,此时段落受到浮动的影响,向上移动,网页显示效果如图 5.11 所示。

同理,也可以使用 float:right 语句将盒子向右浮动,或者同时使用不同的语句构造不同的显示效果。

如果修改盒子的宽度属性,将 box1、box2、box3 的每个宽度都设置为 120px,它的显示结果如图 5.12 所示。

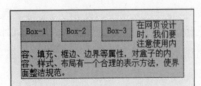

图 5.11　盒子向左浮动效果(三)

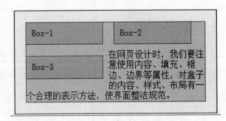

图 5.12　加宽后的浮动效果

盒子变宽后就会出现一个问题：这 3 个盒子本应该水平分布，但是显示的时候第三个盒子却在下方。事实上，它们的确相邻，但是由于容器的宽度不足以在同一排容纳 3 个盒子，并且盒子是浮动的，就会造成第 3 个盒子在下方显示。所以，编写代码时要注意设置不同的相关属性，如将容器变大或者将盒子调小。

5.2.2　clear 属性

如果希望清除浮动对元素的影响，可以使用 clear 属性。

clear 属性有 5 个可能值：left、right、both、none 和 inherit。clear:left 可清除左浮动的影响。同样，clear:right 可清除右浮动的影响。

对图 5.12 所示页面做如下修改，清除左浮动对 p 元素的影响。

```
p{
    border:1px dashed black;
    background:pink;
    margin:10px;
    clear:left
}
```

运行结果如图 5.13 所示。

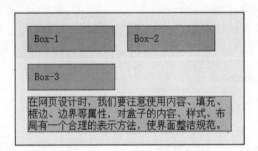

图 5.13　使用 clear 属性的效果

5.2.3　项目：3 个相框

1. 项目说明

制作如图 5.14 所示 3 个相框的 CSS 样式。

图 5.14　3 个相框

2. 项目设计

本项目需要用到浮动定位方式将相框横向排列；使用边框、背景、内边距、外边距等属性定义相关样式。

首先定义一个大盒子，设置背景色为灰色(grey)，建议设置为 580px 宽 220px 高；然后定义 3 个小盒子，添加照片，并且照片背景为白色(♯FFF)，10px 边界，10px 填充；小盒子的边框为深灰色(♯333)。3 个小盒子都向左浮动。

3. 项目实施

本项目代码如下。

```html
<html>
    <head>
        <meta charset="utf-8">
        <title>3个相框</title>
        <style>
            .outter {
                border: 1px solid black;
                background: grey;
                padding: 10px;
                width: 560px;
                height: 220px;
                margin:auto;
            }
            .box {
                border: 8px solid #333;
                background: #FFF;
                margin: 10px;
                padding: 10px;
                float: left;
            }
        </style>
    </head>
    <body>
        <div class="outter">
            <div class="box"><img src="sea.jpg" width="130" height="170">
            </div>
            <div class="box"><img src="bridge.jpg" width="130" height="170">
            </div>
            <div class="box"><img src="tower.jpg" width="130" height="170">
            </div>
        </div>
    </body>
</html>
```

4. 知识运用

制作如图 5.15 所示的智能家居系统的 CSS 界面,其中背景为♯066,宽为 320px,高为 250px,padding 为 1px,border 设置为 1px solid black。对每个 div 进行设置:背景为♯FFF,margin 为 10px,padding 为 10px,圆角半径为 20px。

图 5.15　智能家居系统的 CSS 界面

5.3　位置定位

比起浮动定位,位置定位更加准确、具体、易控制。

5.3.1　position 属性

position 属性可以使元素显示在网页中任意指定的位置上。在 CSS 布局中,position 发挥着非常重要的作用,很多容器的定位是用 position 完成的。

position 属性有 4 个可选值,它们分别是:static、absolute、fixed、relative。下面分别介绍它们的不同用法。

表 5.2 列出了 position 属性的值及使用方法。

表 5.2　position 属性的值及使用方法

值	描　述
absolute	生成绝对定位的元素,相对于 static 定位以外的第一个父元素进行定位。元素的位置通过 left、top、right 以及 bottom 属性进行规定
fixed	生成绝对定位的元素,相对于浏览器窗口进行定位 元素的位置通过 top、right、bottom 以及 left 属性进行规定
relative	相对定位,对象不可重叠,可以通过 top、right、bottom 以及 left 属性在正常文档中偏移位置
static	这是默认的属性值,无特殊定位,对象遵循 HTML 定位规则。不能通过 z-index 进行层次分级

下面分别了解一下 position 属性的几个值。

1. 默认的属性值

无特殊定位,也就是该盒子按照标准流(包括浮动方式)进行布局。

2. 绝对定位

盒子的位置以它的包含框为基准进行偏移。绝对定位(absolute)的框从标准流中脱离。这意味着它们对其后的兄弟盒子的定位没有影响,其他盒子就好像这个盒子不存在一样。

例如,使用的绝对定位语句如下。

```
.pos_abs{
    position:absolute;
    left:50px;
    top:80px;
}
```

内容设置为

```
<img class="pos_abs" src="image/tower.jpg">
```

<p>通过绝对定位,元素可以放置到页面上的任何位置</p>。

绝对定位使元素可以放置在页面的任何位置上,而与其他元素无关。上述语句的运行结果如图 5.16 所示。

图 5.16　绝对定位

该图片位置与页面顶部的距离是 80px,距页面左侧为 50px,假如修改绝对定位的语句,将 top:80px 修改为 top:10px,结果可能会出现图片遮挡文字的情况。

3. 相对定位

使用相对定位(relative)的盒子的位置以标准流的排版方式为基础,然后使盒子相对于它在原本的标准位置偏移指定的距离。相对定位的盒子仍在标准流中,它后面的盒子仍以标准流方式对待它。相对定位的原理是:如果对一个元素进行相对定位,首先它将出现在它所在的原始位置上,之后通过设置的水平或垂直位置将元素相对于它的原始起点进行移动。另外,进行相对定位时,无论是否进行移动元素,都占据原来的空间。

例如,如下相对定位的语句:

```
#box_relative {
    position: relative;
    left: 20px;
    top: 30px;
}
```

它的意思是,生成的盒子与原来的盒子相比在其右下方:向右移动 20px,向下移动 30px。绝对定位和相对定位的区别是,绝对定位的坐标原点为上级元素的原点,而相对定位的坐标原点为偏移前的原点,与上级元素无关。一般情况下,绝对定位只用于需要精确控制内容的情况,因为绝对定位要求开发者将元素放置的位置精确到某一像素,而相对定位在内容如何定位上的不可预测性更大。所以,绝对定位更加精准,相对定位在屏幕大小改变时适应性更强。相对定位显示结果如图 5.17 所示。

图 5.17   相对定位

4. 固定定位(fixed)

它和绝对定位类似,只是以浏览器窗口为基准进行定位。固定定位的容器不会随着滚动条的拖动而变换位置。

例如,如下代码为固定定位的运用,文本显示于浏览器的一个固定位置。

```
.pos_fixed{
    position:fixed;
    left:50px;
    top:10px;
}
```

内容设置为

`<div class="pos_fixed">固定定位</div>`

5.3.2   项目:照片墙

1. 项目说明

制作如图 5.18 所示的照片墙效果。

图 5.18   照片墙效果

2. 项目设计

（1）首先使用 CSS 设置每个图片的边框和边距。

（2）使用位置定位的绝对定位，搭配使用 left、top 进行定位。

使用 position:absolute 实现绝对定位，当父元素非 static 时，相对于父元素定位，而不受父元素内其他子元素的影响。因此，设置容器大盒子的属性 position:relative，所有小盒子都相对于大盒子绝对定位，小盒子的位置通过 left、top、right 以及 bottom 属性进行规定。

（3）设置正确的图片引用路径，如果图片无法正确显示，则需要使用替换文字"该图像无法显示，请查看文件路径"。

3. 项目实施

本项目代码如下。

```
<html>
<head>
    <title>照片墙</title>
    <style>
        .box{position:relative; top:50; left:200;}
        img{position:absolute;
            border:5px solid;
            border-image:url(pic/33.png) 10 10 round;
            padding:10px;
            margin:10px;}
        .candel{left:410;}
        .fire{left:200; top:120;}
        .sweet{left:105; top:270;}
        .food{left:515; top:283;}
        .turkey{left:395; top:375;}
        .fruit{left:200; top:375;}
    </style>
</head>
<body>
    <div class="box">
        <img class="candel" src="pic/蜡烛.gif" width="75" height="94" border=
        "0" alt="该图像无法显示,请查看文件路径">
        <img  class="sweet" src="pic/甜点.jpg" width="70" height="73" border=
        "0" alt="该图像无法显示,请查看文件路径">
        <img class="fire" src="pic/炉火.jpg" width="289" height="226" border=
        "0" alt="该图像无法显示,请查看文件路径">
        <img  class="food" src="pic/佳肴.gif" width="95"  border="0" alt="该
        图像无法显示,请查看文件路径">
        <img class="turkey" src="pic/火鸡.gif" width="94"  border="0" alt="该
```

图像无法显示,请查看文件路径">
```
            <img class="fruit" src="pic/水果.jpg" width="95"  border="0" alt="该图
            像无法显示,请查看文件路径">
        </div>
    </body>
</html>
```

4. 知识运用

制作如图 5.19 所示的网页,注意 position 的运用,并且使用 float 等属性。

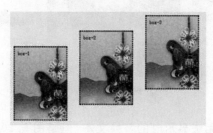

图 5.19　position 的运用

5.4　隐藏与显示

5.4.1　visibility 属性

visibility 属性控制着元素的显示与隐藏。如果一个元素的 visibility 属性设置为 hidden,即表现为不可见的形式,但是元素不可见并不等于它不存在,它仍旧会占据页面的部分位置,从而影响页面的布局。

visibility 的属性值及用法说明见表 5.3。

表 5.3　visibility 的属性值及用法说明

属 性	描 述
visible	默认值,设置元素框为可见的
hidden	元素框被隐藏,但仍然占有部分页面位置,仍然影响页面的布局
collapse	当在表格元素中使用时,此值可删除一行或一列,但是它不会影响表格的布局。被行或列占据的空间会留给其他内容使用。如果此值被用在其他的元素上,就会呈现为 hidden

下面将 5.3.2 节中照片墙中的火鸡图片隐藏,其语句格式如下:

```
.turkey{
    left:395;
    top:375;
    visibility:hidden;
}
```

隐藏效果如图 5.20 所示。

图 5.20　隐藏效果

虽然已经设置了图片无法显示时的替换文本,但是图 5.20 中并没有替换文本,也没有显示火鸡的照片,因为使用了 hidden 属性。

5.4.2　z-index 属性

z-index 属性用于设置元素的堆叠顺序。拥有更高堆叠顺序的元素总是会处于堆叠顺序较低的元素的上面。

例如,使用如下语句:

```
img{
    position:absolute;
    left:0px;
    top:0px;
    z-index:-1;
}
```

该语句的作用是设置了元素的堆叠顺序,由于 z-index 设置为-1,因此它在文本的后面出现,显示效果如图 5.21 所示。

图 5.21　z-index 设置图层效果

5.4.3 display 属性

display 属性用于定义建立布局时元素生成的显示框类型。

现在做如下实验,首先建立一个元素块结构,其语句如下所示。

```
<body>
    <div>Box-1</div>
    <div>Box-2</div>
    <div>Box-3</div>
    <span>Box-4</span>
    <span>Box-5</span>
    <span>Box-6</span>
    <div>Box-7</div>
    <span>Box-8</span>
</body>
```

其显示效果如图 5.22 所示。

如果使用 display 语句,则代码如下。

```
<body>
    <div style="display:inline">Box-1</div>
    <div style="display:inline">Box-2</div>
    <div style="display:inline">Box-3</div>
    <span style="display:block">Box-4</span>
    <span style="display:block">Box-5</span>
    <span style="display:block">Box-6</span>
    <div style="display:none">Box-7</div>
    <span style="display:none">Box-8</span>
</body>
```

display:inline 是设置对象作为行内元素显示,inline 默认不自动产生换行元素;这里使用的 div 元素是块级元素,它的 display 属性默认值是 block。本例中将 div 的 display 设置为 inline,就能将多个 div 显示成 span 的效果,其显示效果如图 5.23 所示。

```
Box-1
Box-2
Box-3
Box-4 Box-5 Box-6
Box-7
Box-8
```

图 5.22 元素块结构

```
Box-1 Box-2 Box-3
Box-4
Box-5
Box-6
```

图 5.23 display 显示效果

5.4.4 项目:悬浮菜单

1. 项目说明

设计如图 5.24 所示的选项表。

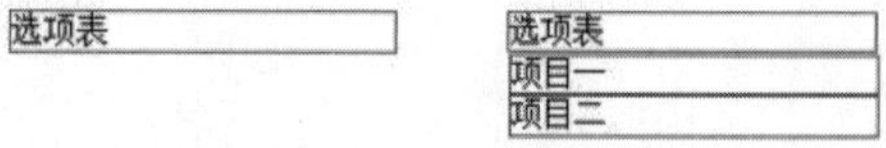

选项表

选项表
项目一
项目二

图 5.24　隐藏和显示

要求：鼠标在选项表上方悬浮时，项目一和项目二显示；鼠标离开后，项目一和项目二隐藏。

2．项目设计

本项目的触发事件是鼠标悬浮，当鼠标放置在"选项表"上方，"项目一"和"项目二"由隐藏转为显示，当鼠标离开"项目表"，"项目一"和"项目二"由显示转为隐藏。

可以使用伪元素选择符：hover 判断鼠标的悬浮事件，元素的隐藏和显示使用 display 属性完成。当列表项隐藏时，display 为 none；当列表显示时，display 为 block。

3．项目实施

本项目代码如下。

```
<html>
  <head>
    <title>显示与隐藏</title>
    <meta charset="utf-8">
    <style>
      li{
          list-style:none;
          border:1px groove;
          position:relative;
          margin:0;
          padding:0;
          width:185px;
      }
      #nav ul{
          display:none;
          margin:0;
          padding:0;
          width:185px;
          position:absolute;
          top:20px;    left:0;
      }
      /*下拉*/
      #nav li:hover>ul{
          display:block;
      }
```

```
     </style>
   </head>
<body>
    <ul id="nav">
       <li>选项表
        <ul>
          <li>项目一</li>
          <li>项目二</li>
        </ul>
       </li>
    </ul>
</body>
</html>
```

4. 知识运用

利用鼠标悬浮事件和 display 属性完成如图 5.25 所示三级下拉菜单的制作。

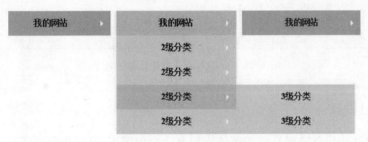

图 5.25　三级下拉菜单

5.5　咖啡商城——商品分类模块美化效果实现

本项目利用本章学习的 CSS 的盒子模型的属性对综合项目首页的“全部商品分类”区域进行美化。

（1）使用文本、字体等属性设置文字效果。

（2）对盒子模型的宽度、高度、边距等属性进行设置。

（3）布局的设置，实现将主要页面分割成几个大块，使用浮动效果对左侧块进行美化，读者可以在完成本项目内容之后尝试对中间和右侧块进行美化。

5.5.1　项目说明

第 2 章中实现了咖啡商城——商品分类模块的 HTML 部分，下面使用 CSS 对它进行美化。

“全部商品分类美化”显示结果如图 5.26 所示。

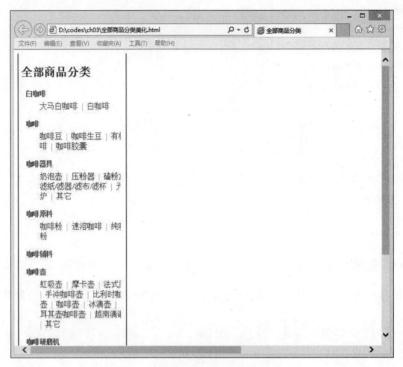

图 5.26　全部商品分类美化显示效果

5.5.2　项目设计

（1）在设计阶段就要对页面的整体布局有全面的考虑，并逐步加以实现。

首先定义一个 ID 选择符 main，并依据页面大小对该选择符设置合适的宽度，之后将该宽度分割成左、中、右 3 块。本项目中选择左侧块放置全部商品名称部分，同时使用浮动效果将 3 块放置到同一排，最后使用 clear 清除浮动效果。

（2）合理使用盒子模型相关属性。

为了使文字在页面中有良好的交互效果，需要选择使用合适的宽度，灵活使用盒子模型的相关属性，并与文本、字体属性配合使用。

5.5.3　项目实施

本项目代码如下。

```
<!doctype html>
<html>
<head>
<meta charset="utf-8">
<title>Insert title here</title>
<style type="text/css">
#main {
```

```
    width: 1210px;
    margin: 0 auto;
}    /* 设置总体宽度及边距 */
#main .left {
    float: left;
    width: 230px;
}    /* 设置块的宽度及向左浮动效果 */
.module_common {
    padding: 5px;
    border-left: 2px solid #895707;
    border-bottom: 2px solid #895707;
    border-right: 2px solid #895707;
    overflow: hidden;
    margin-bottom: 10px;
    clear: both;
}    /* 设置边框属性、边距及内容溢出时的效果 */
.assort_wrap {
    width: 210px;
    overflow: hidden;
}    /* 设置宽度及内容溢出时会被修剪 */
.assort_wrap dt {
    font-size: 14px;
    line-height: 20px;
    margin: 5px;
}    /* 设置字号、行高、边距 */
.assort_wrap dt a {
    padding-left: 5px;
    line-height: 20px;
    font-weight: bold;
    color: #895707;
    text-decoration: none;
}    /* 设置边距、行高、字体粗细、颜色、修饰等属性 */
.assort_wrap dt a:hover {
    text-decoration: none;
    color: #f60;
}    /* 设置鼠标指针悬浮时字体颜色改变 */
.assort_wrap dd {
    width: 200px;
    line-height: 20px;
    overflow: hidden;
    color: #a6a6a6;
    word-spacing: 4px;
    padding: 0px;
```

```
    }
    .assort_wrap dd a {
        color: #444;
        text-decoration: none;
    }
    .assort_wrap dd a:hover {
        text-decoration: none;
        color: #f60;
    }
</style>
</head>
<body>
<div id="main">
    <div class="left">
        <div class="module_common">
            <div class="assort_wrap">
            <h2>全部商品分类</h2>
                <dl>
                    <dl>
                    <dt>
                        <a href="">白咖啡</a>
                    </dt>
                    <dd>
                        <a href="">大马白咖啡</a>|<a href="">白咖啡</a>
                    </dd>
                </dl>
                <dl>
                    <dt>
                        <a href="">咖啡</a>
                    </dt>
                    <dd>
                        <a href="">咖啡豆</a>|<a href="">咖啡生豆</a>|<a href="">有机
                        咖啡</a>|<ahref="">咖啡胶囊</a>
                    </dd>
                </dl>
                <br>
                    ...
                <br>
                <dl>
                    <dt>
                        <a href="">咖啡杯 / 杯类</a>
                    </dt>
                </dl>
```

```
    <dl>
        <dt>
            <a href="">咖啡机零件</a>
        </dt>
        <dd>
            <a href="">咖啡机清洁粉</a>
        </dd>
    </dl>
    <dl>
        <dt>
            <a href="">咖啡厅相关设备</a>
        </dt>
    </dl>
        </div>
      </div>
    </div>
  </body>
</html>
```

习　　题

一、选择题

1. (　　)显示了这样一个边框：上边框 10 像素、下边框 5 像素、左边框 20 像素、右边框 1 像素。

    A. border-width：10px 5px 20px 1px

    B. border-width：10px 20px 5px 1px

    C. border-width：5px 20px 10px 1px

    D. border-width：10px 1px 5px 20px

2. CSS 中的 BOX 的 padding 不包括的属性是(　　)。

    A. 填充　　　　　　B. 上填充　　　　　　C. 底填充　　　　　　D. 左填充

3. CSS 中，盒子模型的属性不包括(　　)。

    A. font　　　　　　B. margin　　　　　　C. padding　　　　　　D. visibility

4. (　　)是合法的类样式。

    A. .Word　　　　　　B. ♯Word　　　　　　C. .2A　　　　　　D. ♯A2

5. CSS 利用(　　)标签构建网页布局。

    A. <dir>　　　　　　B. <div>　　　　　　C. <dis>　　　　　　D. <dif>

6. 在 CSS 语言中，(　　)是左边框的语法。

    A. border-left-width：<值>　　　　　　　　B. border-top-width：<值>

C. border-width-left：＜值＞   D. border-top-width：＜值＞

7. 以下关于 CSS＋DIV 布局中盒子模型的说法错误的是（   ）。

    A. 一个盒子由 4 个独立的部分组成：Margin、Border、Padding、Content

    B. 填充、边框、边界和内容区域都分为上、下、左、右 4 个方向，既可以分别定义，也可以统一定义

    C. 盒子的实际宽度＝左边界＋左边框＋左填充＋内容宽度（width）＋右填充＋右边框＋右边界

    D. 盒子的实际高度＝上边界＋上边框＋上填充＋内容高度（height）＋下填充＋下边框＋下边界

8. （   ）属性能够设置盒子模型的左侧外边界。

    A. margin：   B. indent：   C. margin-left：   D. text-indent：

9. 下列样式定义字体为宋体、字体颜色为红色、斜体、字号为 20px、粗细为 800 号，正确的定义是（   ）。

    A. p{font-family:宋体;font-size:20px;font-weight:800;color:red;   font-style:italic;}

    B. p{font-family:20px;font-size:宋体;font-weight:800; color: red;font-style:italic;}

    C. p{font-family:20px;font-size:800;font-weight:宋体;color:red;font-style:italic;}

    D. p{font-family:800;font-size:20px;font-weight:red;color:italic;font-style:宋体;}

10. 下列样式定义字体间距为 0.5 倍间距、水平左对齐、垂直顶端对齐、有下画线，正确的定义是（   ）。

    A. p{text-decoration:underline;letter-spacing:0.5em;vertical-align:top;text-align:left;}

    B. p{text-decoration:0.5em;letter-spacing:underline;vertical-align:top;text-align:left;}

    C. p{text-decoration:left;letter-spacing:top;vertical-align:0.5em;text-align:underline;}

    D. p{text-decoration:underline;letter-spacing:0.5em;vertical-align:left;text-align:top;}

11. 在 CSS 中，为页面中的某个 DIV 标签设置样式 div{width:200px;padding:0 20px；border:5px;}，则该标签的实际宽度为（   ）。

    A. 200px   B. 220px   C. 240px   D. 250px

12. 边框的样式不包含的值包括（   ）。

    A. 粗细   B. 颜色   C. 样式   D. 长短

13. 阅读下面 HTML 代码，两个 DIV 之间的空白距离是（   ）。

```
<style type="text/css">
```

```
.header {margin-bottom: 10px; border:1px solid #f00; }
.container {margin-top: 15px; border:1px solid #f00; }
</style>
...
<div class="header"></div>
<div class="container"></div>
...
```

    A. 0px　　　　　　B. 10px　　　　　　C. 15px　　　　　　D. 25p

14. 关于块状元素的说法,错误的是(　　)。

    A. 块状元素在网页中是以块的形式显示,所谓块状就是元素显示为矩形区域,
常用的块状元素包括 div \ h1-h6\ p\ ul

    B. 默认情况下,块状元素都会占据一行,通俗地说,两个相邻块状元素不会出现
并列显示的现象;默认情况下,块状元素会按顺序自上而下排列

    C. 块状元素都不可以定义自己的宽度和高度

    D. 块状元素一般都作为其他元素的容器,它可以容纳其他内联元素和其他块状
元素,我们可以把这种容器比喻为一个盒子

15. 属性值(　　)不属于 Float 属性。

    A. left　　　　　　B. center　　　　　　C. right　　　　　　D. none

16. 下列有关样式表的说法,正确的是(　　)。

    A. 通过样式表,用户可以使用自己的设置覆盖浏览器的常规设置

    B. 样式表不能重用

    C. 每个样式表只能链接到一个文档

    D. 一个页面只能引入一个外部样式来

17. 下面选项中,(　　)可以设置网页中某个标签的左边界为5px。

    A. margin:0 5px;　　　　　　　　B. margin:5px 0 0;

    C. margin:0 0 5 0px;　　　　　　　D. padding-left:5px;

18. 下面关于外部样式表的说法,正确的是(　　)。

    A. 文件扩展名为.css

    B. 外部样式表内容以<style>标签开始,以</style>标签结束

    C. CSS 属性值不可以包含汉字

    D. 使用外部样式表不能使网站风格保持统一

19. 以下关于 CLASS 和 ID 的说法不正确的是(　　)。

    A. class 的定义方法:.类名{样式};

    B. id 的应用方法:<指定标签 id="id名">

    C. class 的应用方法:<指定标签 class="类名">

    D. id 和 class 只是在写法上有区别,在应用和意义上没有区别

20. 关于 CSS 样式表功能,以下说法不正确的是(　　)。

    A. 灵活控制网页中的文字大小、字体、颜色、间距风格及位置

B. 可以精确地控制网页中各元素的位置

C. 可以与脚本语言相结合

D. 以上说法都不对

二、综合题

1. 制作如下要求的页面效果：页面由 box1\box2\box3\box4 四个盒子组成，1、2、3号盒子在一行，4号盒子在2号盒子的正下方，每个盒子的宽均为 400px，高均为 200px，5px 边框黑色，盒子间距为 10px。

2. 使用盒子模型实现如图 5.27 所示的效果，要求：margin-top：30px；margin-right：50px；margin-bottom：30px；margin-left：50px；padding：20px。

图 5.27　示例页面 1

3. 使用盒子模型进行图片排版，实现如图 5.28 所示的效果。

图 5.28　示例页面 2

第**6**章

CSS3 动画

本章概述

本章介绍 Transition 和 Animation，它们均可以通过改变 CSS 中的属性值产生动画效果。通过本章的学习，学生需要掌握 Animation 制作简单动画，使用 Transition 实现从一个属性值过渡到另一个属性值的方法。完成这一系列的学习后，就能够实现页面切换效果的综合实战。

学习重点与难点

重点：

（1）Animation 动画。

（2）Transition 过渡。

难点：

（1）使用@keyframes 定义动画关键帧。

（2）Transition 结合其他属性实现动画过渡效果。

重点及难点学习指导建议：

- 难点在于定义动画关键帧@keyframes，需要理解关键帧的含义并在编码实践时认真体会其作用。
- 熟练掌握使用 Transition 与其他属性结合实现丰富多彩的动画过渡效果。

6.1　Animation 动画

Animation 即动画,我们能够通过创建 Animation 动画取代动画图片、Flash 动画以及 JavaScript。使用 CSS3 Animation 制作动画,只需要定义几个关键帧,就可以生成连续的动画。

6.1.1　定义关键帧

在 CSS 中,当需要创建动画时,首先要了解 @keyframes 属性。

@keyframes 属性规定了动画的关键帧,关键帧定义了元素在各个时间点的样式。

使用百分比表示时间点,0 是动画开始的时间,100％ 是动画完成的时间,中间的过渡点可以选取 25％、50％、80％ 等,也可以用"from"表示开始时间,用"to"表示结束时间。如图 6.1 所示。

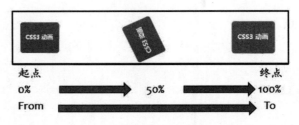

图 6.1　关键帧的时间点

例如:

```
@keyframes myfirst{
    from {background: red;}
    to   {background: yellow;}
}
```

这段语句的作用是定义关键帧。使用 @keyframes 属性定义关键帧,动画名称为 myfirst,第一帧背景为红色,第二帧背景变为黄色。

例如:

```
@keyframes mymove {
    0%     {background: red;}
    25%    {background: yellow;}
    50%    {background: blue;}
    100%   {background: green;}
}
```

在本例中,定义动画名称为 mymove,开始时背景色为红色,当时间为 25％ 时,背景为黄色,时间为 50％ 时背景过渡为蓝色,当动画 100％ 完成时,背景变化为绿色。

如下代码可以实现同时改变对象的背景色和位置。同以往学习的 CSS 属性写法一样，以此类推，就可以写出更多的属性变化。

```
@keyframes myfirst {
    0% {background: red; left:0px; top:0px;}
    25% {background: yellow; left:200px; top:0px;}
    50% {background: blue; left:200px; top:200px;}
    75% {background: green; left:0px; top:200px;}
    100% {background: red; left:0px; top:0px;}
}
```

6.1.2　绑定动画

在@keyframes 中创建动画后，必须把它捆绑到某个元素或者选择器上，否则不会产生动画效果。

使用 Animation 对动画进行捆绑，同时需要规定以下两项动画属性：动画名称、动画时长。

例如，页面上有一个 div 元素，可以把 myfirst 动画捆绑到该元素上，并且定义动画时长为 5 秒。写法如下所示。

```
<style>
    @keyframes myfirst {
        0% {background: red; left:0px; top:0px;}
        25% {background: yellow; left:200px; top:0px;}
        50% {background: blue; left:200px; top:200px;}
        75% {background: green; left:0px; top:200px;}
        100% {background: red; left:0px; top:0px;}
    }
    div { width:150px;
    height:50px;
    position:absolute;
    animation: myfirst 5s; }
</style>
```

需要注意，必须定义动画的名称和时长。如果忽略时长，则动画不会动，因为其默认值是 0。

Internet Explorer 10、Firefox 以及 Opera 支持@keyframes 规则和 animation 属性。Chrome 和 Safari 需要前缀-webkit-。Internet Explorer 9 以及更早的版本不支持@keyframes 规则或 animation 属性。

CSS3 所有与动画相关的属性见表 6.1。

表 6.1　CSS3 所有与动画相关的属性

属　　性	描　　述
@keyframes	规定动画
animation	所有动画属性的简写属性,除了 animation-play-state 属性
animation-name	规定@keyframes 动画的名称
animation-duration	规定动画完成一个周期所花费的秒或毫秒,默认是 0
animation-timing-function	规定动画的速度曲线,默认是 ease
animation-delay	规定动画何时开始,默认是 0
animation-iteration-count	规定动画被播放的次数,默认是 1
animation-direction	规定动画是否在下一周期逆向播放,默认是 normal
animation-play-state	规定动画是否正在运行或暂停,默认是 running
animation-fill-mode	规定对象动画时间之外的状态

6.1.3　项目:跑动的汽车

1. 项目说明

如图 6.2 所示,使用 CSS 样式制作跑动的汽车效果,要求实现汽车沿着路线循环运动的动画效果。

2. 项目设计

这里使用 CSS 的 animation 属性实现动画效果。

(1)首先使用道路图片作为页面背景,汽车放置于道路上。

(2)制作汽车的跑动动画,定义动画需要使用@keyframes 属性,定义动画的 5 帧动作,即定义在每个时间点上的样式。

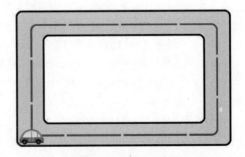

图 6.2　跑动的汽车

(3)选中汽车,并绑定动画属性。使用 animation 属性把动画绑定在对象上,并且定义动画的名称和时长。

3. 项目实施

下面制作跑动的汽车这个案例。

(1)首先制作案例中的汽车和道路,代码如下所示。

```
<html>
<head>
    <meta charset="utf-8">
```

```
<style>
body {
    background: url(path.png)no-repeat;
}
.car {
    width: 150px;
    height: 140px;
    position: relative;
}
</style>
</head>
<body>
    <img src="car.png" class="car">
</body>
</html>
```

（2）接下来定义动画。要定义汽车跑动的动画,从起点出发,经过 3 个拐点,再回到起点,一共有 5 个关键帧。

```
@keyframes mymove{
    0%    {left:30px; top:0px;}
    25%   {left:600px; top:0px;}
    50%   {left:600px; top:330px;}
    75%   {left:30px; top:330px;}
    100%  {left:30px; top:0px;}
}
```

（3）为了兼容不同的浏览器,再写一个带-webkit-前缀的@keyframes。

```
@-webkit-keyframes mymove{
    0%    {left:30px; top:0px;}
    25%   {left:600px; top:0px;}
    50%   {left:600px; top:330px;}
    75%   {left:30px; top:330px;}
    100%  {left:30px; top:0px;}
}
```

（4）把动画绑定到汽车对象。使用 animation 属性,指定动画名称 mymove,动画时长 5 秒,infinite 表示无限次循环。

```
.car{
    width:150px;
    height:140px;
    position:relative;
    animation:mymove 5s infinite ;
    -webkit-animation:mymove 5s infinite; /* Safari and Chrome */
}
```

4. 知识运用

如图 6.3 所示,为 Animation 动画设置 CSS 样式:要求起始方框背景为红色并向右运动,达到右边框时背景变为黄色并向下运动,达到下边框时背景变为绿色并向左运动,达到左边框时背景变为紫色并向上运动,达到上边框时背景变为红色并开始向右运动,动画一直如此往复。

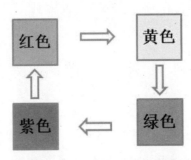

图 6.3　Animation 动画效果示意图

6.2　Transition 动画

6.2.1　Transition 过渡

Transition 是一种过渡,它控制元素从一种样式转变为另一种样式的效果。为了实现这一点,必须规定两项内容。

(1) 哪个 CSS 属性发生变化。

(2) 规定效果的时长。

例如,有一个 div 元素,原来的宽度是 100px,当鼠标悬浮时宽度变为 300px。语句如下。

```
div{
    width:100px;
    height:100px;
    background:red;
}
div:hover{
    width:300px;
}
```

当鼠标悬停在 div 上,这个 div 的宽度会发生变化,鼠标离去后恢复原状,如图 6.4 所示。

但是,这个动画没有过渡效果,宽度突然发生变化会显得生硬。下面我们加上过渡效果,只要在 div 元素上加入语句 transition:width 2s;这句话就表示发生过渡变化的属性是宽度 width,动画时长为 2 秒。代码如下所示。

悬停前 悬停后

图 6.4 悬停显示效果示意图

```
div{
    width:100px;
    height:100px;
    background:red;
    transition:width 2s;
}
div:hover{
    width:300px;
}
```

代码运行的效果是：当鼠标悬停在 div 上，div 的宽度由 100 变成 300，这个变化在 2 秒内完成，可以看到过渡动画的效果。

当过渡需要同时设置多个属性时，各个属性之间由逗号隔开，代码如下所示。

```
div{
    width:100px;
    height:100px;
    background:red;
    transition:width 2s,height 2s;
}
div:hover{
    width:300px;
    height:300px;
}
```

可以用 all 代表所有变化的属性，即"transition：width 2s，height 2s；"可以改写为 "transition：all 2s；"。

Internet Explorer 10、Firefox、Chrome 以及 Opera 支持 transition 属性。Safari 需要前缀 -webkit-。Internet Explorer 9 以及更早的版本不支持 transition 属性。Chrome 25 以及更早的版本需要前缀 -webkit-。

6.2.2 项目：页面切换效果

1. 项目说明

本项目要求制作一个有切换效果的页面。它包括 4 个版块，第一个版块为"作者简介"，第二个版块为"作品展示"，第三个版块为"作者生平"，第四个版块为"联系我们"。通过单击导航栏进行版块的切换,使当前版块从左至右进入页面,如图 6.5 所示。

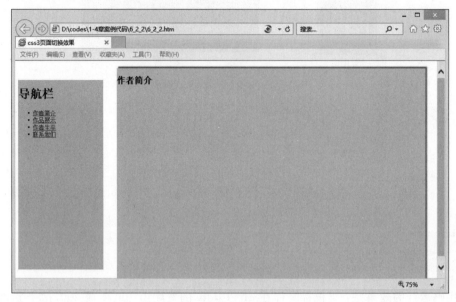

图 6.5　页面效果

2. 项目设计

(1) 首先要明确"作者简介"版块是始终不动的,其他 3 个版块由左侧进入并覆盖其上。一共有 3 个活动的版块,开始时它们隐藏于页面的左外侧,通过 margin-left:-102％设置。

(2) 给 3 个活动版块统一添加 class＝"panel",给 4 个版块的内容部分统一添加 class＝"content"。

(3) 这个项目的关键是实现过渡效果的动画,动画的触发事件是单击导航栏上的超链接,而超链接指向的目标由伪元素选择符:target 表示,:target 选择符可用于选取当前活动的目标元素。

(4) 当单击导航栏中的超链接时,被命中的版块 margin-left 属性发生变化,由 margin-left:-102％变为 margin-left:0％,从而使版块进入页面。利用 transition 属性定义变化发生的时长,使变化逐渐完成,产生从左向右的过渡动画。未被选中的版块自动退回到左外侧,通过 margin-left:-102％设置实现。

3. 项目实施

项目代码如下所示。

```
<!DOCTYPE html>
<head>
    <meta charset="UTF-8" />
    <title>css3页面切换效果</title>
```

```
<style>
    /* 实现内容块的布局 */
    .content {
        width: 73%;
        height: 98%;
        box-shadow: 4px -4px 4px rgba(0, 0, 0, 0.5);
        background-color: #b1e583;
        position: absolute;
        left: 280px;
        top: 20px;
    }
    /* 导航栏位置 */
    #header {
        position: absolute;
        top: 50px;
        z-index: 2000;
        width: 235px;
        height: 500px;
        background-color: pink;
    }
    /* 页面切换动画 */
    .panel {
        width: 100%;
        height: 100%;
        background-color: white;
        position: absolute;
        margin-left: -102%;
        z-index: 2;
        transition: all .6s ease-in-out;
    }
    .panel:target {
        margin-left: 0%;
    }
</style>
</head>
<body>
    <div id="home" class="content">
        <h2>作者简介</h2>
    </div>
    <div id="portfolio" class="panel">
        <div class="content">
            <h2>作品展示</h2>
        </div>
    </div>
```

```
<div id="about" class="panel">
    <div class="content">
        <h2>作者生平</h2>
    </div>
</div>
<div id="contact" class="panel">
    <div class="content">
        <h2>联系我们</h2>
    </div>
</div>
<div id="header">
    <h1>导航栏</h1>
    <ul id="navigation">
        <li><a href="#home">作者简介</a></li>
        <li><a href="#portfolio">作品展示</a></li>
        <li><a href="#about">作者生平</a></li>
        <li><a href="#contact">联系我们</a></li>
    </ul>
</div>
</body>
</html>
```

4. 知识运用

制作伸缩菜单栏，当鼠标悬浮时选项拉伸，当鼠标离开后选项收缩，如图 6.6 所示。

图 6.6　伸缩菜单栏

6.3　咖啡商城——商品介绍模块实现

本项目要利用本章学习的 CSS 属性实现综合项目首页中的"商品介绍"区域文字的显示/隐藏效果。

（1）使用 CSS 伪元素选择符响应鼠标悬浮行为。

（2）改变 CSS 的 display 属性值达到文字显示/隐藏效果。

（3）使用 transition 属性设置文字显示/隐藏的动画过渡效果。

6.3.1　项目说明

在咖啡销售网站的首页面展示商品的价格和销量的同时，还需要有关于商品的介绍，

但是版面空间有限,如果文本的内容太多,会显得布局狭窄,不利于阅读和观赏,因此适当
地隐藏文字是一种流行的做法。合理的做法是把
商品介绍隐藏起来,当客户把鼠标放置在该商品
上时,才显示此商品的介绍文字。

　　商品介绍的运行结果如图 6.7 所示。

　　当鼠标置于某一商品图片上时,会有两个
变化:

　　(1) 图片边框由黑色变为红色。

　　(2) 商品介绍文字由隐藏变为显示。

图 6.7　综合项目——商品介绍

6.3.2　项目设计

　　(1) CSS 响应鼠标悬浮是通过伪元素选择符:hover 实现的。可以通过设置:hover
的属性变化达到目的。

　　可用来产生隐藏/显示变化的属性有很多,如 display、visibility、margin-left 等,本项
目中将使用 z-index 属性,通过改变图层隐藏或显示文字。

　　(2) z-index 能够直接改变图层,但是还需要加入过渡效果,通过 transition 属性设置
过渡时长,才能使文字图层的出现不会太突兀,而是呈现一个逐渐浮现的动画。

6.3.3　项目实施

　　本项目代码如下。

```
<!DOCTYPE html>
<html>
<head>
<title>transition 示例</title>
<meta charset="utf-8">
<style>
.que-i {
    float: left;
    padding: 5px;
    margin: 5px;
}
.que-p {
    color: red;
}

.que-s {
    color: gray;
    font-size: 12
}
.que-m {
```

```
        position: relative
    }
    .que-u {
        background: white;
        height: 50px;
    }
    img {
        width: 120px;
        height: 120px;
        border: 1px groove;
        border-color: gray;
    }
    img:hover {
        border-color: red
    }
    p {
        position: absolute;
        left: 0;
        top: 120px;
        width: 120px;
        height: 50px;
        z-index: -2;
        opacity: 0.8;
        background: #000;
        color: #fff;
        font-size: 13px;
        overflow: hidden;
        margin: 0;
        transition: z-index 0.5s
    }
    div:hover {
        z-index: 2
    }
    </style>
    </head>
    <body>
        <div id="queue">
            <div class="que-i">
                <div class="que-m">
                    <a href="#"><img src="small_2013121707564477562.jpg"
                        align="absmiddle"></a>
                    <p>进口特价 2 盒全国包邮马来西亚旧街场 3 合 1 经典原味速溶白咖啡 640g
                    </p>
                </div>
```

```
        <div class="que-u">
            <span class="que-p">￥<span>41.99</span>
            </span><br><span class="que-s">已售出<em>4598</em>件
            </span>
        </div>
    </div><!--end of queue-->
</body>
</html>
```

习　　题

1. 编写 CSS 样式,使矩形块的颜色由红变黄,再变绿,如图 6.8 所示。

图 6.8　改变块颜色

2. 编写 CSS 样式,使以下矩形块从页面左侧向右侧移动,移动的同时做 360°翻滚,如图 6.9 所示。

图 6.9　移动块

3. 编写 CSS 样式,制作按钮自动发光效果,通过字体颜色、背景颜色、阴影颜色大小的变化实现,如图 6.10 所示。

发光的button

图 6.10　发光的按钮

JavaScript 基础

本章概述

本章介绍 JavaScript 的基本语法，主要从 JavaScript 中的数据类型、变量声明及类型转换、表达式和运算符、数组的使用等几个方面介绍 JavaScript 的基本语法规则。

学习重点与难点

重点：

（1）JavaScript 基本语法、变量定义、常见数据类型、运算符、流程控制语句的使用。

（2）数据类型中的 Undefined、Null、Object 类型。

难点：

（1）typeof 运算符的使用方法和返回值。

（2）JavaScript 定义函数的语法、常见的事件和事件处理过程、事件处理函数的编写。

重点及难点学习指导建议：

· 重点掌握 JavaScript 的函数和事件处理，先学会编写简单的事件处理响应函数。

7.1　JavaScript 简介

1. 发展由来

JavaScript 是由 Netscape 公司的 LiveScript 发展而来的。Netscape 最初是将其脚本语言命名为 LiveScript，后来 Netscape 在与 Sun 合作之后将其改名为 JavaScript。JavaScript 最初是受 Java 启发而开始设计的，目的之一是"看上去像 Java"，因此语法上有类似之处，一些名称和命名规范也借自 Java，但 JavaScript 的主要设计原则源自 Self 和 Scheme。之后，作为竞争对手的微软在自家的 IE3 中加入了名为 JScript（名称不同是为了避免侵权）的 JavaScript 实现。此时市面上意味着有 3 个不同的 JavaScript 版本，IE 的 JScript、Netscape 的 JavaScript 和 ScriptEase 中的 CEnvi。当时还没有标准规定 JavaScript 的语法和特性。随着版本不同，暴露的问题日益加剧，JavaScript 的规范化最终被提上日程。

1997 年，在欧洲计算机制造商协会（European Computer Manufactures Association，ECMA）的协调下，由 Netscape、Sun、微软、Borland 组成的工作组确定统一标准：ECMA-262。JavaScript 的正式名称是 ECMAScript（发音为 ek-ma-script）。这个标准由 ECMA 组织发展和维护。ECMA-262 是正式的 JavaScript 标准。1998 年，该标准成为国际 ISO 标准（ISO/IEC 16262）。2005 年 12 月，ECMA 发布 ECMA-357 标准（ISO/IEC 22537），主要增加了对扩展标记语言（XML）的有效支持。

2. 组成部分

完整的 JavaScript 实现包含 3 个部分：ECMAScript、文档对象模型（DOM）、浏览器对象模型（BOM），如图 7.1 所示。

ECMAScript 描述了该语言的语法和基本对象。

文档对象模型描述处理网页内容的方法和接口。

浏览器对象模型描述与浏览器进行交互的方法和接口。

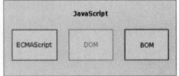

图 7.1　JavaScript 组成

3. 基本特点

JavaScript 脚本语言具有以下特点。

（1）脚本语言。JavaScript 是一种解释型的脚本语言，C、C++ 等语言先编译，后执行，而 JavaScript 是在程序的运行过程中逐行进行解释的。

（2）基于对象。JavaScript 是一种基于对象的脚本语言，它不仅可以创建对象，也能使用现有的对象。

（3）简单。JavaScript 语言中采用的是弱类型的变量类型，对使用的数据类型未做出严格的要求，是基于 Java 基本语句和控制的脚本语言，其设计简单紧凑。

（4）动态性。JavaScript 是一种采用事件驱动的脚本语言，它不需要经过 Web 服务器,就可以对用户的输入做出响应。访问一个网页时,用户在网页中进行鼠标单击或上下移动、窗口移动等操作,JavaScript 都可直接对这些事件给出相应的响应。

(5) 跨平台性。JavaScript 脚本语言不依赖于操作系统,仅需要浏览器的支持。因此,一个 JavaScript 脚本编写后可以到任意机器上使用,前提是机器上的浏览器支持 JavaScript 脚本语言。目前,JavaScript 已被大多数的浏览器所支持。

不同于服务器端脚本语言,如 PHP 与 ASP,JavaScript 主要被作为客户端脚本语言在用户的浏览器上运行,不需要服务器的支持。所以,在早期程序员比较青睐于 JavaScript,以减少对服务器的负担,与此同时也带来另一个问题:安全性。

随着服务器的强壮,虽然程序员更喜欢运行于服务端的脚本,以保证安全,但 JavaScript 仍然以其跨平台、容易上手等优势大行其道。同时,有些特殊功能(如 AJAX)必须依赖 JavaScript 在客户端进行支持。随着引擎(如 V8)和框架(如 Node.js)的发展,及其事件驱动及异步 I/O 等特性,JavaScript 逐渐被用来编写服务器端程序。

7.2 在 HTML 页面中嵌入 JavaScript 的方法

1. 引入方式

在 HTML 页面中嵌入 JavaScript 代码有两种方式。

1) 直接嵌入 HTML 文件中

这是最常用的方法,大部分含有 JavaScript 代码的页面都采用这种方法,如下面的例子将 JavaScript 代码直接写在<script></script>标签中。

```
<script>
    document.write("这是一行JavaScript代码");
</script>
```

2) 引用外部文件

为了提高程序代码的可重用性,可以将一些常用功能实现代码写在一个单独的 JavaScript 源文件中(扩展名为.js),在页面中使用<script>标签将该文件引入进来即可,如下所示。

```
<script type="text/javascript" src="js/test.js" ></script>
```

其基本格式如下。

```
<script type="text/javascript"src="外部 js 文件 url 地址"></script>
```

其中,type 属性代表脚本的 MIME 类型,MIME 类型由两部分组成:媒介类型和子类型。对于 JavaScript,其 MIME 类型是 "text/javascript";在 HTML5 规范中,script 的 type 属性默认是 text/javascript,所以可以省略;但是,在 HTML4.01 和 XHTML1.0 规范中,type 属性是必需的。

src 属性代表 JavaScript 源文件的 URL 地址。

如＜script type＝"text/javascript" src＝"../js/jquery-1.8.3.js"＞＜/script＞（相对路径）或者是＜script src＝"http://common.cnblogs.com/script/jquery.js" type＝"text/javascript"＞＜/script＞（绝对路径）。

2. 书写位置

JavaScript 的书写位置大致有 3 个地方。

第一个地方，可以写在 head 头部，例如：

```html
<!DOCTYPE html>
<html>
    <head>
        <meta charset="utf-8">
        <title></title>
        <script>
            alert("hello world");
        </script>
    </head>
    <body></body>
</html>
```

第二个地方，可以写在 body 中，例如：

```html
<body>
    <script type="text/javascript" src="http://common.cnblogs.com/script/jquery.js"></script>
    <p>这里是一段文本！</p>
    <script>
    window.onload = function(){
        var script = document.createElement("script");
        script.setAttribute("type","text/javascript");
        script.src = "http://common.cnblogs.com/script/jquery.js";
        document.getElementsByTagName("head")[0].appendChild(script);
    }
    </script>
</body>
```

第三个地方，以事件的形式写在标签上，例如：

```html
<p onClick="javascript:alert('是谁点了我？')">点我点我。</p>
```

7.3　JavaScript 的语法规则

7.3.1　语法

1. JavaScript 输出

JavaScript 语句向浏览器发出命令语句的作用是告诉浏览器该做什么。

```html
<script>
    document.write("hello world!");
</script>
```

2．分号

语句之间的分隔用分号（;）。

注意：分号是可选项，JavaScript 有自动填补分号的机制。

3．执行顺序

按照编写顺序依次执行。

4．大小写敏感

JavaScript 语言是区分大小写的，不管是命名变量，还是使用关键字的时候。

如前面 alert 弹出提示框的例子，如果将 alert 命令改为 ALERT 或者 alerT 等，运行时将产生错误。

5．空格

JavaScript 会忽略掉多余的空格。

6．代码换行

不可以在单词之间换行。

7.3.2　标识符

所谓标识符，是指变量、函数、属性的名字，或者函数的参数。JavaScript 标识符的命名遵循以下规则。

- JavaScript 标识符必须以字母、下画线（_）或美元符（$）开始。
- 后续的字符可以是字母、数字、下画线或美元符（数字是不允许作为首字符出现的，以便 JavaScript 可以轻易区分开标识符和数字）。
- 不能把关键字和保留字作为标识符。

和其他任何编程语言一样，JavaScript 保留了一些标识符为自己所用。

JavaScript 同样保留了一些关键字，这些关键字在当前的语言版本中并没有使用，但在以后 JavaScript 扩展中会用到。

JavaScript 中最重要的保留字（按字母顺序）见表 7.1。

表 7.1　JavaScript 中最重要的保留字

abstract	else	instanceof	super
boolean	enum	int	switch
break	export	interface	synchronized
byte	extends	let	this
case	false	long	throw
catch	final	native	throws

续表

char	finally	new	transient
class	float	null	true
const	for	package	try
continue	function	private	typeof
debugger	goto	protected	var
default	if	public	void
delete	implements	return	volatile
do	import	short	while
double	in	static	with

7.3.3　注释

JavaScript 中的注释符号和 Java 中的注释符号基本一致,也分为单行和多行注释。注释后的信息仅是为了说明程序代码的功能,在程序的解释和运行中是被忽略的。

注释符号分为以下两种。

- 单行注释:使用"//"符号对单行信息进行注释。
- 多行注释:使用"/*　　*/"符号对多行信息进行注释。

7.3.4　项目:第一个 JavaScript 程序

1. 项目说明

编写第一个 JavaScript 程序,要求利用 JavaScript 语言在页面中输出"Hello World"信息,如图 7.2 所示。

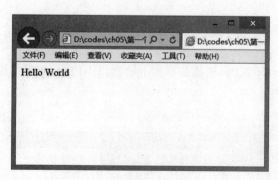

图 7.2　第一个 JavaScript 程序

2. 项目设计

本项目的功能十分简单,可采用在 HTML 页面中直接嵌入 JavaScript 代码的方式实现。JavaScript 是一种客户端脚本语言,目前所有主流浏览器都内嵌了 JavaScript 引擎解释执行 JavaScript 代码,因此,在 HTML 页面中均可以直接嵌入 JavaScript 代码为页面添加一些动态效果和交互功能。

使用 JavaScript 可以直接访问和操作 HTML 元素,例如使用 JavaScript 的 document 对象的方法可以直接访问和操作 HTML DOM 元素。本项目就可以利用 document 对象的方法完成向页面输出信息的功能。

在本项目中,编写第一个 JavaScript 程序。

(1) 首先,在 HTML 页面中嵌入 JavaScript 代码,通常会写在＜head＞＜/head＞标签之间。JavaScript 代码必须用＜script＞＜/script＞标签括起来。＜script＞标签中的 language 属性用来指明嵌入的脚本代码是使用哪种语言编写的,该属性可以省略,其默认值为 JavaScript。嵌入的 JavaScript 代码不需要传给服务器处理,可以通过浏览器直接运行。

(2) 接下来,在＜script＞与＜/script＞之间编写一条 JavaScript 语句,这里使用了 JavaScript 中的 document 对象的 write() 方法直接向页面输出信息。关于 document 对象的具体含义和常用方法的使用,会在后面详细介绍。

3. 项目实施

本项目代码如下。

```html
<html>
<head>
    <script>
        document.write("Hello World");
    </script>
</head>
<body>
</body>
</html>
```

将以上 HTML 文件保存为"第一个 JavaScript.html",使用浏览器打开,会看到页面上输出了"Hello World"。

4. 知识运用

修改以上 JavaScript 代码,使其在页面上输出以下内容,效果如图 7.3 所示。

```
Hello World
Welcome to Dalian!
```

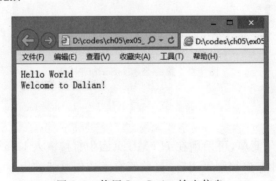

图 7.3　使用 JavaScript 输出信息

7.4　数 据 类 型

7.4.1　常用数据类型

JavaScript 中支持的数据类型有以下几种。

- 字符串：使用单引号或双引号括起来的一个或多个字符,如"abc" 'hello' "你好"。
- 数值：包括整数和浮点数,整数可以表示正负整数和零,浮点数可以用整数加小数表示,也可以用科学计数法表示。
- 布尔值：可以取值为 true 和 false。
- 对象：object 是 JavaScript 的重要组成部分。
- 空值：空值 null。
- 未定义值：未定义值 undefined。
- 特殊字符：又称转义字符,主要有以下 8 种(表 7.2)。

表 7.2　特殊字符

特殊字符	含　　义	特殊字符	含　　义
\b	表示退格	\"	表示双引号本身
\n	表示换页	\'	表示单引号本身
\t	表示 Tab 符号	\\	表示反斜线
\r	表示回车符	\b	表示退格

7.4.2　typeof 运算符

typeof 是一元运算符,用来返回操作数类型的字符串。typeof 的返回值见表 7.3。

表 7.3　typeof 的返回值

输入操作数	输出字符串	输入操作数	输出字符串
未定义	undefined	数值	number
布尔值	boolean	对象或者 null	object
字符串	string	函数	function

(1)下面是几个 typeof 运算的例子。

```
console.log(typeof 42);                          //输出"number"
console.log(typeof 'blubber');                   //输出"string"
console.log(typeof true);                        //输出"boolean"
console.log(typeof declaredButUndefinedVariable);    //输出"undefined";
```

(2)可以使用 typeof 判断一个变量是否存在。

如 if(typeof a!＝"undefined"){},不要使用 if(a),因为如果 a 不存在(未声明),则会

出错。

（3）如果 typeof 的运算数未定义，返回的就是 undefined。

（4）typeof 语法中的圆括号是可选项。

运算数为数字 typeof(x)＝"number"。

运算数为字符串 typeof(x)＝"string"。

运算数为布尔值 typeof(x)＝"boolean"。

运算数为对象、数组和 null typeof(x)＝"object"。

运算数为函数 typeof(x)＝"function"。

（5）typeof 运算符返回一个用来表示表达式的数据类型的字符串。

可能的字符串有："number""string""boolean""object""function"和"undefined"。如：

```
alert(typeof (123));              //typeof(123)返回"number"
alert(typeof ("123"));            //typeof("123")返回"string"
```

（6）对于 Array、Null 等特殊对象使用 typeof，一律返回 object，这正是 typeof 的局限性。

如果希望获取一个对象是否是数组，或判断某个变量是否是某个对象的实例，则要选择使用 instanceof。instanceof 用于判断一个变量是否为某个对象的实例，如 var a＝new Array()；alert(a instanceof Array)；会返回 true，同时 alert(a instanceof Object) 也会返回 true；这是因为 Array 是 Object 的子类。

7.4.3　Undefined 类型

Undefined 类型只有一个值，即 undefined，表示变量已声明，但未被初始化。需要注意的是，当使用 typeof 操作符判断数据类型时，未被声明的变量和未初始化的变量返回的值都为 undefined。

```
var message;
console.log(typeof message);      //undefined
console.log(typeof age);          //undefined
```

7.4.4　Null 类型

Null 类型只有一个值，即 null，表示一个空对象指针。使用 typeof 操作符返回的值是 object。需要注意的是，undefined 值是派生自 null 值的，因此 ECMA-262 规定对它们的相等性测试要返回 true。

```
console.log(null==undefined);     //true
```

可以这样判断一个变量是否是 undefined。

```
typeof variable==="undefined"
```

可以这样判断一个变量是否是 null。

```
variable===null
```

用双等号比较时它们相等,但用三等号比较时它们不相等。

```
null==undefined          //true
null===undefined         //false
```

7.4.5　Object 类型

ECMAScript 中的对象是可变的键控集合(即一组数据和功能的集合)。它将很多值聚合在一起,可通过名字访问这些值。对象也可被看作是属性的容器,每个属性都是一个名/值对。属性的名字可以是包括空字符串在内的任意字符串。属性值可以是除 undefined 值之外的任何值。对象最常见的用法是创建(create)、设置(set)、查找(query)、删除(delete)、检测(test)和枚举(enumerate)它的属性。

1. 创建 Object 实例的方式

(1) 使用 new 操作符后跟 Object 构造函数。

```
var person=new Object();
person.name="Nicholas";
person.age=21;
```

(2) 对象字面量表示法。

```
var person={
name:"Nicholas",
age:21,
5:true            //数值属性名会自动转化为字符串
};
```

在通过对象字面量定义对象时,实际上不会调用 Object 构造函数。

2. 访问对象属性的方法

(1) 点表示法。
(2) 方括号表示法。
例如,访问上例中 person 的属性 name,写法如下。

```
alert(person.name);            //"Nicholas"
alert(person["name"]);         //"Nicholas"

var propertyName="name";
alert(person[propertyName]);   //"Nicholas"
```

- 方括号语法应该将要访问的属性以字符串的形式放在方括号中。
- 从功能上看,这两种访问属性的方法没有任何区别,但方括号表示法可以通过变量访问属性。
- 如果属性名中包含空格,或者属性名使用的是关键字或保留字,则使用方括号法。

7.5　变　量

1. 变量声明

在 JavaScript 中,变量的类型采用弱类型的方式,即声明变量时不需要严格指明变量的数据类型,所有变量的声明均使用 var 关键字。当为变量赋值时,会根据赋给变量的值的类型确定变量的数据类型。

例如:

```
var varName="Hello JavaScript";
```

在上面的例子中,变量 varName 的数据类型就是字符串类型。

变量命名时,需要遵守以下规则。
- 变量命名必须以一个英文字母或下画线为开头。也就是说,变量名第一个字符必须是 A 到 Z 或是 a 到 z 之间的字母或是"_"。
- 变量名长度在 0～255 字符之间。
- 除了首字符,其他字符可以使用任何字符、数字及下画线,但是不可以使用空格。
- 不可以使用 JavaScript 的运算符号,如＋、－、＊、/等。
- 不可以使用 JavaScript 用到的保留字,如 var、function 等。
- 在 JavaScript 中,变量名中的大小写字母是有所区别的。例如,变量 myVar 和 myvar 是不同的两个变量。

JavaScript 变量的作用域包括两种。
- 全局变量,定义在函数体之外,作用范围是所有函数。
- 局部变量,定义在函数体之内,作用范围是本函数。

2. 类型转换

JavaScript 中提供了显式地将值从一种数据类型转换为另一种数据类型的转换函数。基本数据类型转换有 3 种函数。
- 转换为字符串类型: String()

例如:

```
String(2012)的结果为字符串"2012"
```

- 转换为数值类型: Number()

例如:

```
Number("2012")的结果为数值 2012
```

- 转换为布尔类型：Boolean()

例如：

Boolean(false)的结果为布尔值 false

另外，在 ECMAScript v3 和 JavaScript 1.5 中，增加了 3 种将数字转换成字符串的方法。

- toFixed()：把数字转换成字符串，并显示小数点后指定的位数。
- toExponential()：用指数计数法把数字转换成字符串，该字符串中的小数点前有一位数字，小数点后有指定位数的数字。
- toPrecision()：用指定位数的有效数字显示数字，如果有效数字的位数不足以显示数字的整数部分，它将采用指数计数法显示数字。

JavaScript 也提供了更灵活的字符串到数值的转换函数。

- parseInt()：将字符串转换为整数，并忽略其后所有非数字后缀。对于以 0x 和 0X 开头的字符串，parseInt()将它解释为十六进制数。parseInt()还可以具有第二个参数，用来指定要被解析的数的基数。其合法值为 2～36。
- parseFloat()：将字符串转换为浮点数，并忽略其后所有非数字后缀。

需要注意的是，如果 parseInt()和 parseFloat()不能将指定的字符串转换成数字，将返回 NaN。

7.6　运　算　符

JavaScript 中支持的运算符主要有以下 5 种。

- 算术运算符：＋、－、*、/、%、＋＋、－－。
- 比较运算符：＜、＞、＜＝、＞＝、＝＝、!＝、＝＝＝（严格等于）、!＝＝（严格不等于）。
- 逻辑运算符：&&、||、!。
- 赋值运算符：＝、＋＝、－＝、*＝、/=、%＝、&＝、|＝、^＝、＜＜＝、＞＞＝、＞＞＞＝。
- 条件选择符：条件表达式？A：B。

例如：

(time>=12)? "上午":"下午";

JavaScript 中的表达式是变量、常量、布尔以及运算符的集合，可以对变量进行赋值、改变、计算等一系列操作。

表达式可以分为以下 4 种。

- 算术表达式。
- 字符串表达式。
- 赋值表达式。
- 布尔表达式。

7.7 流程控制语句

JavaScript 中提供的流程控制语句可以分为条件和分支语句、循环语句。

1. 条件和分支语句：if…else 语句、switch 语句

(1) if…else 语句是最基本、最简单的条件语句。其语法格式如下。

```
if (条件)
  {
    当条件为 true 时执行的代码
  }
else
  {
    当条件不为 true 时执行的代码
  }
```

(2) 使用 if…else if…else 语句选择多个代码块之一执行。

```
if (条件 1)
  {
    当条件 1 为 true 时执行的代码
  }
else if (条件 2)
  {
    当条件 2 为 true 时执行的代码
  }
else
  {
    当条件 1 和 条件 2 都不为 true 时执行的代码
  }
```

例如：如果时间小于 10:00,则发送问候"Good morning",否则如果时间小于 20:00, 则发送问候"Good day",否则发送问候"Good evening"。

```
if (time<10)
  {
    x="Good morning";
  }
else if (time<20)
  {
    x="Good day";
  }
else
  {
```

```
    x="Good evening";
  }
```

（3）switch 语句用于对一个表达式进行多次判断，每一种取值都采取不同的处理方法。其语法格式如下。

```
switch(n)
{
  case 1:
    执行代码块 1
    break;
  case 2:
    执行代码块 2
    break;
  default:
    n 与 case 1 和 case 2 不同时执行的代码
}
```

例如：如果今天不是周六或周日，则会输出默认的消息。

```
var day=new Date().getDay();
switch (day)
{
  case 6:
    x="Today it's Saturday";
    break;
  case 0:
    x="Today it's Sunday";
    break;
  default:
    x="Looking forward to the Weekend";
}
```

2. 循环语句：for 语句、while 语句、do…while 语句、break 语句和 continue 语句

（1）for 语句，用于反复执行一段程序，并且在每次循环后处理变量，直到循环条件表达式计算结果为假。其语法格式如下。

```
for(循环变量初始化语句；循环条件表达式；循环变量更新语句){
    循环语句块；
}
```

例如：

```
for (var i=0; i<5; i++)
  {
```

```
        document.write("The number is "+i+"<br>");
    }
```

（2）while 语句，用于在循环条件成立时一直循环执行一些语句块，直到条件不成立为止，其循环次数不固定。while 语句在执行循环体语句块之前先检查循环条件，若条件不满足，则一次也不执行，直接退出。其语法格式如下。

```
while(循环条件表达式){
    循环语句块;
}
```

例如：

```
while (i<5)
  {
    document.write("The number is "+i+"<br>");
    i++;
  }
```

（3）do…while 语句，与 while 语句类似，区别在于 do…while 语句在执行循环体语句块之前不会先检查循环条件，即使条件不满足，循环体语句块也会至少执行一次。其语法格式如下。

```
do{
    循环语句块;
}while(循环条件表达式)
```

例如：

```
do
  {
    document.write("The number is "+i+"<br>");
    i++;
  }
while (i<5);
```

（4）break 语句。

break 语句用于无条件地跳出 switch 语句或者循环结构。

（5）continue 语句。

continue 语句用于结束本轮循环，直接进行下一轮循环。

7.8　JavaScript 函数

7.8.1　JavaScript 函数定义

1. 函数定义

本节介绍如何定义 JavaScript 中的函数。

在 JavaScript 中,函数可以简单理解为一组语句,用来完成一系列工作。JavaScript 函数可以封装在程序中可能需要多次使用的模块,并可以作为事件驱动处理程序。

使用函数前一定要先进行定义。函数定义分为 3 个部分:函数名、参数列表和函数体。

定义函数的语法格式如下。

```
function 函数名(参数 1, 参数 2, …, 参数 N)
{
    函数体(语句集)
}
```

使用函数时需要注意以下几点。

(1) 函数名是调用函数时引用的名称,它区分大小写。

(2) 参数表示传递给函数使用或操作的值,它可以是常量,也可以是变量,在函数内部可以通过 arguments 对象访问所有参数。

(3) 函数体中的 return 语句用于返回函数的返回值。函数也可以不返回任何值。

(4) 函数在定义时,其中的代码并不会被执行。只有当函数被调用时,其中的代码才会真正被执行。

2. 函数参数

调用函数时,变量、常量都可以作为参数传递。参数的传递是以传值的方式进行的。例如:

```
hello("jason");
var user="jason"; hello(user);
```

也可以在定义函数时不指定使用的参数,JavaScript 会在每次调用该函数时自动生成 arguments 数组,并建立与参数列表有关的属性。

- Functionname. arguments 是一个数组,每一个参数对应其中的一个元素,可以使用该数组访问调用时传送的参数。
- Functionname. arguments. length 是一个整型变量,表示传递参数的个数。
- 可以使用这两个属性产生参数个数可变的函数。

3. 函数返回值

函数有时需要有返回值,可以使用 return 语句,将需要返回的值放在 return 后面,可以是常量、变量以及有唯一确定值的有效表达式。

4. 函数中的变量

在 JavaScript 函数内部声明的变量称为局部变量,只能在函数内部访问它。可以在不同的函数中声明和使用名称相同的局部变量。JavaScript 变量的生命周期从它们被声明时开始,只要函数运行完毕,局部变量就会被删除。

在函数外声明的变量是全局变量,网页上的所有脚本和函数都能访问它。全局变量会在页面关闭后被删除。

7.8.2 项目:单击我

1. 项目说明

完成简单的 JavaScript 按钮单击程序,并弹出对话框。在页面上放置两个按钮,按钮上的文字均为"单击我",效果如图 7.4 所示。

图 7.4 页面上放置按钮

当单击第一个按钮时,弹出对话框,提示信息"this 按钮被单击";单击第二个按钮时,弹出对话框,提示信息"that 按钮被单击",效果如图 7.5 所示。

图 7.5 按钮被单击后弹出的对话框

2. 项目设计

本项目是一个简单的 JavaScript 的函数定义和事件响应功能的实现。JavaScript 中的函数可以定义一组可重复使用的代码块,并且可以由相应的事件驱动和调用。某个事件发生时会自动调用指定的事件处理函数(如当用户单击按钮时)。

本项目中,当发生了鼠标对按钮的单击事件后,要调用响应处理操作的函数。因此,在本项目中要使用 JavaScript 编写对鼠标单击事件的事件处理函数,在其中完成具体的事件响应处理操作。

(1) 在 HTML 页面主体部分定义两个按钮,它们的 onclick 事件的事件处理函数均声明为 clickme(),并在调用时传递了不同的实参。其中,第一个按钮调用 clickme()函数时传递的实参值为 this,第二个按钮调用 clickme()函数时传递的实参值为 that。

（2）需要在 HTML 页面＜head＞的标签内编写 JavaScript 函数。这里使用 function 关键字定义了一个名为 clickme() 的函数，并且该函数带一个参数，名为 str。在函数体内使用 alert() 方法弹出一个对话框，对话框中显示的提示信息为：参数 str 的值＋"按钮被单击"。

因此，单击第一个按钮后，会弹出对话框，显示提示信息"this 按钮被单击"，单击第二个按钮后，对话框的提示信息变为"that 按钮被单击"。

3. 项目实施

本项目代码如下。

```html
<html>
<head>
<script language="JavaScript">
    /*定义函数*/
    function clickme(str) {
        alert(str+"按钮被单击");
    }
</script>
</head>
<body>
<input type="button" onclick="clickme('this') " value="单击我">
<input type="button" onclick="clickme('that') " value="单击我">
</body>
</html>
```

将以上 HTML 文件保存为"按钮被单击.html"，使用浏览器打开，分别单击两个按钮，观察弹出对话框中显示的信息。

4. 知识运用

在以上 HTML 页面的主体部分，为两个按钮添加 name 属性，取值分别为"button1"和"button2"，并将按钮的 name 属性作为实参调用 clickme() 函数，在 clickme() 函数中弹出对话框，对话框中显示提示信息：按钮 name 属性值＋"被单击"。按钮被单击后弹出的对话框如图 7.6 所示。

图 7.6 按钮被单击后弹出的对话框

7.9 事件和事件处理

7.9.1 JavaScript 常用事件

在 JavaScript 中,事件是指 Web 页面在浏览器处于活动状态时发生的各种事情,也就是用户与 Web 页面交互时产生的各种操作,如浏览器加载、卸载一个页面,用户单击鼠标、移动鼠标,以及按下键盘中的某个键。

浏览器为了响应某个事件而进行的处理过程叫作事件处理,这个处理程序叫作事件处理函数。对事件的处理,一般都是通过调用相应的事件处理函数完成的。事件调用函数的格式通常为

on 事件名=事件处理函数

常用的 JavaScript 事件见表 7.4。

表 7.4 常用的 JavaScript 事件

事件调用函数	何 时 触 发	支持的页面元素
onClick	鼠标单击时	所有元素
onDblClick	鼠标双击时	所有元素
onChange	域的内容改变时	＜input type＝"text"＞,＜input type＝"radio"＞,＜input type＝"checkbox"＞,＜select＞,＜textarea＞
onFocus	窗口或元素获得焦点时	所有元素
onBlur	窗口或元素失去焦点时	所有元素
onSelect	文本被选中时	＜input type＝"text"＞,＜textarea＞
onMouseDown	鼠标上的按钮被按下时	所有元素
onMouseOver	鼠标移动到某范围内时	所有元素
onMouseOut	鼠标离开某范围内时	所有元素
onMouseMove	鼠标移动时	所有元素
onMouseEnter	鼠标进入某范围内时	所有元素
onMouseLeave	鼠标离开某范围内时	所有元素
onKeyDown	某个键盘按键被按下	所有元素
onKeyPress	某个键盘按键被按下并松开	所有元素
onKeyUp	某个键盘按键被松开	所有元素

续表

事件调用函数	何 时 触 发	支持的页面元素
onLoad	文档、图像，或对象全部加载完毕时(全部加载完毕意味着不但 HTML 文件加载完毕，而且包含的图片、插件、空间、小程序等全部加载完毕)	＜body＞，＜frame＞，＜frameset＞，＜iframe＞，＜img＞，＜link＞，＜script＞，＜object＞
onUnload	文档卸载时(或者关闭窗口，或者到另一个页面时)	＜body＞，＜frameset＞
onSubmit	表单提交时	＜form＞
onReset	表单重置按钮被单击时	＜form＞
onResize	当窗口被调整大小时	所有元素
onError	发生错误时，其事件处理程序通常叫作"错误处理程序(Error Handler)"，用来处理错误	所有元素

需要注意的是，onMouseEnter 事件类似于 onMouseOver 事件，唯一的区别是 onMouseEnter 事件不支持冒泡，也就是说，当鼠标指针进入某元素时，会触发 onMouseOver 事件和 onMouseEnter 事件，并且在这个元素的所有子元素上也会触发 onMouseOver 事件，但不会触发子元素的 onMouseEnter 事件。onMouseLeave 和 onMouseOut 事件的区别和上面的情况类似，这里不再赘述。

7.9.2　项目：敏感的兔子

1. 项目说明

完成 JavaScript 的事件声明和事件处理程序。在页面上放置图片，并利用 Div＋CSS 在图片上划分出 4 个区域，要求：

左上角区域响应鼠标进入事件，当鼠标进入该区域时，弹出对话框，显示"离我远点儿"；

右上角区域响应鼠标悬浮事件，当鼠标在区域上方悬浮时，弹出对话框，显示"不要摸我!"；

左下角区域响应鼠标单击事件，当鼠标在区域中单击时，弹出对话框，显示"谁打我?"；

右下角区域响应鼠标双击事件，当鼠标在区域中双击时，弹出对话框，显示"谁打我两下?"；

另外，在该页面主体部分，响应键盘按键事件，当有键按下时，弹出对话框，显示该键的键盘码。

运行效果如图 7.7 所示。

图 7.7　鼠标进入左上角区域时弹出的对话框

2．项目设计

本项目要完成一个简单的 JavaScript 的事件响应和处理功能。当用户与 Web 页面进行某种行为的交互时，会发生事件。事件可能是鼠标在某些 HTML 元素上的单击、鼠标经过某个元素或按下键盘上的某些按键等。事件还可能是浏览器中发生的事情，如某个 Web 页面加载完成，或者是用户改变窗口大小等。通过使用 JavaScript，可以监听某种特定事件的发生，并规定在某些事件发生后对这些事件做出响应。

本项目就是要监听鼠标对页面上的指定元素的鼠标进入、悬浮、单击、双击和键盘事件，并在发生某个特定事件后进行规定的响应处理操作。因此，在本项目中要实现的是一个完整的事件响应处理流程。在事件源上，指定鼠标进入、悬浮、单击、双击和键盘事件的事件处理函数，并使用 JavaScript 编写这些事件处理函数，在其中完成具体的事件响应处理操作。

在本项目中利用 JavaScript 的常用事件（如 onMouseEnter、onMouseOver、onClick、onDblClick 和 onKeyPress 等事件）编写其事件处理函数，完成不同的用户行为响应。

（1）为左上角区域的＜div＞标签添加 onMouseEnter 事件，并指定事件处理代码是"alert('离我远点儿')"。

（2）为右上角区域的＜div＞标签添加 onMouseOver 事件，并指定事件处理代码是"alert('不要摸我！')"。

（3）为左下角区域的＜div＞标签添加 onClick 事件，并指定事件处理代码是"alert('谁打我？')"。

（4）为右下角区域的＜div＞标签添加 onDblClick 事件，并指定事件处理代码是"alert('谁打我两下？')"。

（5）为页面主体＜body＞标签添加 onKeyPress 事件并指定事件处理函数是 fun()，传递了 event 对象作为参数（event 对象是 DOM 对象中用于代表事件的状态的对象，会在第 9 章详细介绍）。

3. 项目实施

本项目代码如下。

```html
<html>
<head>
<style>
    #main{margin:0 auto; width:400px;height:400px;position:relative;}
    .box{width:180px;height:180px;opacity:0.2;background:#99FF00;position:
    absolute;}
    #box1{left:60px;top:30px;}
    #box2{left:250px;top:30px;}
    #box3{left:60px;top:220px;}
    #box4{left:250px;top:220px;}
</style>
<script>
    function fun(e){
        alert(e.keyCode);
    }
</script>
</head>
<body onKeyPress="fun(event)">
<div id="main">
    <imgsrc="../images/IMG_2755.JPG" border="0" alt="">
    <div id="box1" class="box"   onMouseEnter="alert('离我远点儿')">鼠标进入
    </div>
    <div id="box2" class="box" onMouseOver="alert('不要摸我！')">鼠标悬浮
    </div>
    <div id="box3"class="box" onClick="alert('谁打我？')">鼠标单击</div>
    <div id="box4" class="box" onDblClick="alert('谁打我两下？')">鼠标双击
    </div>
</div>
</body>
</html>
```

将以上 HTML 文件保存为"敏感的兔子.html"，使用浏览器打开，分别使用鼠标在不同区域移动或单击，观察弹出的对话框显示的信息。按下键盘上的按键，观察弹出的对话框显示的信息。

4. 知识运用

在以上 HTML 页面的主体部分，为图片标签＜img＞添加图像加载完毕事件和事件处理函数，当图片加载完毕时，弹出对话框，显示"我来了"。在图片下方添加一个单行文本框，为文本框添加文本内容改变事件和事件处理函数，当文本框中的内容发生改变并失去焦点时，弹出对话框，显示"你写了什么？"，效果如图 7.8 所示。

图 7.8　图片加载完毕时弹出的对话框以及文本框内容改变时弹出的对话框

习　　题

1. 分析下面的 JavaScript 代码：

```
x=11;
y="number";
m=x+y;
```

m 的值为（　　　）。

A. 11number 　　　　B. number 　　　　C. 11 　　　　D. 程序报错

2. 在 HTML 页面中使用外部 JavaScript 文件的正确语法是（　　　）。

A. ＜language＝"JavaScript"src＝"scriptfile.js"＞

B. ＜script language＝"JavaScript"src＝"scriptfile.js"＞＜/script＞

C. ＜script language＝"JavaScript"＝scriptfile.js＞＜/script＞

D. ＜languagesrc＝" scriptfile.js"＞

3. 运行如下的 JavaScript 代码段，页面上输出（　　　）。

```
var c="10",d=10;
document.write(c+d)
```

A. 10 　　　　　　B. 20 　　　　　　C. 1010 　　　　D. 页面报错

4. 在网页编程中运行下面的 JavaScript 代码：

```
<script>
x=3;
y=2;
```

```
z=(x+2)/y;
alert(z);
</script>
```

提示框中会显示(　　)。

　　A. 2　　　　　　B. 2.5　　　　　　C. 32/2　　　　　　D. 16

5. 当前页面的同一目录下有一名为 show.js 的文件,代码(　　)可以正确访问该文件。

　　A. ＜script language＝"show.js"＞＜/script＞

　　B. ＜script type＝"show.js"＞＜/script＞

　　C. ＜script src＝"show.js"＞＜/script＞

　　D. ＜script runat＝"show.js"＞＜/script＞

6. 分析下面的 JavaScript 语句:

```
Str="This apple costs "+5 0.5;
```

执行该语句后 str 的结果是(　　)。

　　A. This apple costs 50.5　　　　　　B. This apple costs 5.5

　　C. "This apple costs" 50.5　　　　　　D. "This apple costs "5.5

7. 要求用 JavaScript 实现如下功能:一个文本框中的内容发生改变后,单击页面中的其他部分将弹出一个消息框显示文本框中的内容。下面语句正确的是(　　)。

　　A. ＜input type＝"text" onChange＝"alert(this. value)"＞

　　B. ＜input type＝"text" onClick＝"alert(this. value)"＞

　　C. ＜input type＝"text" onChange＝"alert(text. value)"＞

　　D. ＜input type＝"text" onClick＝"alert(value)"＞

8. 分析下面的 JavaScript 代码段:

```
function employee(name,code)
{
    this.name="wangli";
    this.code="A001";
}
newemp=new employee("zhangming",'A002');
document.write("雇员姓名:"+newemp.name+"<br>");
document.write("雇员代号:"+newemp.code+"<br>");
```

输出的结果是(　　)。

　　A. 雇员姓名:wangli 雇员代码:A001

　　B. 雇员姓名:zhangming 雇员代码:A002

　　C. 雇员姓名:null,雇员代码:null

　　D. 代码有错误,无输出结果

9. (　　)为 JavaScript 声明变量的语句。

　　A. dim x;　　　B. int x;　　　　　C. var x;　　　　　　　D. x;

10. 分析如下的 JavaScript 代码片段，b 的值为（　　　）。

```
Var a=1.5,b;
b=parseInt(a);
```

A. 2　　　　　　　B. 0.5　　　　　　　C. 1　　　　　　　D. 1.5

11. 声明一个对象，给它加上 name 属性和 show 方法显示其 name 值，以下代码中正确的是（　　）。

A. var obj＝[name:"zhangsan",show:function(){alert(name);}];

B. var obj＝{name:"zhangsan",show:"alert(this. name)"};

C. var obj＝{name:"zhangsan",show:function(){alert(name);}};

D. var obj＝{name:"zhangsan",show:function(){alert(this. name);}};

12. 使用 JavaScript 向网页中输出＜h1＞hello＜/h1＞，以下代码中可行的是（　　）和（　　）。

A. ＜script type＝"text/javascript"＞
document. write(＜h1＞hello＜/h1＞);
＜/script＞

B. ＜script type＝"text/javascript"＞
　　document. write("＜h1＞hello＜/h1＞");
　　＜/script＞

C. ＜script type＝"text/javascript"＞
＜h1＞hello＜/h1＞
＜/script＞

D. ＜h1＞
＜script type＝"text/javascript"＞
　　document. write("hello");
＜/script＞
＜/h1＞

JavaScript 对象

本章概述

通过本章的学习，学会使用 JavaScript 的内置对象、BOM 对象的常用方法，编写 JavaScript 动态网页效果，学习如何使用 JavaScript 控制客户端行为。通过 JavaScript 实际案例的编写过程，学习 JavaScript 语言的编程思路和编程经验。

学习重点与难点

重点：

(1) Math 对象、Date 对象、String 对象、Number 对象、Array 对象的属性和方法。

(2) JavaScript 的 BOM 对象常见属性和方法的使用。

难点：

(1) JavaScript 内置对象的使用。

(2) window 对象、document 对象的常见属性和方法的使用。

重点及难点学习指导建议：

- 通过大量的编程练习记忆 JavaScript 中的常用 BOM 对象的方法。
- 独立完成每个章节中的知识运用部分，体会使用到的知识点的具体作用。

8.1 内 置 对 象

8.1.1 认识 JavaScript 内置对象

JavaScript 的一个重要特点就是它是一种面向对象的语言。通过基于对象的程序设计,可以用更直观、模块化和可重复使用的方式进行程序开发。

一组包含数据的属性和对属性中包含的数据进行操作的方法称为对象。例如,要设定网页的背景颜色,针对的对象就是 document,所用的属性名是 bgcolor。例如,document.bgcolor="blue",就是设置背景的颜色为蓝色。

JavaScript 中支持的对象主要有以下 4 种。

1. 内置对象

JavaScript 将一些常用的功能预先定义成对象,用户可以直接使用,这种对象就是内置对象。

2. 浏览器对象

- 网页和浏览器本身的各种元素在 JavaScript 程序中的体现。
- 它使 JavaScript 可以定位、改变内容以及展示 HTML 页面的所有元素。

3. DOM 对象

HTML DOM 对象定义了用于 HTML 的一系列标准的对象,以及访问和处理 HTML 文档的标准方法。

4. 自定义对象

JavaScript 允许用户自定义对象进行使用。

本节主要介绍常用的内置对象。

在 JavaScript 中,内置对象都有自己的方法和属性,访问其属性的语法是"对象名.属性名"。访问其方法的语法是"对象名.方法名称(参数列表)"。

常用的内置对象见表 8.1。

表 8.1 常用的内置对象

对象名	描　　述
Math	数学对象,提供了进行所有基本数学计算的功能和常量的属性和方法
Date	日期对象,提供了获取、设置日期和时间的属性和方法
String	字符串对象,提供了对字符串进行处理的属性和方法
Array	数组对象,用来描述数组并提供数组处理的属性和方法

8.1.2　Math 对象

内置的 Math 对象可以用来处理各种数学运算,其中定义了一些常用的数学常数和运算方法。Math 的属性和方法可以直接调用,其语法格式为

- Math. 属性名
- Math. 函数名(参数列表)

Math 对象的常用属性和方法见表 8.2。

表 8.2　Math 对象的常用属性和方法

属性名/方法名		描　述
常用属性	LN2	2 的自然对数(约 0.693)
	LN10	10 的自然对数(约 2.302)
	LOG2E	以 2 为底的 e 的对数(约 1.442)
	LOG10E	以 10 为底的 e 的对数(约 0.434)
	PI	数学 PI 值 3.1415926
	SQRT1_2	0.5 的平方根(约 0.707)
	SQRT2	2 的平方根(约 1.414)
常用方法	abs(x)	返回数字 x 的绝对值
	acos(x)	返回数字 x 的反余弦值
	asin(x)	返回数字 x 的反正弦值
	atan(x)	返回位于 $-PI/2$ 和 PI/2 的反正切值
	atan2(y,x)	返回(x,y)位于 $-PI$ 到 PI 之间的角度
	ceil(x)	返回 x 四舍五入后的最大整数
	cos(x)	返回数字 x 的余弦值
	exp(x)	返回 E^x 值
	floor(x)	返回 x 的截尾取整结果
	log(x)	返回底数为 E 的自然对数
	max(x,y)	返回 x 和 y 之间较大的数
	min(x,y)	返回 x 和 y 之间较小的数
	pow(x,y)	返回 y^x 的值
	random()	返回位 0~1 的随机函数
	round(x)	四舍五入后取整
	sin(x)	返回数字 x 的正弦值
	sqrt(x)	返回数字 x 的平方根
	tan(x)	返回数字 x 的正切值
	valueOf()	返回数学对象的原始值

例如：四舍五入取整。

```
document.write(Math.round(0.60)+"<br />")//1
document.write(Math.round(0.50)+"<br />")//1
document.write(Math.round(0.49)+"<br />")//0
document.write(Math.round(-4.40)+"<br />")//-4
document.write(Math.round(-4.60)+"<br />")//-5
```

例如：产生一个 1～16 的随机数，包含 1 和 16。

```
var n=Math.floor(Math.random() * 16)+1;
```

8.1.3 Date 对象

1. Date 对象的创建

Date 对象用来对日期和时间进行操作，它的大多数方法需要利用对象调用，因此必须先声明和创建 Date 对象。必须使用 new 运算符创建一个实例。语法格式如下。

```
var 对象名=new Date()(表示当前的日期和时间)
var 对象名=new Date(年,月,日)
var 对象名=new Date(年,月,日,时,分,秒)
var 对象名=new Date(年,月,日,时:分:秒)
```

例如：

```
var someday=new Date("February 26,2005 12:00:00");  //月日,年时:分:秒
var someday=new Date(2009,4,7,0,0,0);              //年,月,日,时,分,秒
```

其中，年、月、日均为必填参数，而时、分、秒为可选参数。

2. Date 对象的属性

Date 对象没有提供可以直接访问的属性，只有获取和设置日期和时间的方法。

3. Date 对象的方法

Date 对象主要提供了以下 3 类方法。

（1）从系统中获得当前的时间和日期。

（2）设置当前的日期和时间。

（3）在时间、日期同字符串之间完成转换。

Date 对象的常用方法见表 8.3。

表 8.3 Date 对象的常用方法

方 法 名	描　　述
getDay()	返回一周中的第几(0～6)天
getYear()	返回当前年份。2000 年以前为 2 位,2000(包含)年以后为 4 位

续表

方 法 名	描 述
getFullYear()	返回完整的 4 位年份数
getMonth()	返回当前月(1~12)
getDate()	返回当前日(1~31)
getHours()	返回当前小时数(0~23)
getMinutes()	返回当前分钟数(0~59)
getSeconds()	返回当前秒数(0~59)
getMilliseconds()	返回当前毫秒数(0~999)
getUTCDay()	依据国际时间得到现在是星期几(0~6)
getUTCFullYear()	依据国际时间得到完整的年份
getUTCMonth()	依据国际时间得到当前月份(1~12)
getUTCDate()	依据国际时间得到当前日(1~31)
getUTCHours()	依据国际时间得到当前小时数(0~23)
getUTCMinutes()	依据国际时间返回当前分钟数(0~59)
getUTCSeconds()	依据国际时间返回秒数(0~59)
getUTCMilliseconds()	依据国际时间返回毫秒数(0~999)
getTime()	返回从 1970 年 1 月 1 号 0:0:0 到现在一共花去的毫秒数
getTimezoneoffset()	返回时区偏差值,即格林尼治平均时间(GMT)与运行脚本的计算机所处时区设置之间相差的分钟数
parse(dateString)	返回在 Date 字符串中自 1970 年 1 月 1 日 00:00:00 以来的毫秒数(parse 方法是 Date 对象的静态方法,可以通过 Date 类直接调用,而不是使用一个 Date 类的对象调用)。其中,短日期可以使用"/"或"-"作为日期分隔符,但是必须按"月/日/年"的顺序表示。以"月名称 日 年"的形式表示长日期,例如"July 08 2008",年份值可以用 2 位数字表示,也可以用 4 位数字表示。如果使用 2 位数字表示年份,那么该年份必须大于或等于 70。小时、分钟、秒钟之间用冒号分隔,这 3 项不是必需都指明。例如,"12:" "12:10" "12:10:11"都是有效的
setYear(yearInt)	设置年份,2 位数或 4 位数
setFullYear(yearInt)	设置年份,4 位数
setMonth(monthInt)	设置月份(1~12)
setDate(dateInt)	设置日(1~31)
setHours(hourInt)	设置小时数(0~23)
setMinutes(minInt)	设置分钟数(0~59)
setSeconds(secInt)	设置秒数(0~59)

方　法　名	描　　述
setMilliseconds(milliInt)	设置毫秒数(0～999)
setUTCFullYear(yearInt)	依据国际时间设置年份
setUTCMonth(monthInt)	依据国际时间设置月(1～12)
setUTCDate(dateInt)	依据国际时间设置日(1～31)
setUTCHours(hourInt)	依据国际时间设置小时数
setUTCMinutes(minInt)	依据国际时间设置分钟数
setUTCSeconds(secInt)	依据国际时间设置秒数
setUTCMilliseconds(milliInt)	依据国际时间设置毫秒数
setTime(timeInt)	设置从 1970 年 1 月 1 日开始的时间,单位为毫秒数
toGMTString()	根据格林尼治时间将 Date 对象的日期(一个数值)转变成一个 GMT 时间字符串,如:Weds,15 June l997 14:02:02 GMT
toUTCString()	根据通用时间将一个 Date 对象的日期转换为一个字符串
toLocaleString()	把 Date 对象的日期(一个数值)转变成一个字符串,使用所在计算机上配置使用的特定日期格式
toString()	将日期对象转换为字符串
UTC(yyyy,mm,dd,hh,mm,ss,msec)	返回从格林治标准时间到指定时间的差距,单位为毫秒
valueOf()	返回日期对象的原始值

8.1.4　String 对象

在 JavaScript 中,一个字符串是一个对象。String 对象提供给特定的字符串完成各种处理的属性与方法,如搜索字符串、提取子串等。

1. String 对象的创建

字符串变量的初始化通常有以下两种方式。

• 声明字符串变量时直接为其赋值。例如:

```
var str="Hello World";
```

• 使用 new 关键字创建字符串对象并在构造函数中提供初始化参数。例如:

```
var str=new String("Hello World");
```

2. String 对象的属性

String 对象只有一个属性 length,表示字符串的长度。

例如：

```
MyStr="hello JavaScript World";
length=MyStr.length;
```

3. String 对象的方法

String 对象的方法主要用于对有关字符串在 Web 页面中的显示、字体大小、字体颜色、字符搜索以及字符的大小写转换等，见表 8.4。

表 8.4　String 对象的方法

属性名/方法名	描　　述
anchor()	创建书签链接，相当于＜A name＝..＞
big()	把字符串中的文本变成大字体(＜BIG＞)
blink()	把字符串中的文本变成闪烁字体(＜BLINK＞)
bold()	把字符串中的文本变成黑字体(＜B＞)
fixed()	把字符串中的文本变成固定间距字体，即电报形式(＜TT＞)
fontcolor(color)	设置字符串中文本的颜色(＜FONT COLOR＝＞)
fontsize(size)	把字符串中的文本变成指定大小(＜FONTSIZE＝＞)
italics()	把字符串中的文本变成斜字体(＜I＞)
link(url)	创建超链接，相当于＜a href＝..＞
small()	把字符串中的文本变成小字体(＜SMALL＞)
strike()	把字符串中的文本变成划掉字体(＜STRIKE＞)
sub()	把字符串中的文本变成下标(subscript)字体(＜SUB＞)
sup()	把字符串中的文本变成上标(superscript)字体(＜SUP＞)
charAt(index)	返回指定索引处的字符
charCodeAt(index)	返回一个整数，该整数表示 String 对象中指定位置处的字符的 Unicode 编码
concat(newString1,…,newStringN)	连接两个或多个字符串
indexOf(searchString)	返回字符串中第一个出现指定字符串 searchString 的位置
lastIndexOf(searchString)	返回字符串中最后一个出现指定字符串 searchString 的位置
replace(regex,newString)	将字符串中的某些字符 regex 替换成其他字符 newString
slice(startIndex,endIndex)	将部分字符抽出并在新的字符串中返回剩余部分
split(delimiter)	将字符串分配为数组
substr(startIndex,length)	从 startIndex 位置取子串，取 length 个字符
substring(startIndex,endIndex)	startIndex 和 endIndex 之间的字符，不包括 endIndex 位置的字符

属性名/方法名	描　述
toLowerCase()	把字符串中的所有字符变成小写
toUpperCase()	把字符串中的所有字符变成大写
valueOf()	返回字符串对象的原始值

例如：

```
var txt="Hello world!"
document.write(txt.length)          //输出 12
```
————————————
```
var txt="Hello world!"
document.write(txt.toUpperCase())        //输出 HELLO WORLD!
```
————————————
```
var str="Hello world!"
document.write(str.indexOf("Hello")+"<br />")      //输出 0
document.write(str.indexOf("World")+"<br />")      //没有 World,输出-1
document.write(str.indexOf("world"))          //输出 6
```

例如：指定字符串显示为红色字。

```
<script type="text/javascript">
var str="Hello world!"
document.write(str.fontcolor("Red"))
</script>
```

例如：将字符串显示成超链接。

```
<script type="text/javascript">
var str="Free Web Tutorials!"
document.write(str.link("http://www.w3school.com.cn"))
</script>
```

8.1.5　Number 对象

Number 对象是原始数值的包装对象。

1. 创建 Number 对象

```
var myNum=new Number(value);
var myNum=Number(value);
```

参数 value 是要创建的 Number 对象的数值,或是要转换成数字的值。

当 Number() 和运算符 new 一起作为构造函数使用时,它返回一个新创建的 Number 对象。如果不用 new 运算符,把 Number() 作为一个函数调用,它将把自己的参数转换成一个原始的数值,并且返回这个值(如果转换失败,则返回 NaN)。Number 对象属性见表8.5。

表 8.5　Number 对象属性

属　　性	描　　述
constructor	返回对创建此对象的 Number 函数的引用
MAX_VALUE	可表示的最大的数
MIN_VALUE	可表示的最小的数
NaN	非数字值
NEGATIVE_INFINITY	负无穷大,溢出时返回该值
POSITIVE_INFINITY	正无穷大,溢出时返回该值
prototype	有能力向对象添加属性和方法

Number 对象方法见表8.6。

表 8.6　Number 对象方法

方　　法	描　　述
toString	把数字转换为字符串,使用指定的基数
toLocaleString	把数字转换为字符串,使用本地数字格式顺序
toFixed	把数字转换为字符串,结果的小数点后有指定位数的数字
toExponential	把对象的值转换为指数计数法
toPrecision	把数字格式化为指定的长度
valueOf	返回一个 Number 对象的基本数字值

2. Number 对象描述

在 JavaScript 中,数字是一种基本的数据类型。JavaScript 还支持 Number 对象,该对象是原始数值的包装对象。必要时,JavaScript 会自动在原始数据和对象之间转换。在 JavaScript 1.1 中,可以用构造函数 Number()明确创建一个 Number 对象,尽管这样做并没有什么必要。

构造函数 Number()可以不与运算符 new 一起使用,而直接作为转化函数使用。以这种方式调用 Number()时,它会把自己的参数转化成一个数字,然后返回转换后的原始数值(或 NaN)。

构造函数通常还用作5个有用的数字常量的占位符,这5个有用的数字常量分别是可表示的最大数、可表示的最小数、正无穷大、负无穷大和特殊的 NaN 值。注意,这些值是构造函数 Number()自身的属性,而不是单独的某个 Number 对象的属性。

例如,这样使用属性 MAX_VALUE 是正确的:

```
var big=Number.MAX_VALUE
```

但是这样使用属性 MAX_VALUE 是错误的。

```
var n=new Number(2);
var big=n.MAX_VALUE
```

作为比较，我们看一下 toString() 和 Number 对象的其他方法，它们是每个 Number 对象的方法，而不是 Number() 构造函数的方法。前面提到过，必要时，JavaScript 会自动把原始数值转化成 Number 对象，调用 Number 方法的既可以是 Number 对象，也可以是原始数字值。例如：

```
var n=123;
var binary_value=n.toString(2);
```

8.1.6　Array 对象

在 JavaScript 中，使用 new 和 Array 关键字创建数组对象。创建数组的语法有以下 4 种。

（1）创建一个数组。

```
var 数组对象名=new Array();
```

（2）创建一个数组并指定长度。

```
var 数组对象名=new Array(size);
```

（3）创建一个数组并赋初值。

```
var 数组对象名=new Array(element0, element1, …, elementN);
```

（4）创建一个数组并赋初值。

```
var 数组对象名=[element0, element1, …, element];
```

需要注意的是，虽然第二种方法在创建数组时指定了长度，但实际上所有情况下数组都是可变长的，也就是说，即使指定长度为 3，仍然可以将元素存储在规定长度以外的位置，此时数组长度也会随之改变。

Array 对象的常用属性和方法见表 8.7。

表 8.7　Array 对象的常用属性和方法

	属性名/方法名	描　　述
常用属性	length	返回数组的长度
常用方法	concat(array1,…,arrayN)	将两个或多个数组值连接起来，合并后返回结果
	join(delimiter)	将数组中的元素合并为字符串，参数为分隔符，如果省略参数，则直接合并，不再分隔
	pop()	移除数组中的最后一个元素并返回该元素

续表

描　　述		属性名/方法名
常用方法	push(value)	在数组的末尾加上一个或多个元素,并且返回新的数组长度值
	reverse()	颠倒数组中元素的顺序,反向排列
	shift()	移除数组中的第一个元素并返回该元素
	slice(startIndex,endIndex)	复制数组中的一个连续部分,返回复制的新数组。slice()方法不会改变原来的数组
	slice(startIndex,sliceCount)	从数组中分离一个子数组
	sort(compare Function)	在未指定排序号的情况下,按照元素的字母顺序排列,如果不是字符串类型,则转换成字符串再排序,返回排序后的数组
	splice(startIndex,delCount)	从数组中移除元素,返回移除的数组元素。splice()方法会改变原来的数组
	toString()	将数组中的所有元素返回一个字符串,其间用逗号分隔
	unshift(value)	为数组的开始部分加上一个或多个元素,并且返回该数组的新长度
	valueOf()	返回数组对象的原始值

例如:sort()方法用于对数组的元素进行排序。

```
<script type="text/javascript">
var arr=new Array(6)
arr[0]="George"
arr[1]="John"
arr[2]="Thomas"
arr[3]="James"
arr[4]="Adrew"
arr[5]="Martin"
document.write(arr+"<br />")
document.write(arr.sort())
</script>
```

输出:

```
George,John,Thomas,James,Adrew,Martin
Adrew,George,James,John,Martin,Thomas
```

例如:push()方法可向数组的末尾添加一个或多个元素,并返回新的长度。

```
<script type="text/javascript">
var arr=new Array(3)
arr[0]="George"
arr[1]="John"
```

```
arr[2]="Thomas"
document.write(arr+"<br />")
document.write(arr.push("James")+"<br />")
document.write(arr)
</script>
```

输出：

```
George,John,Thomas
4
George,John,Thomas,James
```

例如：pop()方法用于删除并返回数组的最后一个元素。

```
<script type="text/javascript">
var arr=new Array(3)
arr[0]="George"
arr[1]="John"
arr[2]="Thomas"
document.write(arr+"<br />")
document.write(arr.pop()+"<br />")
document.write(arr)
</script>
```

输出：

```
George,John,Thomas
Thomas
George,John
```

8.1.7 项目：数字电子时钟

1. 项目说明

在 HTML 页面上显示一个数字电子时钟，要求在页面上实现数字电子时钟动态显示时间的效果。数字电子时钟效果如图 8.1 所示。

图 8.1 数字电子时钟效果

2. 项目设计

本项目需要使用 JavaScript 的内置对象 Date 完成读取系统当前时间的功能。实际上,所有编程语言都具有内置的对象创建语言的基本功能,内置对象是编写自定义代码的基础。JavaScript 提供了多种内置对象完成对字符串、日期、数值、数组等数据类型的封装和操作。本项目就可以使用内置对象 Date 完成对日期数据的访问和操作。

另外,要实现电子时钟效果,需要定时的周期性的调用获取并输出当前时间的函数。这里可以利用 window 对象的方法完成。JavaScript 的 BOM(浏览器对象模型)对象提供了一整套与浏览器进行交互的方法和接口,window 对象就是 BOM 对象之一,它代表浏览器窗口的一个实例,提供了许多方法,可以用于操作浏览器窗口,如打开或关闭窗口、获取和调整窗口大小、获取窗口位置、移动窗口以及实现间歇定时调用、超时调用等功能。因此,本项目可以使用 JavaScript 的 window 对象完成周期性调用函数的功能。

本项目中利用 JavaScript 的内置对象 Date 的相关函数完成时钟计时功能,首先获取系统当前时间,然后每隔一秒刷新一次时间显示区域,并且利用了 JavaScript 的 BOM 对象中的 window 对象的 setInterval() 完成周期性调用函数的功能。

(1) 在 HTML 主体部分,在＜script＞＜/script＞标签中调用了 JavaScript 中的 setInterval() 方法,作为计时器。其效果是,每隔 1 秒,调用一次自定义的函数 setTime()。这里使用的 setInterval() 方法是 JavaScript 的 BOM 对象中的 window 对象的方法,其作用是按照指定的周期(以毫秒计)调用方法或计算表达式。

(2) 在 setTime() 函数中,创建内置对象 Date 对象,使用它的 getHours() 获取当前的小时数,使用 getMinutes() 获取当前的分钟数,使用 getSeconds() 获取当前的秒数,并使用 innerHTML 属性更新 id 为"timer"的标签的标签体内容(innerHTML 属性是所有 DOM 元素对象拥有的属性,其作用是设置或返回元素从起始标签到结束标签之间的 HTML,DOM 对象的常用属性和方法会在第 9 章中详细介绍)。

3. 项目实施

本项目代码如下。

```html
<html>
<head>
    <meta charset="utf-8">
  <script>
      function setTime(){
          var d=new Date();
          timer.innerHTML="<i>"+d.getHours()+":"+d.getMinutes()+":"+d.
          getSeconds()+"</i>";
      }
  </script>
</head>
<body>
```

```
    <h1 id="timer">00:00:00</h1>
    <script>
        setInterval("setTime()",1000);
    </script>
</body>
</html>
```

将以上 HTML 文件保存为"数字电子时钟. html",使用浏览器打开,观察页面上输出的当前时间信息。

4. 知识运用

(1) 在 HTML 页面的主体部分输出当前日期和星期信息,输出格式如下。

"今天是 xxxx 年 xx 月 xx 日,星期 x"

使用 JavaScript 的内置对象 Date 的方法获取当前日期和星期信息。

(2) 创建一个长度为 2 的数组,其中存放两个随机数字,要求两个随机数字均为[1,100]区间内的整数。然后,以数组中存放的两个元素为半径,分别计算对应的圆的面积,并在 HTML 页面主体部分显示。

8.2 BOM 对象

8.2.1 认识 BOM 对象

BOM 是 Browser Object Model 的缩写,简称浏览器对象模型。在 JavaScript 中,浏览器对象用于访问当前页面以及浏览器本身的信息。

BOM 提供了独立于内容而与浏览器窗口进行交互的对象。由于 BOM 主要用于管理窗口与窗口之间的通信,因此其核心对象是 window。BOM 由一系列相关的对象构成,并且每个对象都提供了很多方法与属性。

常用的浏览器对象主要有以下 6 种。

1. 窗口对象

窗口(window)对象处于对象层次的最顶端,它提供了处理浏览器窗口的方法和属性。

2. 位置对象

位置(location)对象提供了与当前打开的 URL 一起工作的方法和属性,它是一个静态的对象。

3. 历史对象

历史(history)对象提供了与历史清单有关的信息。

4.文档对象

文档(document)对象包含了与文档元素(elements)一起工作的对象,它将这些元素封装起来供编程人员使用。可以使用 document 作为访问 HTML DOM 对象的入口。

5.导航对象

导航(navigator)对象通常用于检测浏览器与操作系统的版本。

6.屏幕对象

屏幕(screen)对象通常用于获取用户屏幕信息。

BOM 层次结构模型如图 8.2 所示。

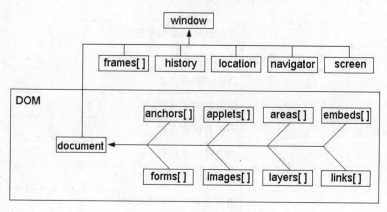

图 8.2　BOM 层次结构模型

浏览器对象的引用方式主要有以下 3 种。

(1) 对应于文档对象模型中的层次关系,JavaScript 对浏览器对象的引用是逐层引用。

例如:引用 forms 对象时,使用 window.document.forms。

(2) 通过对象的 name 属性引用。

例如:引用一个 name 属性是 form1 的表单对象,使用 window.document.form1。

(3) 数组型浏览器对象的引用:在文档对象模型中,有些对象属于数组型对象,如 document 对象下一层的 images、links、forms 等对象,引用这种数组对象时,可以使用对象在数组中的位置(下标)引用。例如,window.document.forms[0]表示引用文档中的第一个表单。

另外,window 对象作为文档对象模型中的最顶层对象,JavaScript 认为它是默认的,因此可以省略不写。如 window.document.forms 可以简写成 document.forms。

下面分别介绍几种常用浏览器对象的使用方法。

8.2.2　window 对象

window 对象也就是窗口对象,代表当前浏览器窗口。window 对象是每个窗口或者框的顶层对象,而且 document、location 及 history 是它的子对象。

window 对象的常用属性和方法见表 8.8。

表 8.8　window 对象的常用属性和方法

	属性名/方法名	描　　述
常用属性	name	窗口的名字
	closed	判断窗口是否已经被关闭,返回布尔值
	document,frames,history,location	4 个下级对象
	length	窗口内的框架个数
	self	当前窗口
	top	当前框架的最顶层窗口
	status	状态栏的信息
	scrollbars	浏览器的滚动条
	toolbar	浏览器的工具栏
	menubar	浏览器的菜单栏
	locationbar	浏览器的地址栏
	innerHeight	浏览器窗口的内部高度
	innerWidth	浏览器窗口的内部宽度
常用方法	open(URL, [windowName[, windowFeature[, replace]]])	打开一个新窗口,返回值为该窗口对象的引用。其中,参数 URL 代表要打开窗口的 URL 地址;参数 windowName 是新打开窗口的名称;参数 windowFeature 是新窗口的实际特性(窗口的外观),包括 height(窗口高度)、width(窗口宽度)、top(窗口距离屏幕顶端的像素值)、left(窗口距离屏幕左端的像素值)、menubar(是否有菜单)、scrollbars(是否有滚动条)、resizable(窗口大小是否可改变)、toolbar(是否显示标准工具栏)、directories(是否显示目录按钮)、location(是否显示地址栏)、status(是否显示状态栏)、fullscreen(是否全屏显示);参数 replace 是一个可选的布尔型参数,它规定了装载到窗口的 URL 是在窗口的浏览历史中创建一个新条目,还是替换浏览历史中的当前条目。true 代表替换浏览历史中的当前条目,false 代表在浏览历史中创建新的条目
	close()	关闭窗口
	moveBy(x,y)	x 代表水平位移,y 代表垂直位移。正值为窗口往右往下移动,负值相反
	moveTo(x,y)	窗口左上角移到(x,y)坐标处

续表

属性名/方法名		描　述
常用方法	resizeBy(x,y)	调整窗口大小,x 代表水平位移,y 代表垂直位移。正值代表往右往下调整
	resizeTo(w,h)	调整窗口大小为指定值,w 代表宽,h 代表高
	focus()	得到焦点
	blur()	失去焦点
	alert(text)	弹出警告对话框,在窗口中显示参数 text 指定的内容
	confirm(text)	弹出确认对话框,在窗口中显示参数 text 指定的内容
	prompt(text,defaultText)	弹出带有文本输入框的提示对话框,在窗口中显示参数 text 指定的内容,并返回用户输入结果
	setInterval(expression,time)	按照指定的周期 time(以毫秒计)调用函数或计算表达式 expression
	clearInterval(id)	取消由 setInterval()设置的周期性执行操作,参数 id 是由 setInterval()返回的 id 值
	setTimeout(expression,time)	在延迟指定的时间后,执行表达式 expression,只执行一次,延迟时间 time 以毫秒计
	clearTimeout()	取消由 setTimeout()方法设置的延迟执行代码块,参数 id 是由 setTimeout()返回的 id 值

　　window 对象表示一个浏览器窗口或一个框架。在客户端 JavaScript 中,window 对象是全局对象,所有的表达式都在当前的环境中计算。也就是说,要引用当前窗口,根本不需要特殊的语法,可以把那个窗口的属性作为全局变量使用。例如,可以只写 document,而不必写 window.document。

　　同样,可以把当前窗口对象的方法当作函数使用,如只写 alert(),而不必写 window.alert()。

　　一般来说,window 对象的方法都是对浏览器窗口或框架进行某种操作。而 alert()方法、confirm()方法和 prompt()方法则不同,它们通过简单的对话框与用户进行交互。

　　例如,弹出警告对话框,如图 8.3 所示。

```
alert("message");
```

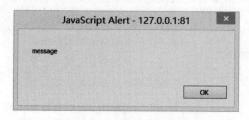

图 8.3　警告对话框

例如,弹出确认对话框,如图 8.4 所示。

```
confirm("message");
```

本方法的返回值是 boolean 类型,单击 OK 按钮返回 true,单击 Cancel 按钮返回 false。

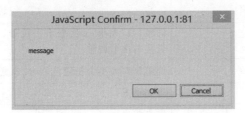

图 8.4　确认对话框

例如,弹出输入对话框,如图 8.5 所示。

```
var info=prompt("你最喜欢的演员是谁?","");
```

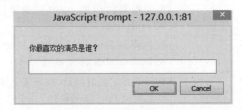

图 8.5　输入对话框

prompt("message","response")在带有文本输入框的窗口中显示 message,并用 response 作为用户在文本输入框中输入的字符串的默认值。该方法的返回值是在输入框中输入的数据。

8.2.3　history 对象

history 对象是 window 对象的一个属性,用来存储客户端最近访问过的网页清单。history 对象的常用属性和方法见表 8.9 所示。

表 8.9　history 对象的常用属性和方法

	属性名/方法名	描　　述
常用属性	length	存储在记录清单中的网页数目
	current	当前网页的地址
	next	下一个历史记录的网页地址
	previous	上一个历史记录的网页地址
常用方法	back()	后退到客户端查看过的上一页
	forward()	前进到客户端查看过的下一页
	go(整数或 URL 字符串)	当参数为整数时,表示前进或后退到已经访问过的某个页面。参数值为负数代表后退到曾访问过的倒数第几个页面,等价于浏览器中的"后退"按钮;参数值为正数代表前进到曾访问过的第几个页面,等价于浏览器中的"前进"按钮。当参数为 URL 地址字符串时,表示前往该 URL 地址的网页

window.history 对象包含浏览器的历史。

history.back()与在浏览器单击"后退"按钮的效果相同。

history.forward()与在浏览器中单击"向前"按钮的效果相同。

例如,创建一个页面上的后退按钮,代码如下。

```
<body>
    <input type="button" value="返回" onClick="history.back()">
</body>
```

history.back()方法可加载历史列表中的前一个 URL(如果存在)。调用该方法的效果等价于调用 history.go(-1)。

8.2.4　location 对象

location 对象提供了操作当前打开的窗口的 URL 的方法和属性。location 对象的常用属性和方法见表 8.10。

表 8.10　location 对象的常用属性和方法

属性名/方法名		描　　　述
常用属性	href	其值为当前页面的完整的 URL 地址字符串,也可以为其重新赋值,新值为导航到的新网页,其作用等价于<a>标签的功能
	protocol	当前 URL 中的通信协议
	host	当前 URL 中的主机名
	hostname	当前 URL 中的 host:port 部分
	port	当前 URL 中的端口号
	hash	在当前 URL 中定位锚点名称
常用方法	reload()	刷新,重新加载当前的网页
	replace(URL)	用参数中的 URL 网址取代当前的网页
	assign(URL)	加载参数 URL 指定的新的文档

window.location 对象用于获得当前页面的地址(URL),并把浏览器重定向到新的页面。

location.href 属性返回当前页面的 URL,也可以为其重新赋值,新值为导航到的新网页。

例如,创建一个加载百度页面的按钮。

```
<input type="button" value="返回" onClick="location.href='http://www.baidu.com'">
```

8.2.5　screen 对象

screen 对象包含有关用户屏幕的信息。screen 对象的常用属性和方法见表 8.11

所示。

表 8.11　screen 对象的常用属性

属性名/方法名	描　　述	属性名/方法名	描　　述
availWidth	可用的屏幕宽度	width	返回显示屏幕的宽度
availHeight	可用的屏幕高度	height	返回显示屏幕的高度

window. screen. height 方法用于获取用户计算机屏幕的高度,不包括浏览器或者顶部工具栏与底部工具栏的高度。

例如,在分辨率为 1366×768 的计算机显示屏上输出。

```
document.write(window.screen.height);
```

其结果为 768。

window. screen. availHeight 属性,顾名思义,就是计算机屏幕的可用高度,即计算机屏幕减掉顶部工具栏与底部工具栏的高度。

如果输出

```
document.write(window.screen.availHeight);
```

其结果为 738。

738＝768(计算机屏幕)－30(底部任务栏)

因为显示器有底部任务栏,所以当把任务栏隐藏后,结果为 768。

8.2.6　document 对象

document 对象的常用属性和方法在第 9 章中会单独介绍。

8.2.7　项目：打开新窗口

1. 项目说明

在 HTML 页面中放置两个按钮,分别为"创建窗口"和"关闭窗口"。利用 JavaScript 中的 window 对象的方法,单击"创建窗口"按钮,打开一个新的浏览器窗口,里面显示 8.1.7 节完成的数字电子时钟页面。单击"关闭窗口"按钮,关闭当前的浏览器窗口。

2. 项目设计

本项目要实现的是操作浏览器窗口的功能,即打开新窗口和关闭当前窗口。可以使用 JavaScript BOM 中的 window 对象完成。window 对象即浏览器窗口的一个实例,提供了许多方法,可以用于操作浏览器窗口,如打开或关闭窗口、获取和调整窗口大小、获取窗口位置、移动窗口等。因此,本项目可以使用 JavaScript 的 window 对象完成打开新窗口和关闭当前窗口的功能。

(1)首先,在 HTML 页面主体部分放置两个按钮,第一个按钮的 onClick 事件的事件处理函数为 createwindow()，第二个按钮的 onClick 事件的事件处理函数为 closewindow()。

（2）在 createwindow() 函数中，使用浏览器对象中的顶层对象 window 的 open() 方法打开一个新的浏览器窗口，其中显示"数字电子时钟.html"页面，新窗口的名称设为 mywindow，窗口设置成"无菜单栏，高 200，宽 300，不可改变大小"的状态。

（3）在 closewindow() 函数中使用 window 对象的 close() 方法关闭当前窗口。

3. 项目实施

本项目代码如下。

```html
<html>
<head>
    <meta charset="utf-8">
    <script language="javascript">
        function createwindow(){
            var w=window.open("数字电子时钟.html","mywindow", "menubar=no,
            height=200,width=300,resizable=no","true");
        }
        function closewindow(){
            w.close();
        }
    </script>
</head>
<body>
<form>
    <input type="button" value="创建窗口" onClick="creatwindow()">
    <input type="button" value="关闭窗口" onClick="closewindow()">
</form>
</body>
</html>
```

将以上 HTML 文件保存为"打开新窗口.html"，使用浏览器打开，分别单击"创建窗口"和"关闭窗口"按钮，观察弹出的新窗口中的信息和关闭当前窗口的效果。

4. 知识运用

（1）在 HTML 页面的主体部分放置一个"删除"按钮和一个"输入用户名"按钮，单击"删除"按钮时，会弹出提示"确认要删除吗？"；单击"输入用户名"按钮时，会弹出输入用户名对话框（window.prompt()），输入用户名后单击"确定"按钮，弹出的对话框中显示的提示的信息格式如下："您的名字是：XXX"，如图 8.6 所示。

（2）在 HTML 页面的主体部分，显示当前页面的完整的 URL 地址字符串、当前 URL 中的通信协议以及当前时间。另外，在下方放置一个"超链接"按钮和"刷新"按钮，单击"超链接"按钮，跳转到 8.1.7 节的"数字电子时钟.html"页面，单击"刷新"按钮，刷新

HTML5＋CSS3＋JavaScript 项目开发

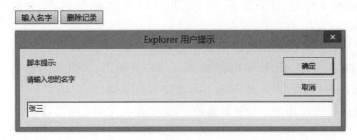 

图 8.6　显示用户名对话框

当前页面,效果如图 8.7 所示。

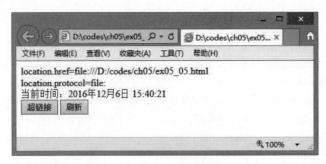

图 8.7　显示超链接和刷新按钮

习　题

选择题

1. 在 IE 中要想获得当前窗口的位置,可以使用 window 对象的(　　)方法。

    A. windowX   B. screenX   C. screenLeft   D. windowLeft

2. 分析下面的 JavaScript 代码段:

```
a=new Array(2,3,4,5,6);
sum=0;
```

输出结果是(　　)。

```
for(i=1;i<a.length;i++)
    sum+=a[i];
document.write(sum);
```

    A. 20   B. 18   C. 14   D. 12

3. window 对象的方法中,(　　)与计时器有关。

    A. confirm()   B. close()   C. alert()   D. setInterval()

4. 在 HTML 中,Location 对象的(　　)属性用于设置或检索 URL 的端口号。

    A. hostname   B. host   C. pathname   D. href

172

5. 选项（   ）中的对象与浏览列表有关。

    A. location，history

    B. window，location

    C. navigator，window

    D. historylist，location

6. 下列 JavaScript 语句中，（   ）能实现单击一个按钮时弹出一个消息框。

    A. <BUTTON VALUE＝"鼠标响应" onClick＝alert("确定")></BUTTON>

    B. <INPUT TYPE="BUTTON" VALUE＝"鼠标响应" onClick＝alert("确定")>

    C. <INPUT TYPE="BUTTON" VALUE＝"鼠标响应" onChange＝alert("确定")>

    D. <BUTTON VALUE＝"鼠标响应" onChange＝alert("确定")></BUTTON>

7. 在 HTML 页面中，下面关于 window 对象的说法，不正确的是（   ）。

    A. window 对象表示浏览器的窗口，可用于检索有关窗口状态的信息

    B. window 对象是浏览器所有内容的主容器

    C. 浏览器打开 HTML 文档时，通常会创建一个 window 对象

    D. 如果文档定义了多个框架，浏览器只为原始文档创建一个 window 对象，无须为每个框架创建 window 对象

8. 在 JavaScript 中，可以使用 Date 对象的（   ）方法返回该对象的日期。

    A. getDate   B. getYear   C. getMonth   D. gerTime

9. （   ）对象可以获得屏幕的大小。

    A. window   B. screen   C. navigator   D. screenX

10. 代码"setInterval("alert('welcome');",1000);"的意思是（   ）。

    A. 等待 1000s 后，再弹出一个对话框

    B. 等待 1s 后弹出一个对话框

    C. 语句报错，语法有问题

    D. 每隔 1s 弹出一个对话框

11. 要求用 JavaScript 实现下面的功能：在一个文本框中内容发生改变后，单击页面中的其他部分将弹出一个消息框显示文本框中的内容。下面语句正确的是（   ）。

    A. <input type＝"text" onChange＝"alert(this. value)">

    B. <input type＝"text" onClick＝"alert(this. value)">

    C. <input type＝"text" onChange＝"alert(text. value)">

    D. <input type＝"text" onClick＝"alert(value)">

12. window 对象的 open 方法返回的是（   ）。

    A. 没有返回值

    B. boolean 类型，表示当前窗口是否打开成功

    C. 返回打开新窗口的对象

    D. 返回 int 类型的值，开启窗口的个数

13. 分析下面的 JavaScript 代码段：

```
a=new Array("100","2111","41111");
```

```
    for(var i=0;i<a.length;i){
    document.write(a[i] "");
    }
```

输出结果是(   )。

A. 100   2111   41111   B. 1   2   3

C. 0   1   2   D. 1   2   4

14. 分析下面的 JavaScript 代码段:

```
var a=15.49;
document.write(Math.round(a));
```

输出结果是(   )。

A. 15   B. 16   C. 15.5   D. 15.4

15. 要在页面的状态栏中显示"已经选中该文本框",下列 JavaScript 语句正确的是(   )。

A. window. status＝"已经选中该文本框"

B. document. status＝"已经选中该文本框"

C. window. screen＝"已经选中该文本框"

D. document. screen＝"已经选中该文本框"

DOM 文档对象模型

本章概述

通过本章的学习,学生能够了解 DOM 对象和它们的常用方法,使用 DOM 对象改变页面样式、内容,添加、删除页面元素,修改元素的属性,获取事件对象并且自定义事件处理函数。

学习重点与难点

重点:

(1) Document 对象、Event 对象、Element 对象、Attribute 对象常用属性和方法的使用。

(2) 通过 Document 对象获取、修改页面元素。

(3) 通过 Event 对象获取事件发生的元素、键盘按键的状态、鼠标的位置、鼠标按钮的状态等。

(4) 通过 Element 对象遍历节点。

(5) 通过 Attribute 对象获取或访问节点。

难点:

(1) 事件绑定的方式。

(2) 事件的冒泡和捕获。

重点及难点学习指导建议:

- 通过大量的编程练习记忆 JavaScript 中的常用 DOM 对象的方法的使用方式。
- 独立完成每个章节中的知识运用部分,体会使用到的知识点的具体作用。

9.1　认识 DOM 对象

文档对象模型(Document Object Model,DOM)是 W3C 组织推荐的处理可扩展标志语言的标准编程接口。HTML DOM 是 W3C 标准,定义了用于 HTML 的一系列标准的对象,以及访问和处理 HTML 文档的标准方法。HTML DOM 把 HTML 文档呈现为带有元素、属性和文本的树结构(节点树)。

通过 DOM,可以访问所有的 HTML 元素,连同它们包含的文本和属性。可以对其中的内容进行修改和删除,同时也可以创建新的元素。HTML DOM 独立于平台和编程语言。它可被任何编程语言(如 Java、JavaScript 和 VBScript)使用。

通过可编程的对象模型,JavaScript 获得了足够的能力创建动态的 HTML,主要包括:

- JavaScript 能够改变页面中的所有 HTML 元素。
- JavaScript 能够改变页面中的所有 HTML 属性。
- JavaScript 能够改变页面中的所有 CSS 样式。
- JavaScript 能够对页面中的所有事件做出反应。

下面分别介绍 HTML DOM 中的 HTML DOM Document、HTML DOM Event、HTML DOM Element 和 HTML DOM Attribute 对象。

9.2　HTML DOM Document 对象

HTML DOM Document 对象表示每个载入浏览器的 HTML 文档。Document 对象使我们可以从脚本中对 HTML 页面中的所有元素进行访问。Document 对象是 window 对象的一部分,可通过 window.document 属性对其进行访问。

Document 对象是 JavaScript 实现网页各种功能中最常用的基本对象之一,它代表浏览器窗口中的文档,可以用来处理文档中包含的 html 元素,如表单、图像、超链接等。

Document 对象的常用属性和方法见表 9.1 所示。

表 9.1　Document 对象的常用属性和方法

	属性名/方法名	描　　述
常用属性	link	文档中的一个<a href=>超链接标签,该属性本身是一个对象
	linkColor	文档的链接颜色
	alinkColor	活动链接颜色
	vlinkColor	已单击的超链接颜色
	layer,link,image,form,area,applet,anchor,cookie	Document 对象的几个子对象
	cookie	存储 cookie.txt 文件的一段信息

续表

属性名/方法名		描　　述
常用属性	bgColor	文档中的背景颜色
	fgColor	文档中的文本颜色
	URL	表示该文件的网址
	title	文档的标题
	lastModified	文档最后的修改日期
常用方法	write(text)	向当前页面输出信息 text
	getSelection()	获取当前选取的字符串,返回值是当前选取的字符串
	getElementsByName(name)	通过 HTML 标签的 name 属性获得一些元素对象,返回的是具有相同 name 属性的 HTML 元素对象集合
	getElementById(id)	通过 HTML 标签的 id 属性获得一个 HTML 元素对象,返回具有该 id 属性的 HTML 元素对象
	getElementsByTagName(tagname)	通过 HTML 标签名获得指定标签名 tagname 的 HTML 元素对象集合

1. 获取页面元素

通常通过 JavaScript 操作 HTML 元素,需要使用 getElementById()、getElementsByName() 或 getElementsByTagName()3 个方法之一获取指定的 HTML 元素对象或对象集合。

1) getElementById()

通过 HTML 标签的 id 属性获得一个 HTML 元素对象,返回具有该 id 属性的 HTML 元素对象。

例如,若要获取表单中 id 属性值为 username 的文本框的输入内容,可以使用如下语句:

```
var username=document.getElementById("username").value;
```

2) getElementsByName()

通过 HTML 标签的 name 属性获得一些元素对象,返回的是具有相同 name 属性的 HTML 元素对象集合。

例如,若要获取表单中第一个 name 属性值为 username 的文本框的输入内容,可以使用如下语句:

```
var un=document.getElementsByName("username");
var username=un[0].value;
```

3) getElementsByTagName()

通过 HTML 标签名获得指定标签名的 HTML 元素对象集合。

例如,若要获取表单中第一个标签名为 input 的输入控件的输入内容,可以使用如下语句:

```
var un=document.getElementsByTagName("input");
var username=un[0].value;
```

2.修改页面元素

获取页面元素后,可以改变页面元素的样式、内容和属性等。改变的方法如下。

1) 改变 HTML 元素的内容

```
document.getElementById(id).innerHTML=new HTML
document.getElementById(id).text=new Text
```

例如:

```
document.getElementById("title").innerHTML="<h1>这是标题</h1>"
```

2) 改变 HTML 元素的属性

```
document.getElementById(id).attribute=new value
```

例如:

```
document.getElementById("image").src="img/flower.jpg"
```

3) 改变 HTML 元素的样式

```
document.getElementById(id).style.property=new style
```

例如:

```
document.getElementById("book").style.display="none"
```

3.添加/删除页面元素

1) 创建新的 HTML 元素
下面这段代码用于创建新的<p>元素。

```
var para=document.createElement("p");
```

如需向<p>元素添加文本,必须首先创建文本节点。
下面这段代码创建了一个文本节点。

```
var node=document.createTextNode("这是新段落。");
```

然后向<p>元素追加这个文本节点:

```
para.appendChild(node);
```

最后向一个已有的元素追加这个新元素。
这段代码找到一个已有的元素:

```
var element=document.getElementById("div1");
```

这段代码向这个已有的元素追加新元素:

```
element.appendChild(para);
```

2）删除已有的 HTML 元素

如需删除 HTML 元素，必须首先获得该元素的父元素。

假设 HTML 文档含有一个 div 元素，该 div 有两个子节点（两个＜p＞元素）。

```
<div id="div1">
    <p id="p1">这是一个段落。</p>
    <p id="p2">这是另一个段落。</p>
</div>
```

找到 id＝"div1" 的元素：

```
var parent=document.getElementById("div1");
```

找到 id＝"p1"的＜p＞元素：

```
var child=document.getElementById("p1");
```

从父元素中删除子元素：

```
parent.removeChild(child);
```

4. form 对象

表 9.2 列出的 document 的对象集合中，forms 代表 form 对象集合。

表 9.2　document 的对象集合

集　　合	描　　述
all[]	提供对文档中所有 HTML 元素的访问
anchors[]	返回对文档中所有 Anchor 对象的引用
applets	返回对文档中所有 Applet 对象的引用
forms[]	返回对文档中所有 Form 对象的引用
images[]	返回对文档中所有 Image 对象的引用
links[]	返回对文档中所有 Area 和 Link 对象的引用

form 对象的常用属性和方法见表 9.3。

表 9.3　form 对象的常用属性和方法

	属性名/方法名	描　　述
常用属性	name	表单名，相当于＜form＞标签中的 name 属性
	action	表单提交时执行的动作，相当于＜form＞标签的 action 属性
	method	表单的提交方式，相当于＜form＞标签的 method 属性
	elements	表单中的所有控件，以数组索引值表示
	length	表单中的控件个数
	textarea，text，file，password，hidden，submit，radio，checkbox，button，reset，select	表单对象的 11 个子对象

续表

	属性名/方法名	描　　述
常用 方法	submit()	提交表单，相当于单击表单中的"提交"按钮的作用
	reset()	将所有表单中的控件值重置为默认值，相当于单击表单中的"重置"按钮的作用

当 JavaScript 读到 HTML 标签中对应的 form 表单输入控件标签时，会自动建立一个该类型的 form 子对象，并将该对象存放到 form 对象的 elements 数组中。

对表单的子对象的访问可以有以下 3 种格式。

（1）利用表单对象的 elements 属性访问：

```
document.forms[n].elements[n].子对象属性名
document.forms[n].elements[n].子对象方法名
```

（2）利用表单名和子对象名访问：

```
document.forms[n].elements[n].子对象属性名
document.forms[n].elements[n].子对象方法名
```

（3）混合访问方式：

```
document.forms[n].子对象名.子对象属性名
document.forms[n].子对象名.子对象方法名
```

form 的常用子对象的属性和方法见表 9.4。

表 9.4　form 的常用子对象的属性和方法

子对象	属性名/方法名	描　　述
text password textarea	defaultValue	默认值（相当于标签中 value 属性的值）
	name	文本对象的名字（相当于标签中 name 属性的值）
	value	文本对象的当前值（相当于标签中 value 属性的值）
	form	文本对象所在的表单
	blur()	文本对象失去焦点
	focus()	文本对象得到焦点
	select()	文本对象设置成选取状态
radio checkbox	checked	设置对象的选中状态，返回布尔值（true 代表选中）
	defaultchecked	默认选中状态
	name	对象的名字（相当于标签中 name 属性的值）
	value	该对象的值（相当于标签中 value 属性的值）
	form	对象所在的表单
	blur()	对象失去焦点
	focus()	对象得到焦点
	click()	在该对象上单击

续表

子对象	属性名/方法名	描　述
button submit reset	name	按钮对象的名字(相当于标签中 name 属性的值)
	value	按钮对象上的文字(相当于标签中 value 属性的值)
	form	按钮对象所在的表单
	blur()	按钮对象失去焦点
	focus()	按钮对象得到焦点
	click()	在该按钮对象上单击
select	name	该列表对象的名字(相当于标签中 name 属性的值)
	length	该列表对象 option 的数目
	form	该列表对象所在表单
	options	存放<select>标签中的所有<option>标签的对象数组, <option>本身也对应 option 子对象
	selectedIndex	选中项目的索引值(从 0 开始)
	blur()	列表对象失去焦点
	focus()	列表对象得到焦点
option (select 的子对象)	defaultSelected	指定该选项为默认选择状态
	index	所有选项构成的数组索引值
	length	select. options 数组的元素个数,与 select 对象的 length 相同
	selected	菜单项是否被选中,返回布尔值
	text	该菜单项显示的文字
	value	该菜单项的值(相当于标签中 value 属性的值)

9.3　HTML DOM Event 对象

　　HTML DOM Event 对象表示事件的状态,如事件在其中发生的元素、键盘按键的状态、鼠标的位置、鼠标按钮的状态等。

　　event 对象的常用属性见表 9.5。

表 9.5　event 对象的常用属性

属　性　名	描　述
altKey	返回当事件被触发时,Alt 是否被按下
button	返回当事件被触发时,哪个鼠标按钮被单击
clientX	返回当事件被触发时,鼠标指针的水平坐标

属 性 名	描　　述
clientY	返回当事件被触发时,鼠标指针的垂直坐标
ctrlKey	返回当事件被触发时,Ctrl 键是否被按下
metaKey	返回当事件被触发时,meta 键是否被按下
relatedTarget	返回与事件的目标节点相关的节点
screenX	返回当某个事件被触发时,鼠标指针的水平坐标
screenY	返回当某个事件被触发时,鼠标指针的垂直坐标
shiftKey	返回当事件被触发时,Shift 键是否被按下

除了上面的鼠标/事件属性,对于 IE 浏览器,还支持以下的 event 对象属性(表 9.6)。

表 9.6　event 对象属性(IE 浏览器)

属 性 名	描　　述
cancelBubble	如果事件句柄想阻止事件传播到包容对象,必须把该属性设为 true
keyCode	对于 keypress 事件,该属性声明了被敲击的键生成的 Unicode 字符码。对于 keydown 和 keyup 事件,它指定了被敲击的键的虚拟键盘码。虚拟键盘码可能和使用的键盘的布局相关
offsetX,offsetY	发生事件的地点在事件源元素的坐标系统中的 X 坐标和 Y 坐标
returnValue	如果设置了该属性,它的值比事件句柄的返回值优先级高。把这个属性设置为 fasle,可以取消发生事件的源元素的默认动作
srcElement	对于生成事件的 window 对象、document 对象或 element 对象的引用
toElement	对于 mouseover 和 mouseout 事件,该属性引用移入鼠标的元素
X,Y	事件发生的位置的 X 坐标和 Y 坐标,它们相对于用 CSS 动态定位的最内层包容元素

其中,button 检查按下的鼠标键。

event.button 可能返回的值如下。

0　按左键

1　按中间键

2　按右键

3　按左右键

5　按左键和中间键

6　按右键和中间键

7　按所有的键

这个属性仅用于 onMouseDown、onMouseUp 和 onMouseMove 事件。对其他事件,不管鼠标状态如何,都返回 0(如 onClick)。

clientX、clientY 返回鼠标在窗口客户区域中的 X 坐标和 Y 坐标。

语法：event. clientX　event. clientY。

这是一个只读属性。这意味着，只能通过它得到鼠标的当前位置，不能用它更改鼠标的位置。

9.4　HTML DOM Element 对象

HTML DOM Element 对象表示任意的 HTML 元素。元素对象可以拥有类型为元素节点、文本节点、注释节点的子节点。NodeList 对象表示节点列表，如 HTML 元素的子节点集合。元素也可以拥有属性，属性是属性节点。

element 对象的属性和方法可用于所有 HTML 元素。element 对象的常用属性和方法见表9.7。

表 9.7　element 对象的常用属性和方法

	属性名/方法名	描　述
常用属性	attributes	返回元素属性的 NamedNodeMap
	childNodes	返回元素子节点的 NodeList
	firstChild	返回元素的首个子元素
	lastChild	返回元素的最后一个子元素
	nodeName	返回元素的名称
	nodeType	返回元素的节点类型
	nodeValue	设置或返回元素值
	ownerDocument	返回元素的根元素（文档对象）
	parentNode	返回元素的父元素
	previousSibling	返回位于相同节点树层级的前一个元素
	nextSibling	返回位于相同节点树层级的下一个元素
	innerHTML	设置或返回元素的内容
	style	设置或返回元素的 style 属性
	textContent	设置或返回节点及其后代的文本内容
常用方法	insertBefore(newItem,existingItem)	在指定的已有的子节点 existingItem 之前插入新节点 newItem
	getAttribute(attrname)	返回元素节点的指定属性名 attrname 的属性值
	getElementsByTagName(tagname)	返回拥有指定标签名 tagname 的所有子元素的集合
	setAttribute(attrname,attrvalue)	把名为 attrname 的属性设置或更改为指定值 attrvalue

利用 element 对象的属性，可以帮助我们遍历文档元素和节点。

例如，使用 parentNode 属性，获取父元素。

```
<form id="form">
    <div id="divA">
        <div id="divB">
            <input type="button" value="删除" onClick="deleteMe(this.
            parentNode .parentNode);">
        </div>
    </div>
</form>
```

所谓 parentNode，是其上一层节点，里面的 this. parentNode 是 divB，而 this. parentNode. parentNode 是 divA。

例如，使用 firstChild 和 lastChild 获取子元素。

```
<div id="div1">
    <div id="div2"></div>
</div>
<script>
    var oDiv=document.getElementById("div1");
    var oDiv2=document.getElementById("div2");
    alert(oDiv.firstChild.nodeName);
    alert(oDiv.lastChild.nodeName);
</script>
```

输出的第一个和最后一个节点，结果是♯text，也就是文本节点，而不是设想中的 DIV 节点。这是由于节点前后有空格造成的。

由于编码时格式的需要，HTML 代码会有很多空格或空行。在 HTML 文件中，空格也算子节点，节点名称是♯text，节点类型是文本。

当去掉 div 元素的空格和换行后，代码如下。

```
<div id="div1"><div id="div2"></div></div>
<script>
    var oDiv=document.getElementById("div1");
    var oDiv2=document.getElementById("div2");
    alert(oDiv.firstChild.nodeName);    //DIV
    alert(oDiv.lastChild.nodeName);    //DIV
</script>
```

以上代码输出的结果是两次 DIV 节点。

所以，尽量避免使用 firstChild、lastChild、childNodes[0]或类似的节点选取，可以使用 firstElementChild、lastElementChild 代替。

9.5 HTML DOM attribute 对象

在 HTML DOM 中，attribute 对象表示 HTML 属性，NamedNodeMap 对象表示元素属性节点的无序集合，其中的节点可通过名称或索引访问。

attribute 对象的常用属性和方法见表 9.8。

表 9.8　attribute 对象的常用属性和方法

属性名/方法名		描　述
常用属性	name	返回属性的名称
	value	设置或返回属性的值
	length	返回 NamedNodeMap 中的节点数
常用方法	getNamedItem(name)	从 NamedNodeMap 返回具有指定名称 name 的属性节点
	setNamedItem(name)	通过名称 name 设置或添加指定的属性节点
	removeNamedItem(name)	通过名称 name 删除指定的属性节点
	item(index)	返回 NamedNodeMap 中位于指定下标 index 的节点

9.6　DOM 与事件

9.6.1　事件绑定的方式

JavaScript 给 DOM 绑定事件处理函数,有以下 5 种方式。

(1) HTML 的 DOM 元素支持 onclick、onchange 等以 on 开头的属性,可以直接在这些属性值中编写 JavaScript 代码。当单击 div 的时候,下面的代码会弹出 div 的 id。

```
<div id="outsetA" onClick="var id=this.id;alert(id);return false;"></div>
```

这种做法的缺点是:因为代码都是放在字符串里的,不能格式化和排版,当代码很多时很难看懂。此处,onClick 属性中的 this 代表的是当前被单击的 DOM 对象,所以我们可以通过 this.id 获取 DOM 元素的 id 属性值。

(2) 当代码比较多的时候,可以在 onClick 等属性中指定函数名。

```
<script>
    function buttonHandler(thisDom)
    {
        alert(this.id);          //undefined
        alert(thisDom.id);       //outsetA
        return false;
    }
</script>
<div id="outsetA" onClick="return buttonHandler(this);"></div>
```

事件处理函数中的 this 代表的是 window 对象,而 onClick 属性值中的 this 代表 DOM 对象并作为参数传递。

（3）在 JavaScript 代码中通过 DOM 元素的 onClick 等属性绑定。

```
var dom=document.getElementById("outsetA");
dom.onClick=function(){alert("1="+this.id);};
dom.onClick=function(){alert("2="+this.id);};
```

这种做法中的 this 代表当前的 DOM 对象。这种做法只能绑定一个事件处理函数，后面的会覆盖前面的。

（4）在 IE 下使用 attachEvent/detachEvent 函数进行事件绑定和取消。

attachEvent/detachEvent 兼容性不好，IE6～IE11 都支持该函数，但是 FireFox 和 Chrome 浏览器都不支持该方法。attachEvent/detachEvent 不是 W3C 标准的做法，所以不推荐使用。

（5）使用 W3C 标准的 addEventListener 和 removeEventListener。

这两个函数是 W3C 标准规定的，FireFox 和 Chrome 浏览器都支持，IE6/IE7/IE8 都不支持这两个函数。不过，从 IE9 开始就支持了这两个标准的 API。

```
addEventListener(type, listener, useCapture);
```

type：事件类型，不含"on"，如"click" "mouseover" "keydown"。
listener：事件处理函数；
useCapture：代表事件冒泡类型是事件冒泡，还是事件捕获，默认为 false。
① 事件处理函数中 this 代表的是 DOM 对象，不是 Window。

```
var dom=document.getElementById("outsetA");
dom.addEventListener('click', a, false);

function a()
{
    alert(this.id);//outsetA
}
```

② 同一个事件处理函数可以绑定两次，一次用于事件捕获，一次用于事件冒泡。

```
var dom=document.getElementById("outsetA");
dom.addEventListener('click', a, false);
dom.addEventListener('click', a, true);

function a()
{
    alert(this.id);//outsetA
}
```

当单击 outsetA 的时候，函数 a 会调用 2 次。

如果绑定的是同一个事件处理函数，并且都是事件冒泡类型或者事件捕获类型，那么只能绑定一次。

```
var dom=document.getElementById("outsetA");
dom.addEventListener('click', a, false);
dom.addEventListener('click', a, false);

function a()
{
    alert(this.id);//outsetA
}
```

当单击 outsetA 的时候，函数 a 只调用一次。

③ 不同的事件处理函数可以重复绑定。

9.6.2　事件处理函数的执行顺序

如果给同一个事件绑定多个处理函数，先绑定的先执行，如下例所示。

```
<script>
    window.onload=function(){
    var outA=document.getElementById("outA");
        outA.addEventListener('click',function(){alert(1);},false);
        outA.addEventListener('click',function(){alert(2);},true);
        outA.addEventListener('click',function(){alert(3);},true);
        outA.addEventListener('click',function(){alert(4);},true);
    };
</script>

<body>
    <div id="outA" style="width:400px; height:400px;
    background:#CDC9C9;position:relative;">
    </div>
</body>
```

当单击 outA 的时候，会依次打印出 1、2、3、4。这里特别需要注意：给 outA 绑定了多个 onClick 事件处理函数，也就是直接单击 outA 触发的事件，所以不涉及事件冒泡和事件捕获的问题，即 addEventListener 的第三个参数在这种场景下没有什么用处。如果是通过事件冒泡或者是通过事件捕获触发 outA 的 click 事件，那么函数的执行顺序会有变化。

9.6.3　事件冒泡和事件捕获

HTML 中的元素是可以嵌套的，形成类似于树的层次关系。例如下面的代码：

```
<div id="outA" style="width:400px; height:400px; background:#CDC9C9;
position:relative;">
    <div id="outB" style="height:200; background:#0000ff;top:100px;
    position:relative;">
```

```
        <div id="outC" style="height:100px; background:#FFB90F;top:50px;
        position:relative;"></div>
    </div>
</div>
```

如果单击了最内侧的 outC,那么外侧的 outB 和 outA 算不算被单击了呢? 很显然算,不然就没有必要区分事件冒泡和事件捕获了,对这一点,各个浏览器厂家也没有什么疑义。假如 outA、outB、outC 都注册了 click 类型事件处理函数,当单击 outC 的时候,触发顺序是 A→B→C,还是 C→B→A 呢? 如果浏览器采用的是事件冒泡,那么触发顺序是 C→B→A,由内而外,像气泡一样,从水底浮向水面;如果采用的是事件捕获,那么触发顺序是 A→B→C,从上到下,像石头一样,从水面落入水底。

一般来说,事件冒泡机制用得更多一些,所以在 IE8 以及之前,IE 只支持事件冒泡。IE9+/FireFox/Chrome 这两种模型都支持,可以通过 addEventListener(type, listener, useCapture) 的 useCapture 设定,useCapture = false 代表采用事件冒泡,useCapture = true 代表采用事件捕获,如图 9.1 所示。

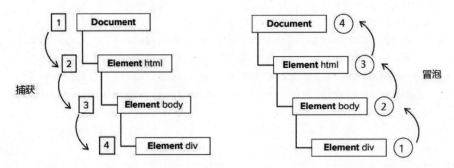

图 9.1　事件冒泡和事件捕获

```
<script>
    window.onload=function(){
        var outA=document.getElementById("outA");
        var outB=document.getElementById("outB");
        var outC=document.getElementById("outC");

        //使用事件冒泡
        outA.addEventListener('click',function(){alert(1);},false);
        outB.addEventListener('click',function(){alert(2);},false);
        outC.addEventListener('click',function(){alert(3);},false);
    };

</script>

<body>
    <div id="outA" style="width:400px; height:400px; background:#CDC9C9;
    position:relative;">
```

```
<div id="outB" style="height:200; background:#0000ff;top:100px;
position:relative;">
    <div id="outC" style="height:100px; background:#FFB90F;top:50px;
    position:relative;"></div>
</div>
    </div>
</body>
```

以上代码使用的是事件冒泡,当单击 outC 的时候,打印顺序是 3→2→1。如果将 false 改成 true 使用事件捕获,则打印顺序是 1→2→3。

9.7　项目:诗词鉴赏

1. 项目说明

在 HTML 页面中放置单行文本框和"换一首诗"按钮,在文本框中输入诗的第一句, 单击"换一首诗"按钮,将文本框输入的第一句显示在左侧区域。

继续放置单行文本框和"添加"按钮,在文本框中继续输入诗的下一句,单击"添加"按 钮,将下一句显示在左侧区域之前诗句的下方。

继续放置单行文本框和"改颜色"按钮,在文本框中输入颜色名称,如"red""blue",单 击"改颜色"按钮,将左侧区域中的文本颜色改为相应的颜色。诗词鉴赏页面如图 9.2 所示。

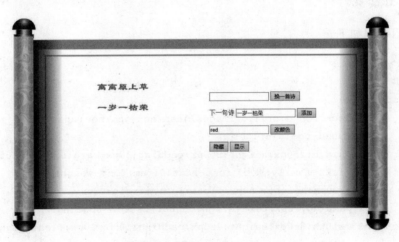

图 9.2　诗词鉴赏页面

2. 项目设计

本项目是一个对 JavaScript DOM(文档对象模型)对象的各个常用方法的使用实例。

在本项目中,需要利用 document 对象的方法获取 HTML 页面上的各个指定元素, 并获取和修改对应元素的内容。HTML DOM 定义了一整套访问和处理 HTML 文档元素的标准方法。通过 DOM,可以访问所有的 HTML 元素以及它们所包含的文本和属性,也可以对其中的内容进行修改和删除或者创建新的元素。document 对象就是 HTML DOM 的一个实例,可以使用它的方法访问和操作 HTML DOM 元素。

在本项目中,利用 document 对象的 getElementsByName()、getElementsByTagName() 方法获取指定元素,并使用 event 对象和 element 对象的常用属性获取和设置相关内容。

(1) 在 HTML 页面的主体部分放置第一个文本框(name＝"txt1"),并设置其 onFocus 事件的处理函数为 clr(),用于当文本框获得焦点时,清空文本框中的内容。

(2) 当在文本框上发生 onFocus 事件时,会调用 clr()函数并将当前事件对象 event 作参数传递到 clr()函数。在 clr()函数中,使用 event 对象的 srcElement 属性获取当前发生事件的 element 对象(即第一个文本框),并设置其 value 属性为空(即清空文本框中的内容)。

(3) 对"换一首诗"按钮添加 onClick 事件并设置事件处理函数为 ChangeContent()。在 ChangeContent()函数中,使用 document 对象的 getElementsByName()方法获取名为 "txt1"的元素集合,使用 document 对象的 getElementsByTagName()方法获取标签名为 "div"的元素集合。需要注意的是,这两个方法均返回元素集合,需要使用下标访问其中的某一个元素。使用 element 对象的 innerHTML 属性将左侧显示区域<div>标签体内容设置为文本框中输入的内容(在文本框中输入的内容使用 element 对象的 value 属性获取)。

(4) 其余功能的实现与上面使用的属性和方法类似,在此不再赘述。

3. 项目实施

本项目代码如下。

```html
<html>
<head>
    <style>
        body{background:url(../images/juanzhou.jpg)no-repeat;
        background-position:50%0;}
        #box1{width:750px;height:350px;padding:10px;margin:140px auto;}
        #box2{font-family:隶书; font-size:1.5em;font-weight:bold;
        width:300px;height:250px;float:left;margin:40px
        10px;padding:10px;text-align:center;letter-spacing:2px;}
        #box3{width:350px;height:250px;padding:100px 10px;float:right}
        img{position:relative;right:-150px;border-radius:15px}
    </style>
    <script language="JavaScript">
        function ChangeColor(){
            var color=document.getElementsByName("colorpanel");
            document.getElementById("box2").style.color=color[0].value;
        }
        function ChangeContent(){
```

```
            var t1=document.getElementsByName("txt1");
            var div1=document.getElementsByTagName("div");
            div1[1].innerHTML="<p>"+t1[0].value+"<p>";
        }
        function hide(){
            document.getElementById("box2").style.display="none";
        }
        function show(){
            document.getElementById("box2").style.display="block";
        }
        function add(){
            var t2=document.getElementsByName("txt2");
                var div2=document.getElementsByTagName("div");
            div2[1].innerHTML+="<p>"+t2[0].value+"</p>";
        }
        function clr(event){
            event.srcElement.value="";
        }
    </script>
</head>
<body>
    <div id="box1">
        <div id="box2"><p>离离原上草</p></div>
        <div id="box3">
            <!--改内容-->
            <input type="text" name="txt1"  onFocus="clr(event)">
          <button onClick="ChangeContent()">换一首诗</button><br><br>
            <!--添加内容-->
            下一句诗
            <input type="text" name="txt2" onFocus="clr(event)">
            <button onClick="add()">添加</button><br><br>
            <!--背景色-->
            <input type="color" name="colorpanel">
                <button onClick="ChangeColor()">改颜色</button><br><br>
        <!--隐藏、显示-->
        <button onClick="hide()">隐藏</button>
        <button onClick="show()">显示</button><br><br>
        </div>
    </div>
</body>
</html>
```

　　将以上 HTML 文件保存为"诗词鉴赏.html",使用浏览器打开,输入诗的下一句,单击"添加"按钮,输入颜色名称,单击"改颜色"按钮,并单击"隐藏"和"显示"按钮,观察页面上的输出信息。

4. 知识运用

在以上 HTML 页面中添加输入诗名与诗作者的文本框,并放置相应的"添加"按钮,单击"添加"按钮后,将诗名和诗作者信息显示在左侧区域,效果如图 9.3 所示。

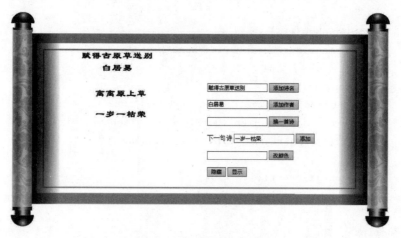

图 9.3 添加诗名和作者

9.8 咖啡商城——购物车模块实现

本项目要实现的功能属于综合项目中的购物车页面中的功能模块。本项目要利用本章学习的 JavaScript 技术实现综合项目中的购物车页面的金额计算和显示。

(1) 可以利用 JavaScript 的事件处理机制完成对全选控件的事件监听和事件处理,并使用 JavaScript 的 document 对象的方法获取选中商品的总价进行总金额计算,并把计算结果显示在指定的某个 HTML 元素中。

(2) 同时,也可以利用 JavaScript 的事件监听机制监听商品个数文本框的内容变化事件,一旦个数发生变化,就重新计算商品总金额并显示。

9.8.1 项目说明

使用浏览器打开"购物车.html"页面,选中要购买的商品,输入商品数量,观察显示商品件数和总金额的区域,随之发生变化,如图 9.4 所示。

在本项目中,主要完成以下 4 个功能。

(1) 实现购物车中所有商品的全选和取消全选的功能。

(2) 实现计算所有选中的商品的个数和总金额的功能。

(3) 实现选中商品的个数和总金额显示的功能。

(4) 实现修改购买商品个数,则选中商品的个数和总金额也随之变化的功能。

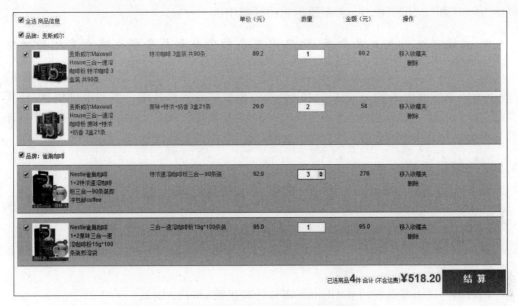

图 9.4　购物车的计算商品金额功能

9.8.2　项目设计

在本项目中需要完成的功能的设计思路如下。

1. 实现购物车中所有商品的全选和取消全选的功能

对"全选商品信息"复选框的 onChange 事件进行监听,编写该事件的 JavaScript 事件处理函数。当发生 onChange 事件时,调用 checkAll() 事件处理函数。在 checkAll() 中,根据复选框的 checked 属性判断复选框是否处于选中状态。若是选中状态,则把购物车页面中所有复选框元素的状态均设置为 true,即设置为选中状态;否则,把购物车页面中所有复选框元素的状态均设置为 false,即设置为不选中状态。这样就实现了商品的全选和取消全选功能。

最后,在"全选商品信息"复选框的 onChange 事件处理函数中调用计算总金额的函数 cal(),重新计算当前选中商品的总金额。

2. 实现计算所有选中的商品的个数和总金额的功能

在计算所有选中的商品的个数和总金额的函数 cal() 中,声明用于保存选中商品个数的变量 piece 和保存选中商品总金额的变量 money,初值均为 0。循环遍历每一个选中商品对应的显示商品总价的 <div> 元素,商品个数累计到 piece 变量中,取出 <div> 元素中的内容即总价,累加到 money 变量中。

3. 实现选中商品的个数和总金额显示的功能

在 cal() 函数中,循环遍历完毕所有的商品之后,将最终累加得到的计算结果显示到

id 为"piece"和"money"的 div 元素所标记的区域中。

4. 实现修改购买商品个数,则选中商品的个数和总金额也随之变化的功能

对每个商品输入购买数量的文本框的 onChange 事件进行监听,编写该事件的 JavaScript 事件处理函数 count()。在 count()函数中获取商品的个数和单价信息,计算商品总价,并显示在用于显示商品总价的＜div＞元素中。最后,调用 cal()函数,重新计算选中商品的总金额和个数。

9.8.3 项目实施

(1) 对"全选商品信息"复选框的 onChange 事件进行监听,指定事件处理函数是 checkAll()。

```
<input type="checkbox" name="selectAll"  onChange="checkAll(event)">全选商品
信息</div>
```

然后编写以上复选框的 onChange 事件处理函数 checkAll()。

```
function checkAll(e){
    if(e.srcElement.checked)     {      //全选
        var o=document.getElementsByTagName("input");
        for(i=0;i<o.length;i++){
            if(o[i].type=="checkbox") o[i].checked=true;
        }
    }
    else    {       //取消全选
        var o=document.getElementsByTagName("input");
        for(i=0;i<o.length;i++){
            if(o[i].type=="checkbox") o[i].checked=false;
        }
    }
    cal();
}
```

(2) 编写计算总金额的函数 cal()。

```
//计算总价
function cal(){
    var piece=0; var money=0;
    var o=document.getElementsByTagName("input");
    for(i=0;i<o.length;i++){
        if(o[i].type=="checkbox"){
            if(o[i].checked&&o[i].name=="goods"){
                t=document.getElementById("u"+o[i].id).innerHTML;
                piece+=1;money+=Number(t);
            }
```

```
        }
    }
    document.getElementById("piece").innerHTML=piece;
    document.getElementById("money").innerHTML=money.toFixed(2);
}
```

（3）编写购买数量的文本框的 onChange 事件处理函数 count()。

```
//计算金额
function count(x){
    var price=document.getElementById("p"+x).innerHTML;
    var num=document.getElementById("n"+x).value;
        document.getElementById("u"+x).innerHTML=price*num;
        cal();
}
```

习　题

一、不定项选择题

1. 单击页面中的按钮，使之打开一个新窗口，加载一个网页，以下 JavaScript 代码中可行的是（　　）。

A. ＜input type＝"button" value＝"new"
　　onClick＝"open('new. html', '_blank') "/＞

B. ＜input type＝"button" value＝"new"
　　onClick＝"window. location='new. html';"/＞

C. ＜input type＝"button" value＝"new"
　　onClick＝" location. assign('new. html') ;"/＞

D. ＜form target＝"_blank" action＝"new. html"＞
　　　　＜input type＝"submit" value＝"new"/＞
　　＜/form＞

2. 使用 JavaScript 向网页中输出＜h1＞hello＜/h1＞，以下代码中可行的是（　　）。

A. ＜script type＝"text/javascript"＞
　　　　document. write(＜h1＞hello＜/h1＞);
　　＜/script＞

B. ＜script type＝"text/javascript"＞
　　　　document. write("＜h1＞hello＜/h1＞");
　　＜/script＞

C. ＜script type＝"text/javascript"＞
　　　　＜h1＞hello＜/h1＞
　　＜/script＞

  D. <h1>

    <script type＝"text/javascript">

     document. write("hello");

    </script>

    </h1>

 3. 分析下面的代码：

```
<html>
<head>
    <script type="text/javascript">
      function writeIt (value) { document.myfm.first_text.value=value;}
    </script>
</head>
<body bgcolor="#ffffff">
    <form name="myfm">
    <input type="text" name="first_text">
    <input type="text" name="second_text" onChange="writeIt(value)">
    </form>
</body>
</html>
```

以下说法中正确的是( )。

  A. 在页面的第二个文本框中输入内容后,当鼠标离开第二个文本框时,第一个文本框的内容不变

  B. 在页面的第一个文本框中输入内容后,当鼠标离开第一个文本框时,将在第二个文本框中复制第一个文本框的内容

  C. 在页面的第二个文本框中输入内容后,当鼠标离开第二个文本框时,将在第一个文本框中复制第二个文本框的内容

  D. 在页面的第一个文本框中输入内容后,当鼠标离开第一个文本框时,第二个文本框的内容不变

 4. 下面的 JavaScript 语句中,( )实现检索当前页面中的表单元素中的所有文本框,并将它们全部清空。

  A. for(var i＝0;i＜ form1. elements. length;i＋＋) {

    if(form1. elements[i]. type＝＝"text")

     form1. elements[i]. value＝"";

   }

  B. for(var i＝0;i＜document. forms. length;i＋＋) {

    if(forms[0]. elements[i]. type＝＝"text")

     forms[0]. elements[i]. value＝"";

   }

  C. if(document. form. elements. type＝＝"text")

```
            form. elements[i]. value="";
    D. for(var i=0;i<document. forms. length; i++){
            for(var j=0;j<document. forms[i]. elements. length; j++){
                if(document. forms[i]. elements[j]. type=="text")
                    document. forms[i]. elements[j]. value="";
                }
            }
```

5. 在 IE 中要想调整当前窗口的大小为指定的宽和高,可以使用 window 对象的(　　)方法。

　　A. windowX　　　　B. resizeTo　　　　C. moveTo　　　　D. windowLeft

6. 下面关于 JavaScript 中的单选按钮(Radio),说法正确的是(　　)。

　　A. 单选按钮可以通过单击"选种"和"未选中"选项进行切换

　　B. 单选按钮没有 checked 属性

　　C. 单选按钮支持 onClick 事件

　　D. 单选按钮的 length 属性返回一个选项组中单选项的个数

7. 在某一页面下载时,要自动显示出另一页面,可通过在<body>中使用(　　)事件完成。

　　A. onLoad　　　　B. onUnload　　　　C. onClick　　　　D. onChange

8. 在 HTML 页面中,下面关于 window 对象的说法不正确的是(　　)。

　　A. window 对象表示浏览器的窗口,可用于检索有关窗口状态的信息

　　B. window 对象是浏览器所有内容的主容器

　　C. 浏览器打开 HTML 文档时,通常会创建一个 window 对象

　　D. 如果文档定义了多个框架,浏览器只为原始文档创建一个 window 对象,无须为每个框架创建 window 对象

9. 在 JavaScript 中,表单文本框(Text)不支持的事件包括(　　)。

　　A. onBlur　　　　　　　　　　　B. onLostFocused

　　C. onFocus　　　　　　　　　　D. onChange

10. 在 JavaScript 中,命令按钮(Button)支持的事件包括(　　)。

　　A. onClick　　　　B. onChange　　　　C. onSelect　　　　D. onSubmit

二、综合题

1. 补充按钮事件的函数,确认用户是否退出当前页面,确认之后关闭窗口。

```
<html>
<head>
<script type="text/javascript">
function closeWin(){
    //在此处添加代码
}
```

```
</script>
</head>
<body>
    <input type="button" value="关闭窗口" onClick="closeWin()"/>
</body>
</html>
```

2. 完成 foo() 函数的内容，要求能够弹出对话框，提示当前选中的是第几个单选框。

```
<html>
<head>
<meta http-equiv="Content-Type" content="text/html; charset=utf-8" />
</head>
<body>
<scripttype="text/javascript">
function foo() {
    //在此处添加代码
}
</script>
<body>
<form   name="form1"   onSubmit="returnfoo();">
<input   type="radio"   name="radioGroup"/>
<input   type="radio"   name="radioGroup"/>
<input   type="radio"   name="radioGroup"/>
<input   type="radio"   name="radioGroup"/>
<input   type="submit"/>
</form>
</body>
</html>
```

3. 完成函数 showImg()，要求能够动态根据下拉列表的选项变化更新图片的显示。

```
<body>
<script type="text/javascript">
function showImg (oSel) {
    //在此处添加代码
}
</script>
  <img id="pic" src="img1.jpg" width="200" height="200" />
  <br />
  <select id="sel" onChange="showImg(this)">
    <option value="img1">城市生活</option>
    <option value="img2">都市早报</option>
    <option value="img3">青山绿水</option>
</select></body>
```

4．设计含有一个表单的页面，并在表单中放入一个文本框。编写 JavaScript 程序，当鼠标在页面上移动时，将鼠标的坐标显示在这个文本框中。实现如图 9.5 所示的效果。

5．在页面上放置两个多选下拉列表，用户在左侧列表中选择任意项，可以通过"＞＞"按钮添加到右侧列表中，也可以通过"＜＜"按钮将其从右侧列表移回到左侧列表中。编写 JavaScript 程序，实现如图 9.6 所示的效果。

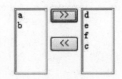

145,64

图 9.5　页面示例　　　　　图 9.6　页面示例

Canvas 画布

本章概述

通过本章的学习,学生能够了解 HTML5 的新增元素 canvas 的作用和用法,学会使用 Canvas 提供的类和接口进行编程。通过实际案例的编写过程,学习 Canvas 常用类和接口的使用,体会 Canvas 的主要功能,记忆 Canvas 常用 API 的使用格式。

学习重点与难点

重点:

(1) canvas 元素的作用,在 Canvas 中绘图的常用 API 的使用。

(2) 编写 JavaScript 绘图代码。

难点:

(1) 在 Canvas 中绘制常见图形,如矩形、直线、弧线等使用的 API。

(2) 在 Canvas 中对图像进行绘制、缩放、裁剪、位移等操作。

重点及难点学习指导建议:

- 先掌握 Canvas 的绘制基本图形的方法,通过绘制一些简单图形理解 Canvas 的作用。
- 体会使用 JavaScript 进行渲染的方式。
- 掌握 Canvas 中关于图像变换的方式的使用。
- 通过每一节的项目案例记忆和巩固常用方法的使用。
- 在此基础上独立完成每个章节中的知识运用部分,体会使用到的知识点的具体作用。

10.1　绘制基本图形

HTML5 是下一代的 HTML, 它的上一个版本诞生于 1999 年。1999 年 12 月, W3C 网络标准化组织推出 HTML4.01, 按 W3C 最初的设想, HTML4.01 应该是 HTML 规范的最后一个版本, 此后将使用 XHTML 取而代之, 但 Web 开发人员显然更希望使用改良式的解决方案。2014 年 10 月 29 日, W3C 宣布, 经过近 8 年的艰苦努力, HTML5 标准规范终于制定完成。HTML5 的设计目的是为了在移动设备上支持多媒体。新的语法特征被引进, 以支持这一点, 如 video、audio 和 canvas 标签。HTML5 还引进了新的功能, 可以真正改变用户与文档的交互方式。HTML5 是开放 Web 标准的基石, 它是一个完整的编程环境, 适用于跨平台应用程序、视频和动画、图形、风格、排版和其他数字内容发布工具、广泛的网络功能等。HTML5 将成为 HTML、XHTML 以及 HTML DOM 的新标准。Safari4+、Chrome、Firefox、Opera 以及 Internet Explorer 9+ 都已支持 HTML5。

10.1.1　认识 Canvas

HTML5 的 canvas 元素是为了客户端矢量图形而设计的。需要注意的是, canvas 只是图形容器, 绘制图形需要使用 JavaScript 渲染。在 JavaScript 中通过调用绘图 API 在 canvas 上绘图。

<canvas> 标签由 Apple 在 Safari 1.3 Web 浏览器中引入。对 HTML 的这一根本扩展的原因在于, HTML 在 Safari 中的绘图能力也为 Mac OS X 桌面的 Dashboard 组件所使用, 并且 Apple 希望有一种方式在 Dashboard 中支持脚本化的图形。Firefox 1.5 和 Opera 9 浏览器也都支持 <canvas> 标签。也可以在 IE 中使用 <canvas> 标签, 并在 IE 的 VML 支持的基础上用开源的 JavaScript 代码(由 Google 发起)构建兼容性的画布。

canvas 是一个矩形区域, 我们可以使用相关绘图 API 控制其每一个像素, 从而完成在 canvas 上绘制路径、矩形、圆形、字符以及图像的操作。

10.1.2　Canvas 的常用属性和方法

若要在 HTML 页面中使用 canvas 元素, 需要先创建 canvas 元素。

向 HTML 页面添加 canvas 元素, 并规定元素的 id、宽度和高度, 可使用如下语句:

```
<canvas id="myCanvas" width="400" height="300">
</canvas>
```

canvas 元素本身是没有绘图能力的。所有的绘制工作必须在 JavaScript 内部完成。创建一个 JavaScript 初始化函数, 使这个函数在页面加载的时候就执行, 同时在函数里调用相应的 API 画图就可以了。

Canvas 对象的常用属性和方法见表 10.1。

表 10.1　Canvas 对象的常用属性和方法

属性名/方法名		描　述
常用属性	height	表示画布的高度。和一幅图像一样,这个属性可以指定为一个整数像素值或者是窗口高度的百分比。当这个值改变的时候,在该画布上已经完成的任何绘图都会被擦除,默认值是 300
	width	表示画布的宽度。和一幅图像一样,这个属性可以指定为一个整数像素值或者是窗口宽度的百分比。当这个值改变的时候,在该画布上已经完成的任何绘图都会被擦除,默认值是 300
常用方法	getContext(contextID)	返回一个用于在画布上绘图的环境,返回的是 CanvasRenderingContext2D 对象,该对象实现了一个画布使用的大多数方法。参数 contextID 指定了想要在画布上绘制的类型。目前唯一的合法值是"2d",它指定了当前的绘图类型是二维绘图

10.1.3　使用 Canvas 绘图对象绘制基本图形

通常,我们都是通过 JavaScript 在 canvas 上绘制图形的。一般需要以下几个步骤。

1. 添加初始化 JavaScript 函数

```
<script>
    window.onload=function() {
        //在此添加绘图代码
    };
</script>
```

2. 使用 id 寻找 canvas 元素

```
var canvas=document.getElementById("myCanvas");
```

3. 创建 context 对象

```
var context=canvas.getContext("2d");
```

getContext("2d") 获得的 2d 上下文绘图环境对象是内建的 HTML5 对象,拥有多种绘制路径、矩形、圆形、字符以及添加图像的方法。

4. 坐标

这里还要明确一下在绘制图形的过程中坐标的概念。如图 10.1 所示,在画布上绘图时,以画布的左上角为坐标系原点,X 轴沿水平方向从左至右延伸,Y 轴沿垂直方向从上至下延伸,可以使用 X 和 Y 坐

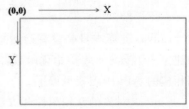

图 10.1　canvas 的坐标

标在画布上对绘画进行定位。

1) 绘制矩形

例如,绘制一个红色的矩形,矩形的左上角在画布中的坐标为(0,0),矩形宽 80 像素,高 100 像素,结果如图 10.2 所示。

```
<canvas id="myCanvas"></canvas>
<script type="text/javascript">
var canvas=document.getElementById('myCanvas');    //获取画布对象
var ctx=canvas.getContext('2d');                   //获取 Context 对象
ctx.fillStyle='#FF0000';                           //设置填充颜色为红色
ctx.fillRect(0,0,80,100);         //(x 起点坐标,y 起点坐标,宽度,高度)
</script>
```

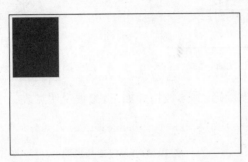

图 10.2　绘制矩形

绘制矩形的常用方法见表 10.2。

表 10.2　绘制矩形的常用方法

方 法 名	描 述
rect(x,y,width,height)	创建矩形,x 和 y 代表矩形左上角的坐标,width 和 height 代表矩形的宽度(以像素计)
fillRect(x,y,width,height)	绘制"被填充"的矩形,x 和 y 代表矩形左上角的坐标,width 和 height 代表矩形的宽度(以像素计),默认颜色是黑色
strokeRect(x,y,width,height)	绘制矩形(无填充),x 和 y 代表矩形左上角的坐标,width 和 height 代表矩形的宽度(以像素计),默认颜色是黑色
clearRect(x,y,width,height)	在给定的矩形内清除指定的像素,x 和 y 代表矩形左上角的坐标,width 和 height 代表矩形的宽度(以像素计)

2) 绘制直线

例如,绘制如图 10.3 所示的直线。

```
<script type="text/javascript">
var c=document.getElementById("myCanvas");
var cxt=c.getContext("2d");
cxt.moveTo(10,10);
```

```
cxt.lineTo(150,50);
cxt.lineTo(10,50);
cxt.stroke();      //描边
</script>
```

3）绘制圆形

圆形的绘制角度如图 10.4 所示。

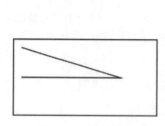

图 10.3　绘制直线

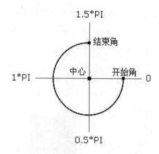

图 10.4　圆形的绘制角度

使用 arc()方法绘制圆形，其参数构成如下，参数说明见表 10.3。

```
context.arc(x,y,r,sAngle,eAngle,counterclockwise);
```

表 10.3　arc()参数说明

参　　数	描　　述
x	圆的中心的 x 坐标
y	圆的中心的 y 坐标
r	圆的半径
sAngle	起始角，以弧度计（弧的圆形的三点钟位置是 0°）
eAngle	结束角，以弧度计
counterclockwise	可选。规定应该是逆时针绘图，还是顺时针绘图。False＝顺时针，True＝逆时针

例如，绘制圆形，如图 10.5 所示。

```
<script type="text/javascript">
var c=document.getElementById("myCanvas");
var cxt=c.getContext("2d");
cxt.fillStyle="#FF0000";               //设置填充颜色为红色
cxt.beginPath();                       //开始新路径
cxt.arc(70,118,15,0,Math.PI * 2,true); //绘制圆形路径
cxt.closePath();                       //关闭路径
cxt.fill();                            //填充颜色
</script>
```

4）路径

Canvas 里有路径的概念。路径可以理解成通过画笔画出的任意线条,这些线条甚至不用相连。在没描边(stroke)或是填充(fill)之前,路径在 canvas 上是看不到的。

CanvasRenderingContext2D 提供了一系列方法绘制路径。

arc()、rect()、lineTo()等方法能建立连续的路径,不能自动闭合,fillRect()方法可以建立闭合路径。

利用 beginPath()、closePath()可以建立新的路径。

例如,在画布上绘制两条交叉路径,分别为红色和蓝色,如图 10.6 所示。

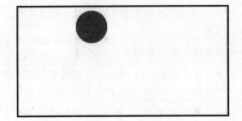

图 10.5　绘制圆形

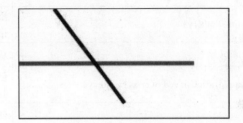

图 10.6　绘制路径

提示:beginPath()方法用于开始一条路径,或重置当前的路径。

提示:请使用这些方法创建路径:moveTo( )、lineTo( )、quadraticCurveTo( )、bezierCurveTo( )、arcTo()以及 arc()。

提示:请使用 stroke()方法在画布上绘制确切的路径。

代码如下所示。

```
<script>
var c=document.getElementById("myCanvas");
var cxt=c.getContext("2d");
cxt.beginPath();
cxt.lineWidth="5";
cxt.strokeStyle="red";          //红色路径
cxt.moveTo(0,215);
cxt.lineTo(250,275);
cxt.stroke();                   //进行绘制
cxt.beginPath();
cxt.strokeStyle="blue";         //蓝色路径
cxt.moveTo(0,300);
cxt.lineTo(250,230);
cxt.stroke();                   //进行绘制
</script>
```

绘制路径的常用方法见表 10.4。

表 10.4　绘制路径的常用方法

方 法 名	描　述
fill()	填充当前绘图（路径），默认颜色是黑色
stroke()	会实际绘制出通过 moveTo() 和 lineTo() 方法定义的路径，默认颜色是黑色
beginPath()	起始一条路径，或重置当前路径
moveTo(x,y)	把路径移动到画布中的指定点，不创建线条，x 和 y 代表路径的目标位置的 x、y 坐标
closePath()	创建从当前点回到起始点的路径
lineTo(x,y)	添加一个新点(x,y)，然后在画布中创建从该点到最后指定点的线条
clip()	从原始画布剪切任意形状和尺寸的区域
quadraticCurveTo(cpx,cpy,x,y)	创建二次方贝塞尔曲线，cpx 和 cpy 分别代表贝塞尔控制点的 x、y 坐标，x 和 y 分别代表结束点的 x、y 坐标
bezierCurveTo(cp1x,cp1y,cp2x,cp2y,x,y)	创建三次方贝塞尔曲线，cp1x 和 cp1y 分别代表第一个贝塞尔控制点的 x、y 坐标，cp2x 和 cp2y 分别代表第二个贝塞尔控制点的 x、y 坐标，x 和 y 分别代表结束点的 x、y 坐标
arc(x,y,r,sAngle,eAngle,counterclockwise)	创建弧/曲线（用于创建圆形或部分圆），x 和 y 分别代表圆心的 x、y 坐标，r 代表圆的半径，sAngle 和 eAngle 分别代表起始角和结束角，以弧度计（弧的圆形的三点钟位置是 0°），counterclockwise 是可选参数，代表应该是逆时针绘画，还是顺时针绘图，False 代表顺时针，True 代表逆时针
arcTo (x, y, r, sAngle, eAngle, counterclockwise)	创建两切线之间的弧/曲线，x 和 y 代表圆心的 x、y 坐标，r 代表圆的半径，sAngle 和 eAngle 分别代表起始角和结束角，以弧度计（弧的圆形的三点钟位置是 0°），counterclockwise 是可选参数，代表应该逆时针还是顺时针绘图，False 代表顺时针，True 代表逆时针
isPointInPath(x,y)	如果指定的点(x,y)位于当前路径中，则返回 True，否则返回 False

5）绘制渐变背景

线形渐变指的是一条直线上发生的渐变，可以用填充的方式绘制渐变背景色，如图 10.7 所示，代码如下。

图 10.7　渐变填充

```
<script type="text/javascript">
var c=document.getElementById("myCanvas");
var cxt=c.getContext("2d");
var grd=cxt.createLinearGradient(0,0,175,50);
grd.addColorStop(0,"#FF0000");
grd.addColorStop(1,"#00FF00");
cxt.fillStyle=grd;
cxt.fillRect(0,0,175,50);
</script>
```

（1）createLinearGradient 用于创建一个线形渐变对象，(0,0)表示渐变的起点，(175,50)表示渐变的终点。

（2）addColorStop 在某处添加渐变颜色值。

（3）fillStyle 把渐变对象作为填充样式。

（4）调用 fill 及其他相关图形进行渐变填充。

6）绘制图像

例如，将图片 flower.png 绘制在画布上，如图 10.8 所示，代码如下。

```
<script type="text/javascript">
var c=document.getElementById("myCanvas");
var cxt=c.getContext("2d");
var img=new Image();
img.src="flower.png";
cxt.drawImage(img,0,0);
</script>
```

直接调用 canvas 的 drawImage()方法首次加载时图片不显示，解决方案是在 Img.onload()方法中绘制图。但是，如果以后需要不断地绘制该图片的时候，就会一直调用 onLoad 事件，出现图片一闪一闪的现象，解决方案是根据 Img.complete()方法判断图片是否加载完成。改写后的代码如下。

图 10.8　绘制图像

```
<script type="text/javascript">
var c=document.getElementById("myCanvas");
var cxt=c.getContext("2d");
var img=new Image();
img.src="flower.png";
if(img.complete) {      //如果图片已经存在于浏览器缓存,则直接调用回调函数
cxt.drawImage(img,0,0);
        return;        //直接返回,不用再处理 onLoad 事件
        }
img.onload=function(){cxt.drawImage(img,0,0);}
```

```
</script>
```

drawImage()方法可以在画布上绘制图像、画布或视频。drawImage()方法也能够绘制图像的某些部分,以及/或者增加或减少图像的尺寸。

drawImage()方法有 3 种原型,如下所示。drawImage 参数说明见表 10.5。

(1) 在画布上定位图像:

```
context.drawImage(img,x,y);
```

(2) 在画布上定位图像,并规定图像的宽度和高度:

```
context.drawImage(img,x,y,width,height);
```

(3) 剪切图像,并在画布上定位被剪切的部分:

```
context.drawImage(img,sx,sy,swidth,sheight,x,y,width,height);
```

表 10.5　drawImage 参数说明

参　数	描　述
img	规定要使用的图像、画布或视频
sx	可选。开始剪切的 x 坐标位置
sy	可选。开始剪切的 y 坐标位置
swidth	可选。被剪切图像的宽度
sheight	可选。被剪切图像的高度
x	在画布上放置图像的 x 坐标位置
y	在画布上放置图像的 y 坐标位置
width	可选。要使用的图像的宽度(伸展或缩小图像)
height	可选。要使用的图像的高度(伸展或缩小图像)

7) 绘制文字

例如,使用 fillText()在画布上写文本"中文测试",如图 10.9 所示。代码如下。

```
<canvas id="myCanvas"></canvas>
<script>
var c=document.getElementById("myCanvas");
var ctx=c.getContext("2d");
ctx.font="30px Courier New";          //设置字体样式
ctx.fillStyle="blue";                 //设置字体填充颜色
ctx.fillText("中文测试", 50, 50);     //从坐标点 (50,50)开始绘制文字
</script>
```

JavaScript 语法:

```
context.fillText(text,x,y,maxWidth);
```

中文测试

图 10.9　绘制文字

fillText 参数说明见表 10.6。

表 10.6　**fillText 参数说明**

参　数	描　　述
text	规定在画布上输出的文本
x	开始绘制文本的 x 坐标位置（相对于画布）
y	开始绘制文本的 y 坐标位置（相对于画布）
maxWidth	可选。允许的最大文本宽度，以像素计

10.1.4　项目：来自星星的它

1. 项目说明

编写一个 HTML 页面，使用 HTML5 提供的 Canvas，以及在 JavaScript 中调用绘图的类和接口方法，在页面上绘制基本图形的形状，并为图形填充指定的颜色。

绘制的图形主要包括：矩形（机器人的头部、身体和四肢）、圆形（机器人的眼睛）、弧形（机器人的嘴巴）、直线（机器人的天线）等等。

"来自星星的它"页面如图 10.10 所示。

图 10.10　"来自星星的它"页面

2. 项目设计

本项目需要在 HTML 页面上绘制一些基本图形，如直线、弧线、圆形、矩形等。

HTML5 新引入的 canvas 元素可以实现此效果。canvas 用于在 HTML 页面上绘制图形。实际上，canvas 在 HTML 页面上标记出一个矩形区域，使用 JavaScript 可以控制这个区域内的每一个像素。canvas 拥有多种绘制路径、矩形、圆形、字符以及添加图像的方法。需要注意，canvas 元素本身是没有绘图能力的，所有的绘制工作必须在 JavaScript 函数中通过调用绘图环境对象的方法完成。

本项目就可以通过在 HTML 页面上添加一个 canvas 元素，并在 canvas 对应的区域中采用调用绘图环境对象的方法进行直线、弧线、圆形、矩形的绘制以及颜色的填充。

（1）首先，在 HTML 页面主体部分添加 canvas 元素，并添加初始化 JavaScript 函数。

```
<script>
window.onload=function(){
    init();
    }
</script>
```

（2）在 init()中使用 id 寻找 canvas 元素。

```
var canvas=document.getElementById("myCanvas");
```

（3）创建 context 对象。

```
var context=canvas.getContext("2d");
```

（4）调用 robot()方法，进行机器人绘制。

在 Canvas 对象中利用 2D 绘图环境对象绘制机器人图形，主要分为以下 4 步。

- 绘制矩形（机器人的头部）。
- 绘制直线（机器人的天线）。
- 绘制圆形和弧线（机器人的眼睛和嘴巴）。
- 绘制机器人的身体和四肢，方法与绘制机器人头部的方法一致。

① 填充矩形使用 fillRect()方法。指明填充矩形的左上角坐标和矩形的宽、高。

绘制头部，使用：

```
context.fillStyle='#3399FF';
context.fillRect(x,y,200,100);
```

其中，属性 fillStyle 用于设置或返回填充绘画的颜色、渐变或模式。默认的填充颜色是黑色，这里设置为天蓝色（♯3399FF）。fillRect()方法用于绘制填充颜色的矩形，颜色为 fillStyle 指定的颜色。

② 画直线的功能可以使用 moveTo()、lineTo()和 stroke()方法的组合实现。

绘制左右两根天线，使用：

```
context.moveTo(x+50,y);
context.lineTo(x,y-60);
context.moveTo(150+x,y);
context.lineTo(200+x,y-60);
```

```
context.strokeStyle='#0000FF';
context.stroke();
```

其中,方法 moveTo()为指定点创建了一个新的子路径,这个点就变成了新的上下文点。可以把 moveTo()方法看成是用来定位绘图鼠标用的。方法 lineTo()在以上上下文点为起点,到方法参数中指定的点之间画一条直线。属性 strokeStyle 用于设置画笔颜色,这里设置为蓝色(♯0000FF),方法 stroke()用于绘制 moveTo()和 lineTo()方法指定的直线,并为所画的线赋予颜色。如果没有使用 strokeStyle 指定颜色,则默认使用黑色画直线。

③ 画圆形使用 arc()方法,设置圆心坐标以及半径,将起始角度设为 0,终止角度设为 2 * Math. PI。

绘制两个眼睛,使用:

```
context.fillStyle="#FFFF00";
context.beginPath();
context.arc(x+50,y+30,15,0,Math.PI*2,true);
context.closePath();
context.fill();
context.beginPath();
context.arc(x+150,y+30,15,0,Math.PI*2,true);
context.closePath();
context.fill();
```

属性 fillStyle 设置或返回用于填充绘画的颜色、渐变或模式,这里设置为黄色(♯FFFF00)。beginPath()和 closePath()用于开始和结束一个路径。方法 arc()用于绘制弧线,只要将弧线的起始角度设为 0,终止角度设为 2 * Math. PI,就是圆形。方法 fill()使用 fillStyle 属性指定的颜色、渐变和模式填充当前路径。

④ 画弧线的方法是 arc()。每条弧线都需要由中心点、半径、起始角度(弧度 n * Math. PI)、结束角度(弧度 m * Math. PI)和绘图方向(顺时针 false 还是逆时针 true)这几个参数确定。

绘制嘴巴,使用:

```
context.beginPath();
context.arc(100+x,y+50,20,0,Math.PI*1,false);
context.closePath();
context.strokeStyle="#0000FF";
context.stroke();
```

在方法 arc()中设置圆心坐标、半径、起始角度为 0,终止角度为 1.5 * Math. PI,逆时针绘制。属性 strokeStyle 用于设置画笔颜色,这里设置为蓝色(♯0000FF),方法 stroke()用于绘制当前路径的边框,使用 strokeStyle 设置的颜色绘制。

⑤ 绘制机器人的身体和四肢,方法与绘制机器人的头部(即矩形)的方法基本一致,在此不再赘述。

3. 项目实施

使用前面介绍的在 Canvas 中绘图的方法绘制机器人的头部、天线、眼睛和嘴巴。本项目代码如下。

```html
<html>
<head>
    <meta charset="UTF-8">
    <style>
        canvas{position:absolute;}
        #canvas2{z-index:-1}
    </style>
    <script>
        window.onload=function(){
            init();
        }
        function init(){
            this.x=70;this.y=70;this.d="left";
            this.canvas=document.getElementById('mycanvas');
            this.context=canvas.getContext('2d');
            robot(70,70);
            c2=document.getElementById('canvas2');
            ctx2=c2.getContext("2d");
            var image=new Image();
            image.src="../images/space4.jpg";
            image.onload=function(){
                ctx2.drawImage(image,0,0,1400,800);
            }
        }
        function robot(x,y) {
            //头
            context.fillStyle='#3399FF';
            context.fillRect(x,y,200,100);
            //天线
            context.moveTo(x+50,y);
            context.lineTo(x,y-60);
            context.stroke();
            context.moveTo(150+x,y);
            context.lineTo(200+x,y-60);
            context.stroke();
            //眼睛
            context.fillStyle="#FFFF00";
            context.beginPath();
            context.arc(x+50,y+30,15,0,Math.PI * 2,true);
```

```
        context.closePath();
        context.fill();
        context.beginPath();
        context.arc(x+150,y+30,15,0,Math.PI * 2,true);
        context.closePath();
        context.fill();
        //嘴
        context.beginPath();
        context.arc(100+x,y+50,20,0,Math.PI * 1,false);
        context.closePath();
        context.strokeStyle="#0000FF";
        context.stroke();
        //身体
        context.beginPath();
        context.fillRect(x+30,y+100,140,140);
        //胳膊
        context.fillStyle="#3399FF";
        context.fillRect(x-10,y+120,40,150);
        context.fillRect(x+170,y+120,40,150);
        //腿
        context.fillRect(50+x,240+y,40,150);
        context.fillRect(110+x,240+y,40,150);
    }
    </script>
</head>
<body>
    <canvas id="mycanvas" width="1400" height="800"></canvas>
    <canvas id="canvas2" width="1400" height="800"></canvas>
</body>
</html>
```

将以上 HTML 文件保存为"来自星星的它.html",使用浏览器打开,观察页面上画布的绘图效果。

4. 知识运用

在以上完成的 HTML 页面中继续添加机器人可以跟随鼠标来回移动的效果,并且添加腿部和手部摆动的效果。

10.2 绘 制 图 像

10.2.1 使用 Canvas 绘图对象裁剪图像

本节继续利用10.1节介绍过的 HTML5 中的 Canvas 对象进行图像的绘制、放大、缩小、裁剪等操作。

首先,仍然使用 10.1.2 节介绍的方法在 HTML 页面中添加一个 canvas 元素,并在 JavaScript 函数中使用 document 对象的 getElementById()方法找到这个 canvas 元素,并使用 getContext()方法得到这个 canvas 元素的 2D 绘图环境对象。

2D 绘图环境对象关于图像绘制的常用方法见表 10.7。

表 10.7　2D 绘图环境对象关于图像绘制的常用方法

方 法 名	描 述
drawImage()	向画布上绘制图像、画布或视频

2D 绘图环境对象使用 drawImage()方法在画布上绘制图像、画布或视频,也能够使用该方法绘制图像的某些部分,或者增加或减少图像的尺寸。

- 在画布上定位图像:

```
context.drawImage(img,x,y);
```

- 在画布上定位图像,并规定图像的宽度和高度:

```
context.drawImage(img,x,y,width,height);
```

- 剪切图像,并在画布上定位被剪切的部分:

```
context.drawImage(img,sx,sy,swidth,sheight,x,y,width,height);
```

其中,drawImage()方法的各个参数含义见表 10.8。

表 10.8　drawImage()方法的各个参数含义

参 数	描 述
img	规定要使用的图像、画布或视频
sx	可选。开始剪切的 x 坐标位置
sy	可选。开始剪切的 y 坐标位置
swidth	可选。被剪切图像的宽度
sheight	可选。被剪切图像的高度
x	在画布上放置图像的 x 坐标位置
y	在画布上放置图像的 y 坐标位置
width	可选。要绘制的图像的宽度(伸展或缩小图像)
height	可选。要绘制的图像的高度(伸展或缩小图像)

图像像素操作和转换操作的常用属性和方法见表 10.9。

表 10.9　图像像素操作和转换操作的常用属性和方法

	属性名/方法名	描　　述
常用属性	width	返回 ImageData 对象的宽度
	height	返回 ImageData 对象的高度
	data	返回一个对象,其包含指定的 ImageData 对象的图像数据
	globalAlpha	设置或返回绘图的当前 alpha 或透明值
	globalCompositeOperation	设置或返回新图像如何绘制到已有的图像上
常用方法	createImageData(width,height) createImageData(imageData)	创建新的、空白的 ImageData 对象。width 和 height 代表创建的 ImageData 对象的宽度和高度(以像素计)。也可以创建与指定的另一个 ImageData 对象尺寸相同的新 ImageData 对象,参数 imageData 代表另一个 ImageData 对象
	getImageData(x,y,width,height)	返回 ImageData 对象,该对象为画布上指定的矩形区域复制的像素数据。x 和 y 代表将要复制区域的左上角位置的 x、y 坐标,width 和 height 代表将要复制的矩形区域的宽度和高度
	putImageData(imgData,x,y,dirtyX,dirtyY,dirtyWidth,dirtyHeight)	把图像数据(从指定的 ImageData 对象)放回到画布上。imgData 代表要放回画布的 ImageData 对象,x 和 y 代表 ImageData 对象左上角的 x、y 坐标(以像素计),dirtyX 和 dirtyY 是可选参数,代表在画布上放置图像的左上角位置的 x、y 坐标,dirtyWidth 和 dirtyHeight 是可选参数,代表在画布上绘制图像所使用的宽度和高度
	scale(scalewidth,scaleheight)	缩放当前绘图至更大或更小,scalewidth 和 scaleheight 代表缩放当前绘图的宽度和高度(1＝100%,0.5＝50%,2＝200%,依此类推)
	rotate(angle)	旋转当前绘图,angle 代表旋转角度,以弧度计。如需将角度转换为弧度,请使用 degrees * Math.PI/180 公式计算。举例:如需旋转 5°,可按公式 5 * Math.PI/180 计算弧度值
	translate(x,y)	重新映射画布上的(0,0)位置,即将画布左上角(0,0)重新映射到(x,y)的位置。x 和 y 代表添加到水平坐标 x 和垂直坐标 y 上的值
	transform(a,b,c,d,e,f)	替换绘图的当前转换矩阵,按指定的矩阵转换当前的用户坐标系,a 代表水平缩放绘图,b 代表水平倾斜绘图,c 代表垂直倾斜绘图,d 代表垂直缩放绘图,e 代表水平移动绘图,f 代表垂直移动绘图
	setTransform(a,b,c,d,e,f)	将当前转换重置为单位矩阵,然后运行 transform(),a 代表水平旋转绘图,b 代表水平倾斜绘图,c 代表垂直倾斜绘图,d 代表垂直缩放绘图,e 代表水平移动绘图,f 代表垂直移动绘图

10.2.2　项目：放大镜

1. 项目说明

使用 HTML5 中的 Canvas 对象完成一个放大镜页面。页面左侧放置一张原始图片，右侧放置一个 Canvas 对象。当鼠标停在左侧原始图片的某个位置时，在右侧的 Canvas 中绘制左侧鼠标指针所指区域的局部放大图像，如图 10.11 所示。

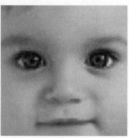

图 10.11　放大镜页面

2. 项目设计

本项目需要在 HTML 页面指定区域中对原始图像进行裁剪和绘制。可以使用 HTML5 新引入的 canvas 元素完成图像的裁剪和绘制功能。Canvas 提供了一系列完整的属性和方法，可以实现图像绘制和图像处理。在本项目中使用绘图对象的方法可以按照指定的高度和宽度裁剪原始图像，并在 canvas 标记的矩形区域中绘制裁剪后的图像，这样就完成了放大的效果。

另外，需要对鼠标移动事件做事件处理，在事件处理函数中获取当前鼠标所在位置的坐标，根据这个坐标设定要裁剪的区域的左上角坐标，即要放大的区域的左上角坐标。JavaScript 的 event 对象用来表示事件的状态，如键盘按键的状态、鼠标的位置、鼠标按钮的状态等。在本项目中可以使用鼠标移动的事件处理函数的传入参数 event 对象获取到发生该事件时的鼠标坐标位置。

（1）在 HTML 页面主体部分添加 canvas 元素，并添加初始化 JavaScript 函数。

```
<script>
window.onload=function(){
    c=document.getElementById("myCanvas");
    cxt=c.getContext("2d");
    img.src="../images/baby.jpg";
    cxt.drawImage(img,0,0,c.width,c.height);
    }
</script>
```

使用 document. getElementById("myCanvas")找到 Canvas 对象，调用 canvas. getContext("2d")创建 2D 绘图环境对象，设置 image 对象的 src 属性为".. /image/baby. jpg"，指向

原始图片文件。在 Canvas 对象中利用 2D 绘图环境对象的 drawImage()方法在画布中绘制初始放大图像。

这里使用了 drawImage(img，x，y，width，height)的调用格式，即在画布(x，y)的位置上按照指定的 width 和 height 绘制图像 img，因此，初始时，画布区域左上角(0，0)位置上绘制了宽 250 像素、高 250 像素的图像，即绘制图像的宽度和高度分别取画布的宽度和高度。

（2）对原始图片＜img＞添加 onMouseMove 事件，并指定事件处理函数为 enlarge()，将当前事件对象 event 作参数。当鼠标移动到原始图片区域时，会自动调用 enlarge()。

（3）在 enlarge()方法中使用变量 ev 保存传入的参数 event，"ev＝ev｜｜ window.event;"这样的写法是为了考虑浏览器兼容性问题。

然后，利用 event 对象的 offsetX 和 offsetY 属性获取当前鼠标位置，并设置将要裁剪区域的左上角坐标，设为当前鼠标位置偏左偏上 30 像素的位置。

这里使用了 drawImage(img，sx，sy，swidth，sheight，x，y，width，height)的调用格式。

使用 drawImage 方法绘制 img 变量所指向的图像，要剪取的区域左上角坐标为(x，y)，剪取图像的宽度和高度均为 60 像素，绘制区域左上角坐标为画布对象的左上角，绘制区域的宽度和高度分别取画布的宽度和高度。

3. 项目实施

使用前面介绍的 drawImage()方法对原始图像进行裁剪和绘制。

本项目代码如下。

```
<html>
  <head>
    <meta charset="utf-8">
    <script>
    var c,ctx;
    var img=new Image();
    window.onload=function(){
        c=document.getElementById("myCanvas");
        ctx=c.getContext("2d");
        img.src="../images/baby.jpg";
        ctx.drawImage(img,0,0,c.width,c.height);
    }
    function enlarge(ev){
        var ev=ev||window.event;
        var x=ev.offsetX-30;
        var y=ev.offsetY-30;
        ctx.drawImage(img,x,y,60,60,0,0,c.width,c.height);
    }
```

```
        </script>
    </head>
    <body>
        <img src="../images/baby.jpg" width="450" height="250"
            onMouseMove="enlarge(event)">
        <canvas id="myCanvas" width="250" height="250"></canvas>
    </body>
</html>
```

将以上 HTML 文件保存为"放大镜.html",使用浏览器打开,将鼠标移动到左侧原始图片区域,观察右侧画布区域,对原始图片局部区域进行放大的效果。

4. 知识运用

在以上完成的放大镜页面的基础上继续添加放大镜区域可以跟随鼠标来回移动的效果,如图 10.12 所示。

图 10.12　放大镜鼠标跟随效果

10.2.3　项目:跳动的心

1. 项目说明

使用 HTML5 中的 Canvas 对象,完成一个跳动的心的效果页面,如图 10.13 所示。

2. 项目设计

本项目要利用 Canvas 在 HTML 页面中绘制图像,并定时进行图像擦除和重绘的工作。

图 10.13　跳动的心页面

本项目仍然使用 10.2.1 节介绍的 drawImage()方法绘制图像,并使用 BOM 对象中的 window 对象的 setTimeout()方法做计时器,每隔 500ms 使用 10.1.3 节介绍的 clearRect()方法擦除现有图像,并使用 drawImage()方法重新绘制另一个不同大小的图像。

本项目使用的方法见表 10.10。

表 10.10 本项目使用的方法

方 法 名	描 述
drawImage(img,x,y,width,height)	在画布上绘制图像、画布或视频。在画布的(x,y)位置上绘制宽度为 width,高度为 height 的图像 img
clearRect(x,y,width,height)	在给定的矩形内清除指定的像素,x 和 y 代表矩形左上角的 x 坐标,width 和 height 代表矩形的宽度(以像素计)
setTimeout(expression,time)	延迟指定的 time(以毫秒计)后,执行表达式 expression

(1) 在 HTML 页面主体部分添加 canvas 元素,并添加初始化 JavaScript 函数。

```
<script>
window.onload=function(){
    c=document.getElementById("myCanvas");
    ctx=c.getContext('2d');
    image.src="../images/heart.png";
    big();
}
</script>
```

使用 document.getElementById("myCanvas")找到 Canvas 对象,调用 canvas.getContext("2d")创建 2D 绘图环境对象,设置 image 对象的 src 属性为"../image/heart.png",指向原始图片文件,并调用 big()方法。

(2) 在 big()方法中先使用 clearRect()方法擦除绘制小图的区域,再利用 2D 绘图环境对象的 drawImage()方法在画布中绘制大图像。

这里使用了 drawImage(img,x,y,width,height)的调用格式,即在画布(x,y)的位置上按照指定的 width 和 height 绘制图像 img,因此,在画布区域(50,50)的位置上绘制了宽 250 像素、高 250 像素的图像。

然后,使用 setTimeout()方法计时,在 500ms 之后调用 small()方法。

(3) 在 small()方法中,先使用 clearRect()方法擦除绘制大图的区域,再利用 2D 绘图环境对象的 drawImage()方法在画布中绘制小图像。

这里仍然使用 drawImage(img,x,y,width,height)的调用格式,即在画布(x,y)的位置上按照指定的 width 和 height 绘制图像 img,因此,在画布区域(90,90)的位置上绘制了宽 150 像素、高 150 像素的图像。

然后,使用 setTimeout()方法计时,在 500ms 之后调用 big()方法。

这样,就实现了每隔 500ms,调用一次绘制不同大小图像的方法,擦除画布上原有的图像,实现了像红心在跳动一样的效果。

3. 项目实施

使用 drawImage()方法进行图像绘制,使用 setTimeout()方法计时,在指定时间之后,使用 clearRect()方法擦除图像,并重新绘制另一个大小不同的图像。

本项目代码如下。

```html
<html>
  <head>
    <meta charset="utf-8">
    <script>
    var c,ctx,image=new Image();
    //初始化
    window.onload=function(){
        c=document.getElementById("myCanvas");
        ctx=c.getContext('2d');
        image.src="../images/heart.png";
        big();
    }
    function big(){
        ctx.clearRect(90,90,150,150);        //擦除小图
        ctx.drawImage(image,50,50,250,250);
        setTimeout("small()",500);
    }
    function small(){
        ctx.clearRect(50,50,250,250);        //擦除大图
        ctx.drawImage(image,90,90,150,150);
        setTimeout("big()",500);
    }
    </script>
</head>
<body>
    <canvas id="myCanvas" width="800px"  height="700px" style="border:1px
    solid black">浏览器不支持</canvas>
  </body>
</html>
```

将以上 HTML 文件保存为"跳动的心.html",使用浏览器打开,观察画布中每隔 500ms 重新绘制心形图像的效果。

4. 知识运用

在以上实现的效果的基础上增加大、中、小 3 种心形图像的绘制效果,每隔 500ms,擦除原有图像,重新绘制另一种大小的图像。

10.2.4 项目:鼠标画板

1. 项目说明

使用 HTML5 中的 Canvas 对象,完成一个鼠标画板页面,当鼠标在画布区域上移动

时,使用黑色绘制鼠标移动轨迹,当单击鼠标左键时,停止绘制。

2. 项目设计

本项目需要使用 10.1.3 节介绍的 arc() 方法绘制圆形,并使用 fill() 方法填充圆形,以 fillStyle 属性指定的颜色进行填充。

另外,对 Canvas 对象添加 onMouseMove 事件和 onClick 事件,并在 onMouseMove 事件的事件处理函数中使用 arc() 方法在鼠标当前所在位置为圆心画圆,这样,当鼠标在画布区域上移动时,就会在画布上出现沿鼠标移动的轨迹线。在 onClick 事件的事件处理函数中取消 onMouseMove 事件操作,这样就会在单击鼠标左键时,停止绘图。

本项目使用的方法见表 10.11。

表 10.11　本项目使用的方法

方 法 名	描　　述
arc(x,y,r,sAngle,eAngle, counterclockwise)	创建弧/曲线(用于创建圆形或部分圆),x 和 y 代表圆心的 x、y 坐标,r 代表圆的半径,sAngle 和 eAngle 代表起始角和结束角,以弧度计(弧的圆形的三点钟位置是 0°),counterclockwise 是可选参数,代表应该逆时针绘图,还是顺时针绘图,False 代表顺时针,True 代表逆时针
fill()	填充当前绘图(路径),默认颜色是黑色
beginPath()	起始一条路径,或重置当前路径

(1) 在 HTML 页面主体部分添加 canvas 元素,并添加初始化 JavaScript 函数。

```
<script>
window.onload=function(){
    canvas=document.getElementById("draw");
    ctx=canvas.getContext('2d');
}
</script>
```

使用 document.getElementById("draw") 找到 Canvas 对象,调用 canvas.getContext("2d") 创建 2D 绘图环境对象。

(2) 为 Canvas 对象指定 onMouseMove 事件的事件处理函数为 draw(),并传递事件对象 event 作为参数,指定 onClick 事件的事件处理函数为 stop(),并传递当前 Canvas 对象的引用 this 作为参数。

(3) 在 draw() 方法中使用变量 ev 保存传入的参数 event,"ev＝ev || window.event;"这样的写法是为了考虑浏览器兼容性问题。

然后,利用 event 对象的 clientX 和 clientY 属性获取当前鼠标位置,并以鼠标当前位置坐标为参数,调用画圆的方法 drawArc()。

(4) 在 drawArc() 方法中使用 fillStyle 属性指定填充颜色为黑色,使用 arc() 方法,以传入的鼠标当前的位置作为圆心位置,半径为 15,从起始角度 0、结束角度 Math.PI * 2 按逆时针方向绘制弧形,即绘制一个圆形。

（5）在 stop()方法中使用传入的参数得到 Canvas 对象，并将其 onMouseMove 事件处理操作设置为空，即停止了绘制操作。

3. 项目实施

使用 arc()方法进行圆形的绘制，并使用 fill()方法填充圆形，默认使用黑色填充。在 onMouseMove 事件处理函数中，以鼠标所在位置为圆心绘制圆形，当鼠标移动时，就会出现沿鼠标移动轨迹的线。

本项目代码如下。

```html
<html>
<head>
    <meta charset="UTF-8">
    <title>鼠标画</title>
    <script type="text/javascript">
        var canvas,ctx;
        window.onload=function(){
            canvas=document.getElementById('draw');
            ctx=canvas.getContext('2d');
        }
        //画圆
        function drawArc(x,y){
            ctx.fillStyle="black";
            ctx.beginPath();
            ctx.arc(x,y,15,0,Math.PI * 2,true);
            ctx.closePath();
            ctx.fill();
        }
        function draw(ev){
            ev=ev|| window.event;
            drawArc(ev.clientX,ev.clientY);
        }
        //鼠标单击停止
        function stop(c){
            c.onMouseMove=function(){}
        }
    </script>
</head>
<body>
    < canvas id="draw" width="800" height="600" onMouseMove="draw(event)"
    onClick="stop(this)"></canvas>
</body>
</html>
```

将以上 HTML 文件保存为"鼠标画板.html"，使用浏览器打开，在页面上移动鼠标，观察页面上的根据鼠标的移动轨迹绘制出的黑色线条。

4. 知识运用

在以上实现的效果的基础上增加选择画笔颜色功能,在右侧调色板区域用鼠标单击颜色即可选择画笔颜色,如图 10.14 所示。另外,增加双击开始绘画,单击停止绘画的功能。

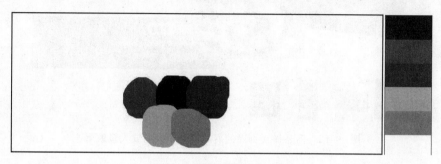

图 10.14　改进的鼠标画板

10.3　咖啡商城——商品详情模块实现

本项目要实现的功能属于综合项目中的商品详情页面中的商品图片展示功能。本项目要利用本章学习的 HTML5 canvas 元素实现综合项目中"商品详情"页面的商品图片切换和放大效果。

(1) 商品详情图片切换功能:这个功能可以使用 HTML5 中新引入的 canvas 元素,利用 canvas 绘图对象的方法对选中的缩略图进行放大和重绘。

(2) 商品图片放大镜功能:这个功能可以使用 canvas 元素的绘图对象的绘制图像方法,对鼠标所在位置的矩形区域进行裁剪和重绘。

10.3.1　项目说明

使用浏览器打开"商品详情.html"页面,分别移动到不同的商品缩略图上,查看商品大图展示区的商品高清大图随之切换的效果。当鼠标在商品大图上移动时,会出现放大镜效果,鼠标所在位置的矩形区域被放大 2 倍后显示。效果如图 10.15 所示。

在本项目中,主要需要完成以下几个功能。

(1) 商品详情图片切换功能:在商品图片显示区域,提供若干张缩略小图,鼠标停在哪张缩略图上方,就在商品大图显示区显示该张缩略图的高清大图。

(2) 商品图片放大镜功能:对商品大图实现放大镜功能。

10.3.2　项目设计

在本项目中需要完成的功能的设计思路如下。

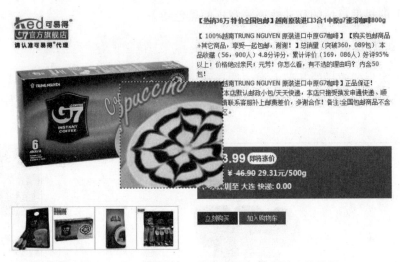

图 10.15　商品详情页面的商品图片切换和放大镜效果

1. 初始化需要用的全局变量，编写初始化函数

声明用于保存 Canvas 绘图对象、img 元素对象和 Canvas 对象的全局变量。在初始化函数中，分别初始化以上全局变量，并获取要显示的第一张图片，使用绘图对象的drawImage() 方法将第一张图片绘制在 canvas 标记的区域。

2. 实现商品详情图片切换功能

在商品图片缩略图位置添加 onMouseOver 事件处理函数 changePic()。在该函数中，首先擦除 canvas 标记的区域中的原图片，然后获取当前鼠标所选取的缩略图，使用绘图对象的 drawImage() 方法将其重新放大，并绘制在 canvas 区域中。

3. 实现商品图片放大镜功能

对商品图片大图区添加 onMouseMove 事件处理函数 canvas1_onMouse_move()，在该函数中获取当前要显示的图片，并获取当前鼠标所在位置的坐标，根据鼠标当前坐标位置计算出要绘制的区域坐标，使用绘图对象的 drawImage() 方法将放大 2 倍的图像绘制在 Canvas 区域中。

10.3.3　项目实施

1. 初始化需要用的全局变量，编写初始化函数

```
/* 声明全局变量 */
var gwidth=360;        //商品大图的图片宽度
var gheight=360;       //商品大图的图片高度
var ctx;
var img;
```

```
var canvas1,canvas2;        //原图像使用的 canvas 元素与放大镜中图像使用的 canvas 元素
window.onload=function(){
    canvas1=document.getElementById("canvas1");//获取原图像使用的 canvas 元素
    canvas2=document.getElementById("canvas2");
                                    //获取放大镜中图像使用的 canvas 元素
    canvas1.onMouseMove=canvas1_onMouse_move;
                                    //添加原图像获取鼠标焦点时的处理函数
    canvas1.onMouseOut=canvas1_onMouse_out;//添加原图像失去鼠标焦点时的处理函数
    ctx=canvas1.getContext("2d");
    var image=document.getElementById("first_img");
    ctx.drawImage(image,0,0);                //绘制初始时显示的商品大图
}
```

2. 实现商品详情图片切换功能

```
//切换商品图片
function changePic(li){
    ctx.clearRect(0,0,gwidth,gheight);        //擦除 canvas1 中的原图像
    var el=li.childNodes;
    img=el[0].childNodes;
    ctx.drawImage(img[0],0,0,gwidth,gheight);
                            //重新在 canvas1 元素中绘制所选缩略图对应的大图
}
```

3. 实现商品图片放大镜功能

```
//鼠标在商品大图上移动时的事件处理函数
function canvas1_onMouse_move(ev){
    var x,y;        //鼠标在 canvas 元素中的相对坐标点
    var drawWidth,drawHeight;                //鼠标所指区域的宽度与高度
    var context=canvas2.getContext('2d');
    //获取放大镜中图像使用的 canvas 元素的绘图对象
    canvas2.style.display="inline";        //显示放大镜
    context.clearRect(0,0,canvas2.width,canvas2.height);
    //擦除放大镜区域对应的 canvas2 原图像
    x=ev.pageX-canvas1.offsetLeft+2;
    //鼠标在 canvas 元素中 X 轴上的相对坐标点+2,+2 是为了避免鼠标移动到放大镜上
    y=ev.pageY-canvas1.offsetTop+2;
    //鼠标在 canvas 元素中 Y 轴上的相对坐标点+2,+2 是为了避免鼠标移动到放大镜上
    canvas2.style.left=(ev.pageX+2)+"px";   //设置放大镜在原图上的 X 轴上的坐标点
    canvas2.style.top=(ev.pageY+2)+"px";     //设置放大镜在原图上的 Y 轴上的坐标点
    //获取当前需要被放大的图像
    var image=new Image();
    if(img==null)
        image.src="image/taobao/detail/1.jpg";
    else
```

```
        image.src=img[0].src;
        //获取鼠标所指区域的宽度
        if(x+40>canvas1.width)              //如果鼠标所指区域的宽度超出原图宽度
            drawWidth=canvas1.width-x;      //设置鼠标所指区域宽度为原图中的剩余宽度
        else
            drawWidth=200;                  //设置鼠标所指区域的宽度为 40 像素
        //获取鼠标所指区域的高度
        if(y+200>canvas1.height)            //如果鼠标所指区域的高度超出原图高度
            drawHeight=canvas1.height-y;    //设置鼠标所指区域高度为原图中的剩余高度
        else
            drawHeight=200;                 //设置鼠标所指区域的高度为 40 像素
        //在放大镜对应的 canvas2 区域绘制放大 2 倍后的图像
        image.onload=function(){
            context.drawImage(image,x,y,drawWidth,drawHeight,0,0,drawWidth * 2,
            drawHeight * 2);
        }
    }
}
//鼠标移出商品大图时的事件处理函数
function canvas1_onMouse_out(){
    //重置 canvas2 元素的位置
    canvas2.style.left="0px";
    canvas2.style.top="0px";
    //隐藏放大镜对应的 canvas2
    canvas2.style.display="none";
}
```

习　题

一、选择题

1. HTML5 中的 canvas 元素用于(　　)。

    A. 显示数据库记录　　　　　　　　　B. 操作 MySQL 中的数据

    C. 绘制图形　　　　　　　　　　　　D. 创建可拖动的元素

2. HTML5 内建对象(　　)用于在画布上绘制。

    A. getContent　　　　　　　　　　　B. getContext

    C. getGraphics　　　　　　　　　　　D. getCanvas

3. (　　)不是 Canvas 的方法。

    A. getContext()　　　　　　　　　　B. fill()

    C. stroke()　　　　　　　　　　　　D. controller()

4. 以下关于 Canvas 的说法正确的是(　　)。

    A. clearRect(width，height，left，top)清除宽为 width、高为 height，左上角顶点

在(left,top)点的矩形区域内的所有内容

B. drawImage()方法有 4 种原型

C. fillText()的第 3 个参数 maxWidth 为可选参数

D. fillText()方法能够在画布中绘制字符串

5. 以下关于 Canvas 的说法正确的是（　　）。

A. HTML5 标准中加入了 WebSql 的 API

B. HTML5 支持 IE8 以上的版本（包括 IE8）

C. HTML5 仍处于完善中

D. HTML5 将取代 Flash 在移动设备中的地位

6. 使用属性（　　）设置填充绘画的颜色、渐变或模式。

A. strokeStyle　　　B. fillStyle　　　C. shadowColor　　　D. shadowBlur

7. 使用方法（　　）绘制填充矩形。

A. rect()　　　　　B. strokeRect()　　　C. fillRect()　　　D. clearRect()

8. 使用方法（　　）逆时针绘制圆心在(20,20)，半径为 10px 的从 0°起始到 270°终止的一条弧线。

A. arc(20,20,10,0, 2 * Math.PI,true)

B. arc(20,20,10,0,1.5 * Math.PI, true)

C. arc(20,20,10,Math.PI, 1.5 * Math.PI,false)

D. arc(10,20,20,0,1.5 * Math.PI,true)

9. 使用方法（　　）在画布(10,10)的位置上按宽 50px、高 50px 绘制图像 img。

A. drawImage(img,10,10,50,50)

B. drawImage(img,50,50,10,10)

C. createImageData(50,50)

D. createImageData(10,10,50,50)

10. 代码段（　　）在画布(10,10)到(30,30)的位置绘制一条黑色直线。

A. context.moveTo(10,10);

context.lineTo(30,30);

context.strokeStyle='#FFFFFF';

context.stroke();

B. context.moveTo(10,10);

context.lineTo(30,30);

C. context.lineTo(30,30);

context.strokeStyle='#000000';

context.stroke();

D. context.moveTo(10,10);

context.lineTo(30,30);

context.strokeStyle='#000000';

context.stroke();

二、综合题

1. 使用 HTML5 中的 canvas 元素在页面上绘制如图 10.16 所示的效果。

2. 使用 HTML5 中的 canvas 元素及其方法实现页面上图片的缩放效果,拖动页面底端滑块控件,缩放显示图片,实现如图 10.17 所示的效果。

3. 使用 HTML5 中的 canvas 元素及其方法实现综合项目的商品详情页面的商品大图和缩略小图部分的显示。商品详情页面的商品大图和缩略小图区域的显示效果如图 10.18 所示。

图 10.16 页面示例

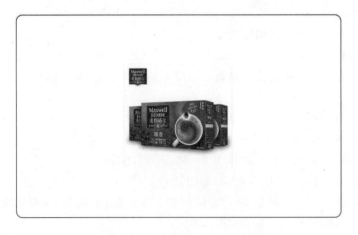

图 10.17 页面示例

图 10.18 商品详情页面

本地存储

本章概述

通过本章的学习，学生能够了解 HTML5 新增的与本地存储相关的知识，主要包括 Web Storage 和本地数据库。通过编写 Web Storage 和本地数据库的实际案例，学生能够掌握使用 HTML5 的新特性——本地存储的方法，体会 Web Storage 存储机制以及其对 HTML4 中的 cookies 存储机制的改进，掌握在客户端本地建立数据库的方法，体会使用本地数据库的好处。

学习重点与难点

重点：

（1）Web Storage 存储机制。

（2）本地数据库的创建和使用。

难点：

（1）sessionStorage 和 localStorage 的使用和区别。

（2）创建数据库，对本地数据库的增、删、改、查操作以及事务处理。

重点及难点学习指导建议：

- 先对比两种本地存储方式，体会它们的区别。
- 通过项目案例理解和记忆 Web Storage 的常用方法的使用。
- 对比本地数据库存储与使用 Web Storage 存储的区别。
- 通过编写一个本地数据库访问程序实例记忆基本步骤和使用到的方法。
- 在此基础上，独立完成每个章节中的知识运用部分，体会使用到的知识点的具体作用。

11.1   Web Storage

在 HTML5 中,除了引入 canvas 绘图元素之外,另一个新增的重要特性就是本地存储。HTML5 利用 Web Storage 可以实现在客户端本地保存数据的功能。Web Storage 是对 HTML4 中的 cookies 存储机制的一个改进和完善,由于 cookies 本身存在的很多缺点,如数据大小受限、浪费带宽以及其操作的复杂性和安全性等问题,在 HTML5 中将使用 Web Storage 存储机制代替 cookies。目前,Safari5＋、Chrome、Firefox、Opera 以及 Internet Explorer 8＋都已支持 Web Storage。

11.1.1   Web Storage 的常用属性和方法

Web Storage 是 HTML5 引入的一个非常重要的新特性,实现了在客户端本地存储数据的功能。它与 HTML4 的 cookies 类似,但功能上比 cookies 要强大得多。例如,cookies 的大小一般被限制为 4KB,而 Web Storage 官方建议是 5MB。

Web Storage 可以分为 sessionStorage 和 localStorage 两种。

1. sessionStorage

sessionStorage 将数据保存在 session 对象中,session 对象通常在客户端浏览器连接到服务器时建立,在浏览器关闭时销毁。sessionStorage 中保存的数据在客户端浏览器连接到服务器端后一直到断开连接前,都可以访问。当会话结束后,数据会自动清除。

2. localStorage

localStorage 一直将数据保存在客户端本地的硬件设备,如硬盘等,即使浏览器关闭,localStorage 中的数据仍然存在,当下一次客户端浏览器再次访问服务器时,其中的数据仍然可以继续访问。

因此,sessionStorage 和 localStorage 的区别在于,sessionStorage 是临时保存数据的对象,而 localStorage 可以永久保存数据。

创建和访问 localStorage,例如:

```
<script type="text/javascript">
localStorage.lastname="Smith";
document.write(localStorage.lastname);
</script>
```

保存数据的写法:

```
localStorage.setItem("username","smith");
```

或

```
localStorage.username="smith";
```

读取数据的写法：

```
var un=localStorage.getItem("username");
```

或

```
var un=localStorage.username;
```

删除数据的写法：

```
localStorage.removeItem("c");
```

无论是 sessionStorage，还是 localStorage，常用的 API 都相同，见表 11.1。

表 11.1　Web Storage 的常用属性和方法

	属性名/方法名	描　　述
常用属性	length	所有保存在 Web Storage 中的数据的个数
常用方法	setItem(key,value)	保存数据，保存数据时使用"键/值(key/value)"对的格式保存，键和值都为字符串类型。不允许保存重复键名
	getItem(key)	读取数据，读取键名为 key 的数据的值
	removeItem(key)	删除数据，删除键名为 key 的数据
	clear()	清空数据
	key(index)	获取索引值为 index 的键名 key，index 从 0 开始

11.1.2　项目：简易购物车

1. 项目说明

编写简易的购物车 HTML 页面，使用 HTML5 提供的新特性——Web Storage 实现在客户端本地保存购物车数据的功能。存储的数据内容主要包括图书名称、图书价格、图书封面、图片地址等。

可以在购物车页面上单击"添加到购物车"按钮，将图书添加到购物车。单击"去购物车"按钮，打开查看购物车详情的页面。也可以单击"清空购物车"按钮，将购物车清空。购物车页面如图 11.1 所示。

另外，在购物车页面可以查看当前购物车内的信息，包括图书封面、图书名、图书价格以及"删除"按钮。单击"删除"按钮，可以将该本图书从购物车中删除。查看购物车页面如图 11.2 所示。

2. 项目设计

由于一个购物车仅属于当前的一个客户端用户，其中的信息不需要通过网络访问服务端程序获取，因此购物车信息最适合于存储在客户端本地。本项目就是需要利用 HTML5 中新引入的本地存储技术实现一个简单的购物车功能。

图 11.1　购物车页面

使用 localStorage 的保存数据的方法,将购物车现有信息存入 localStorage 中。使用 localStorage 的读取数据的方法,读取本地保存的数据,并显示到页面上。

图书封面	书名	单价	操作
HTML5	HTML 5入门	120	删除
数据库 系统概念	数据库原理与应用	80	删除

图 11.2　查看购物车页面

1) 购物车页面

在购物车页面中放置"添加到购物车""去购物车"和"清空购物车"按钮。设置"添加到购物车"按钮的单击事件处理函数为 addCart();设置"去购物车"按钮的单击事件处理代码为 window.open(),单击该按钮后打开"查看购物车.html"页面;设置"清空购物车"按钮的单击事件处理函数为 clearCart()。

(1) addCart()方法。

addCart()用于将图书添加到购物车,其参数是所单击的按钮对象,首先通过 bt.form.bookname.value 可以获取该按钮对象所在表单中的名为 bookname 元素的值,即图书名称。使用同样的方式获取图书的价格、图书封面图片地址。

接下来,为了将图书的所有信息保存到一个对象中,可使用 new Object 语句创建一个对象,将图书价格和图书封面图片地址保存在该对象的各个属性中。为了把该对象转换成 JSON 格式的文本数据,可使用 JSON 对象的 stringify()方法。该方法的调用格式如下。

```
var str=JSON.stringify(data);
```

其中,参数 data 表示要转换成 JSON 文本数据的对象。该方法会将对象 data 转换成 JSON 格式的文本数据并返回。

最后,调用 localStorage 的 setItem()方法将图书信息保存到 localStorage 中,使用图书名作为键名,将保存了图书价格和图书封面图片地址的对象 data 转换后的 JSON 文本数据作为键值。

（2）clearCar()方法。

clearCart()用于清空购物车内容。直接调用 localStorage 的 clear()方法即可清除 localStorage 中保存的所有信息。

2）查看购物车页面

在查看购物车页面中，页面加载事件 onLoad 的处理中，调用 loadAll()方法，显示保存在 localStorage 中的所有信息，并在页面中的每个图书后面放置"删除"超链接，设置其单击事件处理函数为 delCart()。

（1）loadAll()方法。

loadAll()用于显示保存在 localStorage 中的所有图书信息。使用 localStorage 的 length 属性判断其是否为空，若不为空，则在 result 变量中生成用于显示图书信息的表格 HTML 代码。循环取出 localStorage 中保存的每一项数据，利用 localStorage 的 key()方法取出当前数据的键名，再使用 localStorage 的 getItem()方法取出该键名对应的数据的键值。由于取出的键值是 JSON 文本格式的数据，因此需要再将其解析为 JSON 对象，这个过程使用了 JSON 对象的 parse()方法。该方法的调用格式如下。

```
var data=JSON.parse(str);
```

其中，参数 str 表示要解析为 JSON 对象的文本数据。该方法会将传入的文本数据转换为 JSON 对象并返回。

得到 JSON 对象后，可以取出其中保存的图书价格（data. price）和图书封面图片地址（data. pic），分别在表格的单元格中显示。

最后，使用 list. innerHTML 属性将 result 中的 HTML 代码放入 id 为 list 的元素体中。

（2）delCart()方法。

delCart()用于从购物车中删除指定图书，其参数是所要删除图书的图书名称。直接调用 localStorage 的 removeItem()方法，可以把指定键名的数据从 localStorage 中删除。

最后，调用 loadAll()方法重新显示购物车中的现有内容。

3. 项目实施

（1）本项目的购物车页面代码如下。

```html
<html>
  <head>
    <title>购物车</title>
    <meta charset="utf-8">
    <style>
      div.above{width:300px;float:left;margin-bottom:20px;}
      div.bottom{clear:left;}
    </style>
    <script>
```

```
        function addCart(bt){
            var bookname=bt.form.bookname.value;
            var price=bt.form.price.value;
            var pic=bt.form.imgsrc.value;
            var data=new Object;
            data.price=price;
            data.pic=pic;
            var str=JSON.stringify(data);
            localStorage.setItem(bookname,str);
            alert("添加成功");
        }
        function clearCart(bt){
            localStorage.clear();
            alert("购物车已清空");
        }
    </script>
</head>
<body>
<div class="above">
    <form>
    <img  src="../images/s.jpg"   width="150" height="200"/>
    <input type="hidden" name="imgsrc" value="../images/s.jpg">
    <p><input type="text" name="bookname" value="html5 入门" readonly></p>
    <p><input type="text" name="price" value="120">元</p>
    <input type="button" value="添加到购物车" onClick="addCart(this)">
    <input type="button" value="去购物车" onClick="open('查看购物车.html',
    'mywin', 'width=400 height=300');">
    </form>
    </div>
    <div class="above">
    <form>
    <img  src="../images/db.jpg"   width="150" height="200"/>
    <input type="hidden" name="imgsrc" value="../images/db.jpg">
    <p><input type="text" name="bookname" value="数据库原理与应用" readonly>
    </p>
    <p><input type="text" name="price" value="80">元</p>
    <input type="button" value="添加到购物车" onClick="addCart(this)">
    <input type="button" value="去购物车" onClick="open('查看购物车.html',
    'mywin', 'width=400 height=300');">
    </form>
    </div>
    <div class="bottom"><input type="button" value="清空购物车"
    onClick="clearCart()"></div>
</body>
```

```
    </html>
```

将以上 HTML 文件保存为"购物车.html",使用浏览器打开,单击图书信息下方的
"添加到购物车"按钮,观察弹出的对话框的提示信息是否是"添加成功"。单击"去购物
车"按钮,观察打开的新窗口中的购物车信息显示情况。单击"清空购物车"按钮,再单击
"去购物车"按钮,观察打开的新窗口中的购物车内容是否已经清空,提示"目前购物车为
空,快去购物吧"。

(2) 本项目的查看购物车页面代码如下。

```
<html>
  <head>
    <title>查看购物车</title>
    <meta charset="utf-8">
    <script>
      window.onload=function(){
          loadAll();
      }
      function loadAll(){
          var list=document.getElementById("list");
          if(localStorage.length>0){
              var result="<table border='1'>";
              result+="<tr><td>图书封面</td><td>书名</td><td>单价</td><td>
              操作</td></tr>";
              for(var i=0;i<localStorage.length;i++){
                  var bookname=localStorage.key(i);
                  var str=localStorage.getItem(bookname);
                  var data=JSON.parse(str);
                  result+="<tr><td><img src='"+data.pic+"' width='80'
                  height='80'></td><td>"+bookname+"</td><td>"+data.price+"
                  </td><td><a href=\"javaScript:delCart('"+bookname+"')\"
                  onClick=\"return confirm('确定要删除吗？')\">删除</a></td>
                  </tr>";
              }
              result+="</table>";
              list.innerHTML=result;
          }else{
              list.innerHTML="目前购物车为空,快去购物吧";
          }
      }
      function delCart(bn){
          localStorage.removeItem(bn);
          loadAll();
      }
    </script>
```

```
    </head>
    <body>
        <div id="list"></div>
    </body>
</html>
```

将以上 HTML 文件保存为"查看购物车.html"，使用浏览器打开，观察购物车中现有图书信息的内容。单击每本图书信息后方的"删除"超链接，观察弹出的对话框的提示信息"确定要删除吗?"，继续单击"确定"按钮，观察该本图书信息是否已经从购物车中删除。

4. 知识运用

利用 localStorage 完成一个简易的手机通讯录，可以在 HTML 页面中输入姓名、手机号信息，单击"保存"按钮，将信息存入 localStorage，如图 11.3 所示。

图 11.3　保存通讯录信息

输入姓名信息，单击"查找"按钮，显示 localStorage 中该姓名对应的手机号信息，如图 11.4 所示。

若输入的姓名不存在，则提示"对不起，不存在您要查找的用户"，如图 11.5 所示。

图 11.4　查找通讯录信息

图 11.5　查找信息不存在

11.2　本地数据库

虽然 HTML5 提供了功能强大的 sessionStorage 和 localStorage 实现本地存储，但这两个对象均适合存储简单数据结构的数据，对于复杂的 Web 应用的数据结构，就不适用了。因此，HTML5 又提供了浏览器端的本地数据库支持，允许直接通过 JavaScript 在客户端浏览器创建一个本地数据库，并且支持标准 SQL 的增、删、改、查操作，让离线 Web 应用能够更加方便地存储结构化数据，大大丰富了客户端本地可以存储的数据内容，使得原本必须保存在服务器端的数据转为保存在客户端本地,从而大大提高了 Web 应用的性能,减轻了服务器端的负担。

11.2.1 本地数据库访问

HTML5 内置了一个 SQLite 数据库作为本地数据库,可以通过标准 SQL 访问。操作本地数据库的最基本的步骤如下。

(1) openDatabase 方法:创建一个访问数据库的对象。

(2) 使用步骤(1)创建的数据库访问对象执行 transaction 方法,通过此方法可以执行事务处理,在该方法的回调函数中可以执行 SQL 命令。

(3) 通过 executeSql 方法执行 SQL 命令,通常包括增、删、改、查 4 种操作。

下面分别介绍这些常用方法的使用。

1. 创建访问数据库的对象

首先,必须使用 openDatabase 方法创建一个访问数据库的对象,例如:

```
var db=openDatabase("mydb", "1.0", "My first DB", 2 * 1024 * 1024);
```

该方法的 4 个参数的含义分别是:第一个参数代表创建的数据库名,第二个参数代表数据库版本号,第三个参数代表数据库的描述信息,第四个参数代表数据库的大小,单位是 KB。该方法执行时,如果第一个参数指明的数据库不存在,则会创建该数据库,并返回数据库访问对象;若该数据库已存在,则直接返回该数据库的访问对象。

2. 调用 transaction 方法

一般需要把 SQL 命令的执行放在事务中,这样可以防止在对数据库进行访问和执行相关操作时被其他操作干扰。因为很有可能同时有多个用户在对数据库进行访问,若正在操作的数据被其他用户修改,就会引起很多意想不到的后果。因此,可以使用事务处理,在当前操作完成之前阻止其他用户访问和操作数据库。

transaction 方法的使用如下。

```
db.transaction(function (tx){
    tx.executeSql(SQL, [value1, value2, …], dataHandler, errorHandler);
});
```

transaction 方法的参数用于设置一个回调函数,这个回调函数的参数就是开启的事务对象,通过此事务对象,可以执行 SQL 命令。

3. 通过 executeSql 方法执行 SQL 命令

executeSql 的完整定义格式如下。

```
tx.executeSql(SQL, [value1, value2, …], dataHandler, errorHandler);
```

该方法的 4 个参数的含义分别是:第一个参数代表需要执行的 SQL 命令。

第二个参数代表用于替换 SQL 命令中所有参数占位符的数组。SQL 命令中的参数值可以使用"?"占位符代替,然后依次将用于替换这些占位符的变量放在数组中即可。例如:

```
tx.executeSql("select * from mytable where username=? and password=?",
[username, password]);
```

第三个参数代表成功执行 SQL 命令时调用的回调函数。该回调函数包含两个参数:第一个参数为事务处理对象;第二个参数为执行查询操作时返回的结果集对象。该回调函数的定义格式如下。

```
function dataHandler(transaction, results){
    //执行 SQL 命令成功时需要进行的操作
}
```

第四个参数代表执行 SQL 命令失败时调用的回调函数。该回调函数包含两个参数:第一个参数为事务处理对象;第二个参数为执行 SQL 命令发生错误时返回的错误信息。该回调函数的定义格式如下。

```
function errorHandler(transaction, errormsg){
    //执行 SQL 命令失败时需要进行的操作
}
```

当执行的 SQL 命令为查询操作时,通常会使用 for 循环遍历查询的结果集数据。结果集对象有一个 rows 属性,其中保存了结果集中的每一条记录,记录的个数可以使用 rows.length 获取。在 for 循环的循环体中使用 rows[index]或者 rows.item(index)依次取出结果集中的每条记录。需要注意的是,Google 的 Chrome5 浏览器不支持 rows.item (index)的写法。

例如,使用如下语句可以将结果集中的所有数据依次取出。

```
db.transaction(function (tx) {
    tx.executeSql("select * from mytable ", [],
        function (ts, results) {
            if(results) {
                for(var i=0; i<results.rows.length; i++) {
                    results.rows[i];           //获取结果集中的第 i 行数据
                    //或者使用 result.rows.item(i);
                }
            }
        },
        function (ts, message) {
            alert(message);
        });
});
```

11.2.2　项目：简易留言本

1. 项目说明

实现一个简易的留言本功能。在留言本页面上输入用户名、留言标题和留言内容，单击"保存"按钮，将所有留言信息保存到本地数据库中，如图 11.6 所示。

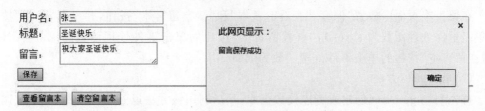

图 11.6　保存留言

单击"查看留言本"按钮，可以查看当前数据库中的所有留言信息，显示留言的用户名、留言标题和留言内容，如图 11.7 所示。

图 11.7　查看留言内容

单击"清空留言本"按钮，可以将本地数据库中保存的所有留言信息清除，如图 11.8 所示。

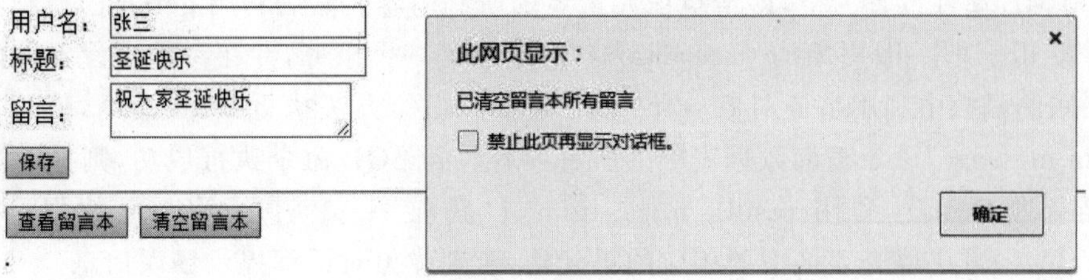

图 11.8　清空留言本

2. 项目设计

本项目需要实现一个能够保存、查看、清空留言信息的简单留言本功能。所有的留言信息都可以使用 HTML5 中新引入的本地数据库存储。这里不使用 HTML5 提供的

localStorage 本地存储技术的原因是,该对象只适合存储简单数据结构的数据,而复杂的数据结构更适合使用 HTML5 的本地数据库存储。

本项目通过 JavaScript 在客户端本地创建一个数据库,将留言信息存在本地数据库中,这样避免了频繁访问服务端数据,可以提高 Web 应用的性能,减轻服务器端的负担。利用 SQL 命令对本地数据库中的数据表进行增、删、改、查操作,以完成留言的添加、删除、修改和查询功能。

在留言本页面中放置"保存""查看留言本"和"清空留言本"按钮,并设置"保存"按钮的单击事件处理函数为 save(),"查看留言本"按钮的单击事件处理函数为 showAll(),"清空留言本"按钮的单击事件处理函数为 clearAll()。

(1) initDB()方法。

首先利用 getDB()创建或者连接数据库,然后利用该方法返回的数据库对象 db 调用 transaction()方法启动一个事务,并在参数中设置其回调函数。在回调函数中利用事务对象 trans 的 executeSql()方法执行 SQL 命令,创建表名为"message"的数据表,用于保存留言信息。

(2) getDB()方法。

利用 openDatabase()方法创建访问数据库"mydb"的对象,若该数据库已经存在,则直接返回该数据库的访问对象 db。若当前浏览器不支持 HTML5 的本地数据库,则弹出"您的浏览器不支持 HTML5 本地数据库"的警告信息,并返回 False。

(3) save()方法。

首先利用 getDB()得到数据库访问对象 db,然后调用 db 对象的 transaction()方法启动一个事务,并在参数中设置其回调函数。在回调函数中利用事务对象 trans 的 executeSql()方法执行 SQL 命令,使用"insert into message(username,title,content) values(?,?,?)"命令向数据表中添加一条留言记录。若 SQL 命令执行成功,则弹出对话框提示"留言保存成功";否则弹出对话框提示错误信息。

(4) showAll()方法。

首先利用 document.getElementById()方法找到 id 为 show 的元素,并将其 innerHTML 属性设置为空,即清空该元素体的所有内容。然后利用 getDB()得到数据库访问对象 db,调用 db 对象的 transaction()方法启动一个事务,并在参数中设置其回调函数。在回调函数中利用事务对象 trans 的 executeSql()方法执行 SQL 命令,使用"select * from message"命令查询数据表中的所有内容。若 SQL 命令执行成功,则循环遍历返回的结果集 result,利用 result.rows.item(i)获取 result 中的第 i 行数据,并使用 writeTable()方法填充表格中的相应的单元格;否则弹出对话框提示错误信息。

(5) writeTable()方法。

该方法的参数 data 用于接收结果集对象 result 的第 i 行数据,依次取出 data 中的各项数据,包括用户名(data.username)、留言标题(data.title)、留言内容(data.content),并将各项数据填充到表格中一行的每一个单元格中。

(6) clearAll()方法。

首先利用 document.getElementById()方法找到 id 为 show 的元素,并将其

innerHTML 属性设置为空,即清空该元素体的所有内容。然后利用 getDB() 得到数据库访问对象 db,调用 db 对象的 transaction() 方法启动一个事务,并在参数中设置其回调函数。在回调函数中利用事务对象 trans 的 executeSql() 方法执行 SQL 命令,使用 delete from message 命令清空数据表中的所有内容。若 SQL 命令执行成功,则弹出对话框提示"已清空留言本所有留言";否则弹出对话框提示错误信息。

3. 项目实施

本项目代码如下。

```
<!DOCTYPE html>
<html>
<head>
<meta charset="utf-8"/>
<title>留言本</title>
<script type="text/javascript">
    window.onload=function() {
            initDB();
    }
    function initDB() {
            var db=getDB();
        if(db){
            db.transaction(function (trans) {      //启动一个事务,并设置回调函数
            //执行创建表的 SQL 脚本
            trans.executeSql("create table if not exists message(username text null,
            title text null,content text null)", [],function (trans, result) {
            },
            function (trans, message) {
                alert(message);
            });
        });
    }
}
//打开数据库,或者直接连接数据库,如果数据库不存在,则创建该数据库
function getDB(){
    //参数含义:数据库名,版本号,描述,大小
    var db=openDatabase("mydb", "1.0", "My Message Pad", 1024 * 1024);
    if(!db) {
        alert("您的浏览器不支持 HTML5 本地数据库");
        return false;
    }
    return db;
}
//保存留言
```

```
function save(){
    var username=document.getElementById("username").value;
    var title=document.getElementById("title").value;
    var content=document.getElementById("content").value;
    var db=getDB();
    if(db){
        //执行 SQL 脚本,插入数据
        db.transaction(function(trans) {
        trans.executeSql("insert into message(username,title,content) values
        (?,?,?) ",
        [username, title, content],
            function (ts, data) {
                alert("留言保存成功");
            },
            function (ts, message) {
                alert(message);
            });
        });
    }
}
//显示数据表中的所有数据
function showAll() {
    var show=document.getElementById("show");
        show.innerHTML="";
        var db=getDB();
    if(db){
    db.transaction(function (trans) {
        trans.executeSql("select * from message ", [],
            function (ts, result) {
                if(result) {
                    show.innerHTML+="<th>用户名</th><th>标题</th> <th>留言
                    </th>";
                    for(var i=0; i<result.rows.length; i++) {
                            writeTable(result.rows.item(i));
                    }
                }
            },
            function (ts, message) {
                alert(message);
            });
        });
    }
}
//将数据填充到表格的单元格中
```

```
function writeTable(data) {
        var show=document.getElementById("show");
        var username=data.username;
        var title=data.title;
        var content=data.content;
        var str="";
    str+="<tr>";
    str+="<td>"+username+"</td>";
    str+="<td>"+title+"</td>";
    str+="<td>"+content+"</td>";
    str+="</tr>";
    show.innerHTML+=str;


}
//清空数据表中的所有数据
function clearAll() {
        var show=document.getElementById("show");
            show.innerHTML="";
            var db=getDB();
        if(db){
            db.transaction(function (trans) {
                trans.executeSql("delete from message ", [],
                function (ts, data) {
                    alert("已清空留言本所有留言");
                },
                function (ts, message) {
                    alert(message);
                });
            });
        }
    }
    </script>
</head>
<body>
    <table>
        <tr>
            <td>用户名：</td>
            <td><input type="text" name="userame" id="username" required/>
            </td>
        </tr>
            <tr>
                <td>标题：</td>
                <td><input type="text" name="title" id="title" required/></td>
            </tr>
```

```
        <tr>
            <td>留言：</td>
            <td><textarea name="content" id="content" required/>
            </textarea></td>
        </tr>
    </table>
    <input type="button" value="保存" id="save" onClick="save()"/>
    <hr>
    <input type="button" value="查看留言本" onClick="showAll()"/>
    <input type="button" value="清空留言本" onClick="clearAll()"/>
      <p>
    <table id="show" border="1"></table>
      </p>
  </body>
</html>
```

将以上 HTML 文件保存为"留言本.html"，使用浏览器打开，输入留言者的姓名、留言标题和留言内容，单击"保存"按钮，观察弹出的对话框的提示信息是否是"留言保存成功"。单击"查看留言本"按钮，观察是否显示了所有留言信息。单击"清空留言本"按钮，观察弹出的对话框的提示信息是否是"已清空留言本所有留言"，并且观察显示留言本内容的表格的所有内容是否已经清空。

4. 知识运用

为留言本添加查找留言功能(实现为模糊查询)，实现简单的组合条件查询。可以输入用户名、留言标题或留言内容关键字，查找相关留言信息。如没有输入任何查询信息，则显示当前留言本中的所有留言信息，如图 11.9 所示。

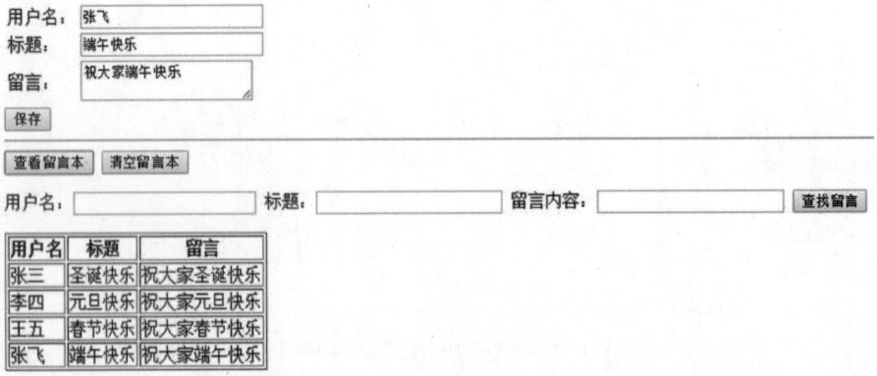

图 11.9　查看所有留言

若输入用户名和留言标题信息，则查找所有满足用户名和留言标题查询条件的留言内容。例如，输入用户名为"张"，留言标题为"快乐"，查询结果如图 11.10 所示。

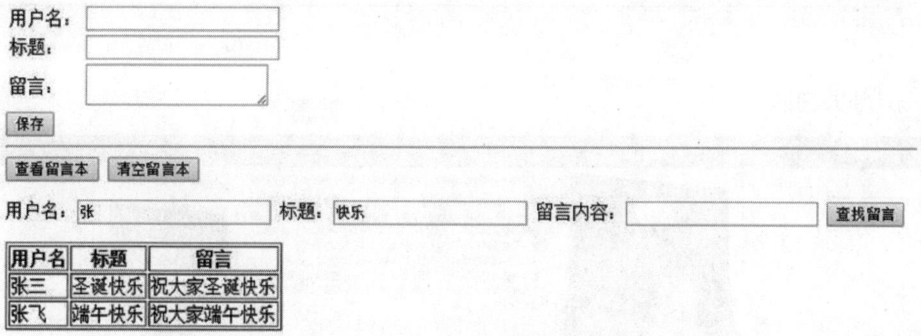

图 11.10　查找符合条件的留言

11.3　咖啡商城——购物车本地存储模块实现

本项目要实现的功能属于综合项目中的商品详情页面的加入购物车功能,购物车页面的查看购物车信息功能和删除购物车商品功能模块。本项目需要使用本章学习的HTML5 中新引入的本地存储技术实现购物车功能。

(1)加入购物车功能:这个功能可以使用 HTML5 中新引入的本地存储技术,在客户端创建本地数据库和数据表,用于存储添加到购物车的商品信息。

(2)查看购物车信息功能:获取本地数据库中购物车表的商品信息,在购物车页面列表显示结果。

(3)删除购物车中的商品功能:对本地数据库中购物车表的对应信息执行删除操作,将所选商品记录从购物车中删除。

11.3.1　项目说明

使用浏览器打开"商品详情. html"页面,单击"加入购物车"超链接,提示"添加成功",如图 11.11 所示。

单击商品详情页面上方的"购物车"超链接,打开购物车页面,显示购物车中的商品信息,如图 11.12 所示。

单击购物车页面商品后方的"删除"超链接,将商品从购物车中删除,如图 11.13所示。

在本项目中,主要需要完成以下 3 个功能。

(1)加入购物车功能:在商品详情页面单击"加入购物车"按钮,将此商品添加到购物车中。

(2)查看购物车信息功能:在购物车页面中,列表显示购物车表中目前保存的所有商品信息。

(3)删除购物车中的商品功能:在购物车页面中单击商品后方的"删除"超链接,将该商品从购物车中删除。

图 11.11　商品详情页面的加入购物车功能

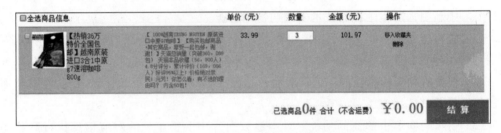

图 11.12　购物车页面显示的商品信息

图 11.13　购物车页面删除商品信息

11.3.2　项目设计

在本项目中需要完成的功能的设计思路如下。

1.在商品详情页面中编写初始化函数

编写初始化函数 initDB()，用于创建购物车表 cart，可以保存添加到购物车的商品信息，包括商品名、单价、数量、商品描述、商品图片信息等。

2.在商品详情页面中实现加入购物车功能

首先为"加入购物车"超链接添加鼠标单击事件处理函数 addCart()：

```
<a href="" onClick="addCart()">加入购物车</a>
```

然后编写 addCart() 函数，获取要添加到购物车的商品的商品名、单价、商品描述、商品图片信息，接下来，先执行 select 命令，判断当前商品是否之前已经在购物车中添加过，如果是，则使用 update 命令更新购物车表中的记录内容，将商品数量增 1;否则，使用 insert into 命令向购物车表中添加一条新记录。

3. 在购物车页面实现查看购物车信息功能

在购物车页面，当页面加载完毕时，需要调用 loadAll() 函数，从该函数中读取购物车表中保存的现有的商品信息，然后列表显示出来。

编写 loadAll() 函数，使用 select 命令查询购物车表中的所有数据，返回的结果集对象为 res,利用 res.rows.length 判断结果集是否为空，若不为空，则生成用于显示商品信息的 HTML 代码。循环取出结果集对象 res 中保存的每一项数据，利用 res.rows.item(i) 访问结果集的每一个元素 data,可以取出其中保存的商品图片（data.pic）、商品价格（data.price）、商品数量（data.num）和商品描述（data.description），分别在指定的区域中显示。

最后，使用 innerHTML 属性，将 result 中的 HTML 代码放入 id 为 list 的元素体中。

4. 在购物车页面实现删除购物车中的商品功能

首先，在生成"删除"超链接时，添加其鼠标单击事件处理函数 delCart():

```
"...<a href=\"javaScript:delCart('"+data.goodsname+"')\" onClick=\"return
confirm('确定要删除吗？')\">删除</a>"
```

其次，编写 delCart() 函数，从购物车中删除指定商品，其参数是所要删除商品的商品名称。使用 delete 命令可以把指定记录从购物车表中删除。

最后，调用 loadAll() 方法重新显示购物车中的现有内容。

11.3.3 项目实施

1. 在商品详情页面中编写初始化函数 initDB()

```
function initDB() {
    db=getDB();
    if(db){
        db.transaction(function (trans) {      //启动一个事务,并设置回调函数
            //执行创建表的 SQL 脚本
            trans.executeSql("create table if not exists cart(goodsname text
            null,price real null,num integer null,pic text null,description
            text null)", [],function (trans, result) {
            },
            function (trans, message) {
                alert(message);
```

```
        });
    });
}
```

//打开数据库,或者直接连接数据库,如果数据库不存在,则创建该数据库

```
function getDB(){
    //参数含义:数据库名,版本号,描述,大小
    var db=openDatabase("mydb", "1.0", "", 1024 * 1024);
    if(!db){
        alert("您的浏览器不支持 HTML5 本地数据库");
        return false;
    }
    return db;
}
```

2. 在商品详情页面中编写添加到购物车的函数 addCart()

//加入到购物车

```
function addCart(){
    var goodsname=document.getElementById("goodsname").innerHTML;
    var price=document.getElementById("price").innerHTML;
    var description=document.getElementById("description").innerHTML;
    var pic=document.getElementById("first_img").src;
    //var db=getDB();
    if(db){
        //执行 SQL 脚本
        db.transaction(function(trans) {
            var newGoods=trans.executeSql(
            "select * from cart where goodsname=? ",[goodsname],
            function (ts, data) {
                if(data){
                    if(data.rows.length==0){
                        trans.executeSql("insert into cart values(?,?,?,?,?)",
                                    [goodsname,price,1,pic,description],
                            function (ts, data) {
                                alert("添加成功");
                            },
                            function (ts, message) {
                                alert(message);
                            });
                    }
                    else{
                        trans.executeSql ("update cart set num= num+ 1 where
                        goodsname=? ",[goodsname], function (ts, data) {
                            alert("添加成功");
```

```
                    },
                    function (ts, message) {
                        alert(message);
                    });
                }
            }
        },
        function (ts, message) {
            alert(message);
            return false;
        });
    });
    }
}
```

3. 在购物车页面中编写显示当前购物车所有信息的函数 loadAll(),并在页面加载后调用该函数

```
window.onload=function(){
    loadAll();
}
function loadAll(){
    var list=document.getElementById("list");
    var result="";
    var db=getDB();
    if(db){
        db.transaction(function (trans) {
        trans.executeSql("select * from cart ", [],
            function (ts, res) {
                if (res) {
                    if(res.rows.length!=0){
                        for (var i=0; i<res.rows.length; i++) {

                            var data=res.rows.item(i);
                            result+="<div class=\"outter\">";
                            result+ ="< div class = \" div1 \" > < input type =
                            \"checkbox\" name = \" goods \"  style = \" vertical -
                            align:top\" id=\"1\" onChange=\"check2(event)\">";
                            result+="< img src = '"+ data.pic+"' width = \"79\"
                            height=\"80\" border=\"0\"><div style=\"font:12px;
                            width: 100px; vertical - align: top; display: inline -
                            block;\"><a href=\"\" alt=\"\">"+data.goodsname+
                            "</a></div></div><div class=\"div2\" style=\"color:
                            gray;font-size:12px\">"+data.description+"</div>
```

```
                        <div class=\"div3\" id=\"p"+ (i+1) +"\">"+data.price
                        +"</div><div class=\"div4\"><input type=\"number\"
                        name=\"num\" value=\""+data.num+"\" style=\"width:
                        60px;text-align:center\" onChange=\"count ("+ (i+1)
                        +")\" id=\"n"+ (i+1) +"\"></div><div class=\"div5\"
                        id=\"u"+ (i+1) +"\">"+ (data.price * data.num) +"</div>
                        <div class=\"div6\" style=\"font-size:12px;text-
                        align:center;line-height:20px\"><a href=\"\">移入收
                        藏夹</a><br><a href=\"javaScript:delCart ('"+data.
                        goodsname+ "')\" onClick=\"return confirm ('确定要
                        删除吗? ')\">删除</a></div><div class=\"div7\">
                        </div>";
                        result+="</div>";
                    }
                    list.innerHTML=result;
                }
                else{
                    list.innerHTML="目前购物车为空,快去购物吧";
                }
            }
        },
        function (ts, message) {
            alert(message);
        });
    });
    }
}
```

4. 在购物车页面中编写删除购物车中的商品的函数 delCart()

```
function delCart(gn){
    var db=getDB();
    if(db){
        db.transaction(function (trans) {
        trans.executeSql("delete from cart where goodsname=? ", [gn],
            function (ts, data) {
            },
            function (ts, message) {
                alert(message);
            });
        });
    }
    loadAll();
}
```

习　　题

一、选择题

1. HTML5 支持的 Web Storage 包括(　　)。
   A. session   B. sessionStorage   C. application   D. localStorage

2. 方法(　　)可以将数据存入 localStorage。
   A. getItem   B. setItem   C. key   D. removeItem

3. 方法(　　)可以将数据从 localStorage 中删除。
   A. getItem   B. setItem   C. key   D. removeItem

4. 方法(　　)可以取出 localStorage 中数据的键名。
   A. getItem   B. setItem   C. key   D. removeItem

5. 方法(　　)可以从 localStorage 中取出指定键名的数据值。
   A. getItem   B. setItem   C. key   D. removeItem

6. 下列关于 sessionStorage 的说法,错误的是(　　)。
   A. sessionStorage 将数据保存在 session 对象中,session 对象通常在客户端浏览器连接到服务器时建立,在浏览器关闭时销毁
   B. sessionStorage 中保存的数据在客户端浏览器连接到服务器端后一直到断开连接前,都可以访问。当会话结束后,数据会自动清除
   C. sessionStorage 是服务器端保存数据的对象
   D. sessionStorage 是临时保存数据的对象

7. 下列关于 localStorage 的说法,错误的是(　　)。
   A. localStorage 一直将数据保存在客户端本地的硬件设备,如硬盘等
   B. 浏览器关闭后,localStorage 中的数据仍然存在,当下一次客户端浏览器再次访问服务器时,其中的数据仍然可以继续访问
   C. localStorage 是客户端保存数据的对象
   D. localStorage 是临时保存数据的对象

8. 下列关于本地数据库的说法,错误的是(　　)。
   A. HTML5 提供了浏览器端的本地数据库支持,允许直接通过 JavaScript 在客户端浏览器创建一个本地数据库
   B. HTML5 的本地数据库支持标准 SQL 的增、删、改、查操作,让离线 Web 应用能够更加方便地存储结构化数据,大大丰富了客户端本地可以存储的数据内容
   C. HTML5 的本地数据库和 HTML4 中的 cookie 对象十分相似
   D. HTML5 内置了一个 SQLite 数据库作为本地数据库,可以通过标准 SQL 访问

9. 下列关于 openDatabase()方法,描述正确的是(　　)。
   A. var db＝openDatabase("mydb", "1.0", "My first DB", 2 * 1024 * 1024);创建的数据库大小为 2×1024×1024B

B. 该方法执行时,如果第一个参数指明的数据库不存在,则返回 null

C. 该方法执行时,若该数据库已存在,则直接返回该数据库的访问对象

D. var db＝openDatabase("mydb", "1.0", "MyFirstDB", 2 * 1024 * 1024);创建的数据库名为 MyFirstDB

10. 下列关于 executeSql()方法,描述错误的是(　　　)。

A. 该方法的第一个参数代表需要执行的 SQL 命令

B. 该方法的第二个参数代表用于替换 SQL 命令中所有参数占位符的数组。SQL 命令中的参数值可以使用"?"占位符代替,然后依次将用于替换这些占位符的变量放在数组中即可

C. 该方法的第三个参数代表执行 SQL 命令失败时调用的回调函数

D. 该方法可以执行标准 SQL 的增、删、改、查操作

11. 如何利用结果集对象的 rows 属性访问结果集中的每一行数据?(　　　)

A. rows[index]   B. rows.index

C. rows.get(index)   D. rows.getItem(index)

二、综合题

1. 使用 HTML5 的 sessionStorage 保存用户输入的文本信息,然后单击 Get data 按钮将数据读出并显示。实现如图 11.14 所示的效果。

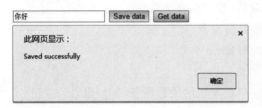

图 11.14　示例页面

2. 使用 HTML5 的 localStorage 完成用户登录页面的"记住密码"功能。当输入用户名、密码并选中"记住密码"复选框后,单击"登录"按钮,将本次输入的用户名和密码存入 localStorage,当再次打开登录页面后,从 localStorage 中读取上次输入的用户名和密码,并在登录表单中显示。实现如图 11.15 所示的效果。

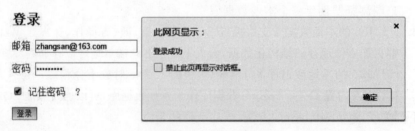

图 11.15　示例页面

jQuery 基础

本章概述

通过本章的学习,学生能够掌握 jQuery 编程方法,使用 jQuery 库提供的方法进行开发,了解 JSON 对象的数据结构和存储形式,学会编辑和使用 JSON 数据;会使用 Ajax 获取 JSON 数据。

学习重点与难点

重点:

(1) jQuery 选择器。

(2) jQuery 事件。

(3) jQuery 动画。

(4) JSON 数据的格式。

(5) Ajax 工作原理。

难点:

(1) jQuery 常用方法。

(2) jQuery 中的 ajax()方法。

重点及难点学习指导建议:

- 使用 Ajax 获取 JSON 数据进行页面更新,是目前常见的方法,该方法通过 jQuery 封装后,语法更加简洁。jQuery 的知识内容颇多,本书不再赘述,希望大家自学并掌握 jQuery 语法。

12.1　jQuery 的由来及简介

jQuery 是一个快速、简洁的 JavaScript 库，能够简化阅读 HTML 文档、处理事件、实现动画以及向网页添加 Ajax 互动等过程。jQuery 改进了编写 JavaScript 的方式。

jQuery 作为 JavaScript 的第三方类库，补充了 JavaScript 的不足，提供了更多方便的函数供调用者使用。绝大部分网站开发都会用到第三方类库，这些类库会极大地方便我们的编程。jQuery 倡导的原则是：写得多，做得少。

- jQuery 能够使用户的 HTML 页保持代码和 HTML 内容分离。
- 简化 JavaScript 和 Ajax 编程。
- 提供了强大的功能函数和丰富的 UI(用户界面)，解决了浏览器兼容性问题。
- 方便地处理 HTML documents、events，实现动画效果。

12.1.1　向页面添加 jQuery 库

jQuery 库位于一个 JavaScript 文件中，其中包含了所有的 jQuery 函数。可以通过下面的标记把 jQuery 添加到网页中。

```
<head>
    <script type="text/javascript" src="jquery.js"></script>
</head>
```

注意：<script> 标签应该位于页面的 <head> 部分。

有两个版本的 jQuery 可供下载：一份是精简过的；另一份是未压缩的(供调试或阅读)。这两个版本都可从 jQuery.com 下载。

基础语法是：

```
$(selector).action()
```

- 美元符号定义 jQuery。
- 选择符(selector)"查询"和"查找"HTML 元素。
- jQuery 的 action()执行对元素的操作。

例如：

```
$("p").hide()              //隐藏所有段落
$(".test").hide()          //隐藏所有 class="test"的元素
```

所有的 jQuery 函数都位于一个 document ready 函数中。

```
$(document).ready(function(){
---jQuery functions go here ----
});
```

这是为了防止文档在完全加载(就绪)之前运行 jQuery 代码。如果在文档没有完全加载之前就运行函数，操作可能失败。下面是两个具体的例子。

- 试图隐藏一个不存在的元素。
- 获得未完全加载的图像的大小。

文档就绪函数 $(document).ready(function(){});可以简写成 $(function(){});。

12.1.2　项目：第一个 jQuery 程序

1. 项目说明

编写第一个 jQuery 程序，弹出警告框，输出 Hello World，并且在浏览器中查看和展示页面。

2. 项目设计

首先，在 HTML 页面引入库文件 jQuery.min.js，然后，在<script>与</script>标签之间编程，在文档就绪函数中写下 alert("Hello World")。

3. 项目实施

打开编辑器，输入如下代码。

```
<!DOCTYPE html>
<html>
    <head>
        <script type="text/javascript" src="js/jquery.min.js"></script>
        <script>
            $(function() {
                alert("Hello World");
            })
        </script>
    </head>
    <body>
    </body>
</html>
```

在浏览器内运行，显示效果如图 12.1 所示。

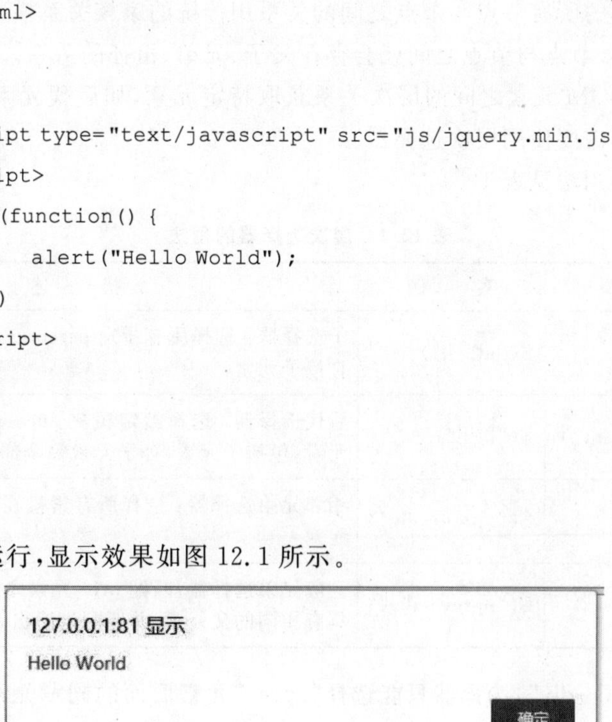

图 12.1　第一个 jQuery 程序

12.2 jQuery 选择器

12.2.1 基本选择器

jQuery 使用 CSS 选择器选取 HTML 元素。

- ID 选择器 $("♯box")。
- 类选择器 $(".classname")。
- 标签选择器 $("div")。

例如：

$("p")选取<p>元素。

$("p.intro")选取所有 class＝"intro"的<p>元素。

$("p♯demo")选取所有 id＝"demo"的<p>元素。

$("li:odd")选取所有奇数<li>元素。

$("li:eq(1)")选取所有<li>中的第二个元素(index 从 0 开始)。

$("li:lt(2)")选取所有<li>中 index 小于 2 的元素(index 从 0 开始)。

12.2.2 层次选择器

可以把文档中的所有节点与节点之间的关系用传统的家族关系描述。如果把文档树当作一个家谱,那么节点与节点之间就会存在父子、兄弟、祖孙的关系。

如果想通过 DOM 元素之间的层次关系获取特定元素,如后代元素、子元素、相邻元素、兄弟元素等,则需要使用层次选择器。

层次选择器的用法见表 12.1。

表 12.1 层次选择器的用法

选 择 器	实 例	描 述
$("parent>child")	$("ul>li")	子选择器：选择所有指定 parent 元素中指定的 child 的直接子元素
$("ancestor descendant")	$("ul li")	后代选择器：选择给定祖先 ancestor 元素的所有后代元素,包括子元素、孙子元素等全部后代元素
$("prev＋next")	$(".prev＋div")	相邻兄弟选择器：选择所有紧接在 prev 元素后的 next 元素
$("prev~siblings")	$(".prev~div")	一般兄弟选择器：匹配 prev 元素之后的所有兄弟元素。具有相同的父元素,并匹配过滤出 siblings 选择器

注意：(".prev~div")选择器只能选择".prev"元素后面的同辈元素；而 jQuery 中的方法 siblings()与前后位置无关,只要是同辈节点,就可以选取。

层次选择器之间的相似点与不同点如下。

(1) 层次选择器都有一个参考节点。

（2）后代选择器包含子选择器选择的内容。

（3）一般兄弟选择器包含相邻兄弟选择的内容。

（4）相邻兄弟选择器和一般兄弟选择器选择的元素必须在同一个父元素下。

12.2.3　过滤选择器

过滤选择器主要是通过特定的过滤规则筛选出所需的 DOM 元素，该选择器都以"："开头。

按照不同的过滤规则，过滤选择器又可分为基本过滤、内容过滤、可见性过滤、属性过滤、子元素过滤和表单对象属性过滤选择器。

1. 基本过滤选择器

基本过滤选择器见表 12.2。

表 12.2　基本过滤选择器

选　择　器	实　　例	选　　取
:first	$("p:first")	第一个<p>元素
:last	$("p:last")	最后一个<p>元素
:even	$("tr:even")	所有偶数<tr>元素
:odd	$("tr:odd")	所有奇数<tr>元素
:eq(index)	$("ul li:eq(3)")	列表中的第四个元素(index 从 0 开始)
:gt(no)	$("ul li:gt(3)")	列出 index 大于 3 的元素
:lt(no)	$("ul li:lt(3)")	列出 index 小于 3 的元素
:not(selector)	$("input:not(:empty)")	所有不为空的 input 元素
:header	$(":header")	所有标题元素<h1>～<h6>
:animated	$(":animated")	所有当前正在动的动画元素

2. 内容过滤选择器

内容过滤选择器的过滤规则主要体现在它所包含的子元素和文本内容上，见表 12.3。

表 12.3　内容过滤选择器

选　择　器	实　　例	选　　取
:contains(text)	$(":contains('W3School')")	包含指定字符串的所有元素
:empty	$(":empty")	无子(元素)节点的所有元素
:has(selector)	$("p:has(span)")	选取所有包含一个或多个元素在其内的元素，匹配指定的选择器
:parent	$("td:parent")	选取所有包含子节点或文本节点的元素

3. 可见性过滤选择器

可见性过滤选择器(表 12.4)是根据元素的可见和不可见状态选择相应的元素。

可见选择器:hidden 不仅包含样式属性 display 为 none 的元素,也包含文本隐藏域(<input type="hidden">)和 visible:hidden 之类的元素。

表 12.4　可见性过滤选择器

选 择 器	实 例	选 取
:hidden	$("p:hidden")	所有隐藏的<p>元素
:visible	$("table:visible")	所有可见的表格

4. 属性过滤选择器

属性过滤选择器的过滤规则是通过元素的属性获取相应的元素,见表 12.5。

表 12.5　属性过滤选择器

选 择 器	实 例	选 取
[attribute]	$("[href]")	所有带有 href 属性的元素
[attribute＝value]	$("[href='♯']")	所有 href 属性的值等于"♯"的元素
[attribute!＝value]	$("[href!='♯']")	所有 href 属性的值不等于"♯"的元素
[attribute$＝value]	$("[href$='.jpg']")	所有 href 属性的值包含以".jpg"结尾的元素

5. 子元素过滤选择器

子元素过滤选择器见表 12.6。

表 12.6　子元素过滤选择器

选 择 器	实 例	选 取
:first-child	$("p:first-child")	属于其父元素的第一个子元素的所有<p>元素
:last-child	$("p:last-child")	属于其父元素的最后一个子元素的所有<p>元素
:nth-child(n)	$("p:nth-child(2)")	属于其父元素的第二个子元素的所有<p>元素
:only-child	$("p:only-child")	属于其父元素的唯一子元素的所有<p>元素

nth-child()选择器详解如下。

(1) :nth-child(even/odd):能选取每个父元素下的索引值为偶(奇)数的元素。

(2) :nth-child(2):能选取每个父元素下的索引值为 2 的元素。

(3) :nth-child(3n):能选取每个父元素下的索引值为 3 的倍数的元素。

(4) :nth-child(3n＋1):能选取每个父元素下的索引值为 3n＋1 的元素。

6. 表单对象属性过滤选择器

表单对象属性过滤选择器主要对所选择的表单元素进行过滤，见表 12.7。

表 12.7　表单对象属性过滤选择器

选　择　器	实　例	选　取
:enabled	$(":enabled")	所有启用的元素
:disabled	$(":disabled")	所有禁用的元素
:selected	$(":selected")	所有选定的下拉列表元素
:checked	$(":checked")	所有选中的复选框选项

12.2.4　表单元素选择器

与表单元素相关的选择器见表 12.8。

表 12.8　与表单元素相关的选择器

选　择　器	实　例	选　取
:input	$(":input")	所有＜input＞元素
:text	$(":text")	所有 type＝"text"的＜input＞元素
:password	$(":password")	所有 type＝"password"的＜input＞元素
:radio	$(":radio")	所有 type＝"radio"的＜input＞元素
:checkbox	$(":checkbox")	所有 type＝"checkbox"的＜input＞元素
:submit	$(":submit")	所有 type＝"submit"的＜input＞元素
:reset	$(":reset")	所有 type＝"reset"的＜input＞元素
:button	$(":button")	所有 type＝"button"的＜input＞元素
:image	$(":image")	所有 type＝"image"的＜input＞元素
:file	$(":file")	所有 type＝"file"的＜input＞元素

12.3　jQuery 常用方法

1. css()方法

css()方法返回或设置匹配的元素的一个或多个样式属性。

语法 1：返回第一个匹配元素的 CSS 属性值。当用于返回一个值时，不支持简写的 CSS 属性（如"background"和"border"）。

```
$(selector).css(name)
```

例如，取得第一个段落的 color 样式属性的值。

```
$("p").css("color");
```

语法 2：设置所有匹配元素的指定 CSS 属性。

```
$(selector).css({property:value, property:value, ...});
```

例如，设置多个样式。

```
$('div').css("background","#bfa");
$("p").css({ "color":"white", "background-color":"#98bf21", "font-family":
"Arial", "font-size":"20px", "padding":"5px" });
```

2. html()方法

html()方法返回或设置被选元素的内容(inner HTML)。
语法 1：当使用该方法返回一个值时，它会返回第一个匹配元素的内容。

```
$(selector).html()
```

例如：

```
<html>
<head>
<script type="text/javascript" src="/jquery/jquery.js"></script>
<script type="text/javascript">
$(document).ready(function(){
  $(".btn1").click(function(){
    console.log($("p").html());
  });
});
</script>
</head>
<body>
<p>text1</p><p>text2</p><p>text3</p>
<button class="btn1">获取 p 元素的内容</button>
</body>
</html>
```

输出：

```
text1
```

语法 2：当使用该方法设置一个值时，它会覆盖所有匹配元素的内容。

```
$(selector).html(content)
```

例如：

```
$("span").html(5);
$("p").html("Hello<b>world</b>!");
```

3. val()方法

val()方法返回或设置被选元素的值。

元素的值是通过 value 属性设置的。该方法大多用于 input 元素。如果该方法未设置参数，则返回被选元素的当前值。

语法 1：返回第一个匹配元素的 value 属性的值。

```
$(selector).val()
```

例如：

```
$("input:text").val()
```

语法 2：设置 value 属性的值。

```
$(selector).val(value)
```

例如：

```
$("button").click(function(){
  $(":text").val("Hello World");
});
```

语法 3：使用函数设置 value 属性的值。

```
$(selector).val(function(index,oldvalue))
```

例如：

```
<html>
<head>
<script type="text/javascript" src="/jquery/jquery.js"></script>
<script type="text/javascript">
$(document).ready(function(){
  $("button").click(function(){
    $("input:text").val(function(n,c){
      return c+" Gates"+n;
    });
  });
});
</script>
</head>
<body>
<p>Name:<input type="text" name="user" value="Bill" /></p>
<p>Name:<input type="text" name="user" value="Ruth" /></p>
<button>设置文本域的值</button>
</body>
</html>
```

输出：

Name: Bill Gates0

Name: Ruth Gates1

设置文本域的值

4. size()方法

size()方法返回被 jQuery 选择器匹配的元素的数量。

语法：

```
$(selector).size()
```

例如：输出被 jQuery 选择器匹配的元素的数量。

```
$("button").click(function(){
  alert($("li").size());
});
```

5. append()方法

append()方法在被选元素的结尾(仍然在内部)插入指定内容。

语法：

```
$(selector).append(content)
```

例如：在每个 p 元素结尾插入内容。

```
$("button").click(function(){
  $("p").append("<b>Hello world!</b>");
});
```

6. attr()方法

attr()方法设置或返回被选元素的属性和值。

如果该方法用于返回属性值,则返回第一个匹配元素的值。如果该方法用于设置属性值,则为匹配元素设置一个或多个属性/值对。

语法：

返回属性的值：

```
$(selector).attr(attribute)
```

设置属性和值：

```
$(selector).attr(attribute,value)
```

使用函数设置属性和值：

```
$(selector).attr(attribute,function(index,currentvalue))
```

设置多个属性和值：

```
$ (selector).attr({attribute:value,attribute:value,...})
```

例如：设置图像的 width 属性。

```
$("button").click(function(){ $("img").attr("width","500"); });
```

7. index()方法

index()方法返回指定元素相对于其他指定元素的 index 位置。

这些元素可通过 jQuery 选择器或 DOM 元素指定。如果未找到元素，index()将返回－1。

语法 1：获得第一个匹配元素相对于同级元素的 index。

```
$(selector).index()
```

例如：获得被单击的<li>元素相对于它的同级元素的 index。

```
$("li").click(function(){
    alert($(this).index());
});
```

语法 2：获得元素相对于选择器的 index 位置。

```
$(selector).index(element)
```

例如：获得被单击的 div 的序号。

```
$("div").click(function(){
    var n=$("div").index(this);
    $("span").html(n.toString());
});
```

8. addClass()方法

addClass() 方法向被选元素添加一个或多个类名。

该方法不会移除已存在的 class 属性，仅添加一个或多个类名到 class 属性。如需添加多个类，请使用空格分隔类名。

语法：

```
$(selector).addClass(classname,function(index,oldclass))
```

例如：向第一个<p>元素添加一个类名。

```
$("button").click(function(){ $("p:first").addClass("intro"); });
```

12.4　jQuery 对象与 DOM 对象

1. jQuery 对象

jQuery 对象就是通过 jQuery 包装 DOM 对象后产生的对象。

jQuery 对象是 jQuery 独有的。如果一个对象是 jQuery 对象,那么它就可以使用 jQuery 里的方法,如 $("#tab").html();。

jQuery 对象无法使用 DOM 对象的任何方法。同样 DOM 对象也不能使用 jQuery 里的任何方法。

建议:如果获取的是 jQuery 对象,就要在变量前面加上 $ 。

```
var $variable=jQuery 对象
var variable=DOM 对象
```

2. jQuery 对象转换成 DOM 对象

jQuery 对象不能使用 DOM 中的方法,但如果 jQuery 没有封装想要的方法,不得不使用 DOM 方法的时候,有如下两种处理方法。

(1) jQuery 对象是一个数组对象,可以通过[index]的方法得到对应的 DOM 对象。

```
$("#msg")[0]
```

(2) 使用 jQuery 中的 get(index)方法得到相应的 DOM 对象。

```
$("#msg").get(0)
```

以下几种写法都是正确的。

```
$("#msg").html();
$("#msg")[0].innerHTML;
$("#msg").eq(0)[0].innerHTML;
$("#msg").get(0).innerHTML;
```

如$("#msg")[0],$("div").eq(1)[0],$("div").get()[1],$("td")[5]都是 DOM 对象,可以使用 DOM 中的方法,但不能再使用 jQuery 的方法。

3. DOM 对象转换成 jQuery 对象

对于一个 DOM 对象,只用 $()把 DOM 对象包装起来,就可以获得一个 jQuery 对象。例如:

```
$(document.getElementById("msg"))
```

转换后就可以使用 jQuery 中的方法了。

12.5　jQuery 事件

12.5.1　常见的 DOM 事件

页面对不同访问者的响应叫作事件。事件处理程序指的是当 HTML 中发生某些事件时调用的方法。常见的 DOM 事件见表 12.9。

表 12.9　常见的 DOM 事件

鼠标事件	键盘事件	表单事件	文档/窗口事件
click	keypress	submit	load
dblclick	keydown	change	resize
mouseenter	keyup	focus	scroll
mouseleave		blur	unload

例如：定义 p 标签的单击事件。

```
$("p").click();
```

事件的处理可以通过一个事件函数实现。

```
$("p").click(function(){ alert("动作触发后执行的代码!! "); });
```

1. click()

当单击元素时,会发生 click 事件。

click()方法触发 click 事件,或规定当发生 click 事件时运行的函数。该方法在用户单击 HTML 元素时执行。

例如：当单击事件在某个<p>元素上触发时,隐藏当前的<p>元素。

```
$("p").click(function(){ $(this).hide(); });
```

2. dblclick()

当双击元素时,会发生 dblclick 事件。

dblclick()方法触发 dblclick 事件,或规定当发生 dblclick 事件时运行的函数。

例如：当双击事件在某个<p>元素上触发时,隐藏当前的<p>元素。

```
$("p").dblclick(function(){ $(this).hide(); });
```

3. mouseenter()

当鼠标指针进入元素时,会发生 mouseenter 事件。

例如：

```
$("#p1").mouseenter(function(){
    alert('您的鼠标移到了 id="p1"的元素上!');
});
```

4. mouseleave()

当鼠标指针离开元素时,会发生 mouseleave 事件。

例如：

```
$("#p1").mouseleave(function(){
    alert("再见,您的鼠标离开了该段落。");
});
```

5. mousedown()

当鼠标指针移动到元素上方,并按下鼠标按键时,会发生 mousedown 事件。
例如:

```
$("#p1").mousedown(function(){ alert("鼠标在该段落上按下!"); });
```

6. mouseup()

当在元素上松开鼠标按钮时,会发生 mouseup 事件。
例如:

```
$("#p1").mouseup(function(){ alert("鼠标在段落上松开。"); });
```

7. hover()

hover()方法用于模拟光标悬停事件。
当鼠标移动到元素上时,会触发指定的第一个函数(mouseenter);当鼠标移出这个元素时,会触发指定的第二个函数(mouseleave)。
例如:

```
$("#p1").hover (function(){ alert("你进入了 p1!"); },
                function(){ alert("拜拜! 现在你离开了 p1!"); }
                );
```

8. focus()

当元素获得焦点时,会发生 focus 事件。
当单击选中元素或通过 tab 键定位到元素时,该元素就会获得焦点。
例如:

```
$("input").focus(function(){
    $(this).css("background-color","#cccccc");
});
```

9. blur()

当元素失去焦点时,会发生 blur 事件。
例如:

```
$("input").blur(function(){
    $(this).css("background-color","#ffffff");
});
```

12.5.2 事件绑定／移除

1. on()方法

on()方法在被选元素及子元素上添加一个或多个事件处理程序。

使用 on()方法添加的事件处理程序适用于当前及未来的元素(如由脚本创建的新元素)。如需移除事件处理程序,请使用 off()方法。如需添加只运行一次的事件然后移除,请使用 on()方法。on()方法参数说明见表 12.10。

语法:

```
$(selector).on(event,childSelector,data,function)
```

表 12.10　on()方法参数说明

参　　数	描　　述
event	必需。规定要从被选元素移除的一个或多个事件或命名空间。 由空格分隔多个事件值,也可以是数组。必须是有效的事件
childSelector	可选。规定只能添加到指定的子元素上的事件处理程序(且不是选择器本身,如已废弃的 delegate()方法)
data	可选。规定传递到函数的额外数据
function	可选。规定当事件发生时运行的函数

例如:向<p>元素添加 click 事件处理程序。

```
$(document).ready(function(){
    $("p").on("click",function(){ alert("段落被单击了。"); });
});
```

2. off()方法

off()方法通常用于移除通过 on()方法添加的事件处理程序。

如需移除指定的事件处理程序,当事件处理程序被添加时,选择器字符串必须匹配 on()方法传递的参数。off()方法参数说明见表 12.11。

语法:

```
$(selector).off(event,selector,function(eventObj),map)
```

表 12.11　off()方法参数说明

参　　数	描　　述
event	必需。规定要从被选元素移除的一个或多个事件或命名空间。 由空格分隔多个事件值。必须是有效的事件
selector	可选。规定添加事件处理程序时最初传递给 on()方法的选择器
function(eventObj)	可选。规定当事件发生时运行的函数
map	规定事件映射({event:function,event:function,…}),包含要添加到元素的一个或多个事件,以及当事件发生时运行的函数

例如，移除所有＜p＞元素上的 click 事件。

```
$("button").click(function(){
    $("p").off("click");
});
```

3. bind()方法

bind()方法向被选元素添加一个或多个事件处理程序，以及当事件发生时运行的函数。自 jQuery 版本 1.7 起，on()方法是向被选元素添加事件处理程序的首选方法。

语法：

```
$(selector).bind(event,data,function,map)
```

event：必需。规定添加到元素的一个或多个事件。由空格分隔多个事件值，必须是有效的事件。

data：可选。规定传递到函数的额外数据。

function：必需。规定当事件发生时运行的函数。

map：规定事件映射(｛event:function,event:function,…｝)，包含要添加到元素的一个或多个事件，以及当事件发生时运行的函数。

例如，向＜p＞元素添加一个单击事件。

```
$("p").bind("click",function(){
    alert("这个段落被单击了。");
});
```

例如，向元素添加多个事件。

```
$(document).ready(function(){
  $("p").bind("mouseover mouseout",function(){
    $("p").toggleClass("intro");
  });
});
```

4. unbind()方法

unbind()方法移除被选元素的事件处理程序。该方法能够移除所有的或被选的事件处理程序，或者当事件发生时终止指定函数的运行。

该方法也可以通过 event 对象取消绑定的事件处理程序。该方法也用于对自身内部的事件取消绑定(如当事件已被触发一定次数之后，删除事件处理程序)。

如果未规定参数，则 unbind()方法会删除指定元素的所有事件处理程序。unbind()方法适用于任意由 jQuery 添加的事件处理程序。

自 jQuery 1.7 起，on()和 off()方法是在元素上添加和移除事件处理程序的首选方法。

语法：

```
$(selector).unbind(event,function,eventObj)
```

例如，移除所有＜p＞元素的事件处理程序。

```
$("button").click(function(){
    $("p").unbind();
});
```

12.6　jQuery 动画

12.6.1　隐藏和显示

hide()方法隐藏被选元素。这与 CSS 属性 display:none 类似。隐藏的元素不会被完全显示(不再影响页面的布局)。

语法：

```
$(selector).hide(speed,easing,callback)
```

show()方法显示隐藏的被选元素。show()适用于通过 jQuery 方法和 CSS 中 display:none 隐藏的元素(不适用于通过 visibility:hidden 隐藏的元素)。

语法：

```
$(selector).show(speed,easing,callback)
```

speed：速度。可能的值有毫秒、slow、fast。

easing：规定在动画的不同点上元素的速度,默认值为"swing"。可能的值有 swing 和 linear。

- swing：在开头/结尾移动慢,在中间移动快。
- linear：匀速移动。

callback：回调函数。

例如，隐藏所有＜p＞元素。

```
$("button").click(function(){
    $("p").hide();
});
```

例如，规定隐藏效果的速度。

```
$(document).ready(function(){
    $(".btn1").click(function(){
        $("p").hide(1000);
    });
    $(".btn2").click(function(){
```

```
            $("p").show(1000);
    });
});
```

例如，hide()方法，先执行隐藏，后执行 callback 函数，弹出警告窗口。

```
$(document).ready(function(){
    $(".btn1").click(function(){
        $("p").hide(1000,function(){
            alert("Hide()方法已完成!");
        });
    });
    $(".btn2").click(function(){
        $("p").show(1000,function(){
            alert("Show()方法已完成!");
        });
    });
});
```

12.6.2　淡入和淡出

　　fadeIn()方法逐渐改变被选元素的不透明度，从隐藏到可见（褪色效果）。隐藏的元素不会被完全显示（不再影响页面的布局）。该方法通常与 fadeOut()方法一起使用。
　　语法：

```
$(selector).fadeIn(speed,easing,callback)
```

例如，使用淡入效果显示所有<p>元素。

```
$("button").click(function(){ $("p").fadeIn(); });
```

fadeOut()方法逐渐改变被选元素的不透明度，从可见到隐藏（褪色效果）。隐藏的元素不会被完全显示（不再影响页面的布局）。
　　语法：

```
$(selector).fadeOut(speed,easing,callback)
```

例如，使用淡出效果显示所有<p>元素。

```
$("button").click(function(){ $("p").fadeOut(); });
```

12.6.3　animate 动画

　　jQuery animate()方法用于创建自定义动画。
　　语法：

```
$(selector).animate({params},speed,callback);
```

必需的 params 参数用于定义形成动画的 CSS 属性。

可选的 speed 参数用于规定效果的时长。它的取值为 slow、fast 或毫秒。

可选的 callback 参数是动画完成后执行的函数名称。

例如,下面的动画把<div>元素往右边移动了 250 像素。

```
$("button").click(function(){ $("div").animate({left:'250px'}); });
```

例如,生成动画的过程中可同时使用多个属性。

```
$("button").click(function(){ $("div").animate({ left:'250px', opacity:'0.5',
height:'150px', width:'150px' }); });
```

例如,定义相对值,需要在值的前面加上＋＝或－＝。

```
$("button").click(function(){ $("div").animate({ left:'250px', height:'+=
150px', width:'+=150px' }); });
```

例如,把属性的动画值设置为 show、hide 或 toggle。

```
$("button").click(function(){ $("div").animate({ height:'toggle' }); });
```

例如,编写多个 animate()调用,jQuery 会创建包含这些方法调用的“内部”队列,然后逐一运行这些 animate 调用。

```
$("button").click(function(){
    var div=$("div");
    div.animate({height:'300px',opacity:'0.4'},"slow");
    div.animate({width:'300px',opacity:'0.8'},"slow");
    div.animate({height:'100px',opacity:'0.4'},"slow");
    div.animate({width:'100px',opacity:'0.8'},"slow");
});
```

12.7　咖啡商城——图片轮播

12.7.1　项目说明

使用 jQuery 编程实现咖啡商城首页的广告栏图片轮播效果,如图 12.2 所示。

图 12.2　图片轮播

12.7.2　项目设计

（1）图片的隐藏和显示，可以使用 hide()、fadeIn()方法。

（2）动画效果的循环播放，可以通过函数自调用实现。

（3）图片轮播的算法实现过程如下。

- 循环开始，把 3 幅图一起隐藏。
- 让当前 index 指向的图片淡出。
- 改写 index 的值。
- 等待 2000ms，函数自调用，开始下一轮循环。

12.7.3　项目实施

实现代码如下所示。

```
<!DOCTYPE HTML>
<HTML>
  <HEAD>
    <TITLE>New Document</TITLE>
    <SCRIPT type="text/javascript" src="jquery.js">
    </SCRIPT>
    <SCRIPT type="text/javascript">
    var index=0;
    var timer="";
    $(function(){  showing(index);  })

      function showing(index){
        $("#banner li").hide();
        $("#banner li:eq("+index+")").fadeIn("slow");
        index=index+1>2? 0:index+1;        //一共 3 幅图
        timer=setTimeout("showing("+index+")",2000);
      }
    </SCRIPT>
    <style>li{list-style:none;width:500px}</style>
  </HEAD>
<BODY>
  <UL id="banner">
    <li><A HREF="">  <img src="image/banner1.jpg"></A></li>
    <li><A HREF="">  <img src="image/banner2.jpg"></A></li>
    <li><A HREF="">  <img src="image/banner3.jpg"></A></li>
  </UL>
</BODY>
</HTML>
```

12.8 JSON

JS 对象简谱(JavaScript Object Notation,JSON)是一种轻量级的数据交换格式。它基于 ECMAScript 的一个子集,采用完全独立于编程语言的文本格式存储和表示数据。简洁和清晰的层次结构使得 JSON 成为理想的数据交换语言,易于人阅读和编写,同时也易于机器解析和生成,并可有效地提升网络的传输效率。

12.8.1 JSON 语法规则

在 JavaScript 语言中,一切都是对象。因此,任何支持的类型都可以通过 JSON 表示,如字符串、数字、对象、数组等。但是,对象和数组是比较特殊且常用的两种类型。

- 对象表示为键/值对。
- 数据由逗号分隔。
- 花括号保存对象。
- 方括号保存数组。

1. JSON 键/值对

JSON 键/值对是用来保存 JavaScript 对象的一种方式,和 JS 对象的写法大同小异。键/值对组合中的键名写在前面并用双引号""包裹,使用冒号:分隔,然后紧接着值。

```
{"firstName": "Json"}
```

等价于下列的 JavaScript 语句:

```
{firstName : "Json"}
```

键/值对的值可以是:
数字(整数或浮点数)
字符串(在双引号中)
逻辑值(true 或 false)
数组(在方括号中)
对象(在花括号中)
null

2. JSON 与 JavaScript 对象的关系

JSON 是 JavaScript 对象的字符串表示法,它使用文本表示一个 JavaScript 对象的信息,本质上是一个字符串。

如:

```
var obj={a: 'Hello', b: 'World'};        //这是一个对象,注意,键名也可以使用引号包裹
var json='{"a": "Hello", "b": "World"}'; //这是一个 JSON 字符串,本质上是一个字符串
```

3. JSON 和 JavaScript 对象互相转换

要实现从对象转换为 JSON 字符串,使用 JSON. stringify()方法。

```
var json=JSON.stringify({a: 'Hello', b: 'World'});
                                    //结果是'{"a": "Hello", "b": "World"}'
```

要实现从 JSON 转换为对象,使用 JSON. parse()方法。

```
var obj=JSON.parse('{"a": "Hello","b": "World"}'); //结果是{a: 'Hello', b: 'World'}
```

12.8.2 常用类型

对象:对象在 JavaScript 中是使用花括号{ }包裹起来的内容,数据结构为{key1:value1,key2:value2,...}的键/值对结构。在面向对象的语言中,key 为对象的属性,value 为对应的值。键名可以使用整数和字符串表示。值的类型可以是任意类型。

数组:数组在 JavaScript 中是方括号[ ]包裹起来的内容,数据结构为["java","javascript","vb",…]的索引结构。在 JavaScript 中,数组是一种比较特殊的数据类型,它也可以像对象那样使用键/值对,但还是索引使用得多。同样,值的类型可以是任意类型。

12.8.3 基础示例

简单地说,JSON 可以将 JavaScript 对象中表示的一组数据转换为字符串,然后就可以在网络或者程序之间轻松地传递这个字符串,并在需要的时候将它还原为各编程语言支持的数据格式。例如,在 PHP 中,可以将 JSON 还原为数组或者一个基本对象。用到 Ajax 时,如果需要用到数组传值,这时就要用 JSON 将数组转换为字符串。

1. 值是字符串

JSON 最常用的格式是对象的键/值对。例如:

```
{"firstName":"Brett","lastName":"McLaughlin"}
```

2. 值是数组

和普通的 JavaScript 数组一样,JSON 也是使用方括号[ ]表示数组。

```
{
    "people":[
        {
            "firstName":"Brett",
            "lastName":"McLaughlin"
        },
        {
            "firstName":"Jason",
            "lastName":"Hunter"
        }
```

```
    ]
}
```

这不难理解。在这个示例中，只有一个名为 people 的键，值是一个数组，数组元素是对象，每个对象是一个人的记录，其中包含名和姓。上面的示例演示如何用数组将对象组合成一个值。当然，可以使用相同的语法表示更复杂的值（数组-对象-数组的多次嵌套）。

12.9　Ajax

Ajax 即 Asynchronous Javascript And XML（异步 JavaScript 和 XML），是指一种创建交互式网页应用的网页开发技术。

Ajax＝异步 JavaScript 和 XML（标准通用标记语言的子集）。

Ajax 是一种用于创建快速动态网页的技术。

Ajax 是一种在无须重新加载整个网页的情况下，能够更新部分网页的技术。

通过在后台与服务器进行少量数据交换，Ajax 可以使网页实现异步更新。这意味着可以在不重新加载整个网页的情况下，对网页的某部分进行更新。

传统的网页（不使用 Ajax）如果需要更新内容，必须重载整个网页页面。

12.9.1　Ajax 如何工作

1. 建立 xmlHttpRequest 对象

```
var xmlhttp;
if(window.XMLHttpRequest) {
//适用于 IE7+、Firefox、Chrome、Opera、Safari
xmlhttp=new XMLHttpRequest();
}
else {    适用于 IE6、IE5
xmlhttp=new ActiveXObject("Microsoft.XMLHTTP");
}
```

XMLHttpRequest 用于在后台与服务器交换数据。这意味着可以在不重新加载整个网页的情况下，对网页的某部分进行更新。

为了应对所有的现代浏览器，包括 IE5 和 IE6，请检查浏览器是否支持 XMLHttpRequest 对象。如果支持，则创建 XMLHttpRequest 对象。如果不支持，则创建 ActiveXObject 。

2. 使用 OPEN 方法与服务器建立连接

```
open(method,url,async)
```

规定请求的类型、URL 以及是否异步处理请求。

method：请求的类型；GET 或 POST。

url：文件在服务器上的位置。

async：true(异步)或 false(同步)。

例如：

```
xmlHttp.open("get","ajax?name="+name,true)
```

此步注意设置 http 的请求方式(POST/GET)，如果是 POST 方式，则注意设置请求头信息。

```
xmlHttp.setRequestHeader("Content-Type","application/x-www-form-urlencoded")
```

3. 向服务器端发送数据

如果是 GET 方式：

```
xmlHttp.send();
```

如果是 POST 方式，可以将希望发送的数据写在括号中。

```
xmlhttp.send("fname=Bill&lname=Gates");
```

4. 在回调函数中针对不同的响应状态进行处理

在 onreadystatechange 事件中，规定当服务器响应已做好被处理的准备时所执行的任务。

当 readyState 等于 4 且状态为 200 时，表示响应已就绪。

```
xmlhttp.onreadystatechange=function()
  {
  if (xmlhttp.readyState==4 && xmlhttp.status==200)
    {
    document.getElementById("myDiv").innerHTML=xmlhttp.responseText;
    }
  }
```

下面是 XMLHttpRequest 对象的 3 个重要属性，见表 12.12。

表 12.12　XMLHttpRequest 对象的 3 个重要属性

属　　性	描　　述
onreadystatechange	存储函数(或函数名)，当 readyState 属性改变时，就调用该函数
readyState	存有 XMLHttpRequest 的状态。从 0 到 4 发生变化 0：请求未初始化 1：服务器连接已建立 2：请求已接收 3：请求处理中 4：请求已完成，且响应已就绪
status	200："OK" 404：未找到页面

5. 获得响应数据

如需获得来自服务器的响应，则使用 XMLHttpRequest 对象的 responseText 或 responseXML 属性。

responseText 获得字符串形式的响应数据。

responseXML 获得 XML 形式的响应数据。

```
document.getElementById("myDiv").innerHTML=xmlhttp.responseText;
```

12.9.2　jQuery 中的 Ajax

使用 jQuery 封装的 ajax()方法，可以简单地实现上述的所有过程。jQuery 中的 Ajax 有 4 种常用请求方式：$.get()、$.post()、$.ajax()、$.getJSON()。

$.ajax 是 jQuery 底层 Ajax 实现，是一种通用的底层封装。$.ajax()请求数据之后，需要使用回调函数，这些函数包括 beforeSend、error、dataFilter、success、complete 等。

$.get $.post 是简单易用的高层实现，我们使用 $.get $.post 方法，jQuery 会自动封装调用底层的 $.ajax。

$.get 只处理简单的 GET 请求功能，以取代复杂 $.ajax，请求成功时可调用回调函数。不支持出错时执行函数，否则必须使用 $.ajax。

$.post 只处理 POST 请求功能，以取代复杂 $.ajax。请求成功时可调用回调函数。不支持出错时执行函数，否则必须使用 $.ajax。

语法：

```
$.get("test.php", { name: "John", time: "2pm" })
```

$.get 方法在请求时会自动生成 queryString 提交给服务器（name＝John&time＝2pm），$.post 方法提交的数据直接类似表单提交，提交的数据量比 $.get 更大。

最简单的情况下，$.ajax()可以不带任何参数直接使用。

例如：

```
$.ajax({
    url  : 'http://193.161.24.5/data/infoList.json',
    type : "POST",
    data : {},
    dataType : "json",
    error : function() {},
    success : function(data) {$("#info").html(data.name);}
});
```

url：请求的地址。

type：请求的方式，可以是 GET 或 POST。

data：随请求一起发送的数据，没有数据时为{}。

dataType：希望服务器返回的数据类型。

error：请求出错后的回调函数。

success：请求成功后的回调函数。

$.get()方法使用 HTTP GET 请求从服务器加载数据。

语法：

```
$.get(URL,data,function(data,status,xhr),dataType)
```

$.post()方法使用 HTTP POST 请求从服务器加载数据。

语法：

```
$(selector).post(URL,data,function(data,status,xhr),dataType)
```

URL：必需。规定需要请求的 URL。

data：可选。规定连同请求发送到服务器的数据。

function(data,status,xhr)：可选。规定当请求成功时运行的函数。其中的参数有

- data：包含来自请求的结果数据。
- status：包含请求的状态("success"、"notmodified"、"error"、"timeout"、"parsererror")。
- xhr：包含 XMLHttpRequest 对象。

dataType：可选。规定预期的服务器响应的数据类型。默认地，jQuery 会智能判断。

例如，发送一个 HTTP GET 请求到页面并取回结果。

```
$("button").click(function(){
    $.get("demo_test.html",function(data,status){
        alert("Data: "+data+"nStatus: "+status);
    });
});
```

例如，使用 $.post()连同请求一起发送数据。

```
$("button").click(function(){
    $.post("/try/ajax/demo_test_post.php",{ name:"商品", num:3 },
    function(data,status){ alert("数据: \n"+data+"\n状态: "+status);
    });
});
```

$.getJSON()方法通过 HTTP GET 请求载入 JSON 数据。

语法：

```
$.getJSON(url,data,success(data,status,xhr))
```

例如：

```
$(document).ready(function(){
    $("button").click(function(){
        $.getJSON("demo_ajax_json.js",function(result){
            $.each(result, function(i, field){
                $("div").append(field+" ");
```

```
                });
            });
        });
    });
```

12.10　咖啡商城——查看商品详情

12.10.1　项目说明

咖啡商城的首页中有商品浏览版块,如图 12.3 所示,单击其中的某个商品,则跳转到该商品的详情页面,如图 12.4 所示。虽然每个商品都对应不同的详情,但是,只要制作一个商品详情页面,再根据用户选择的不同商品,在网页上更新该商品的数据即可。这些数据包括商品的图片、名称、价格、描述等。这种动态的数据更新,通常使用 Ajax 实现。

图 12.3　商品浏览

图 12.4　商品详情

12.10.2　项目设计

(1) 在"商城首页.html"中,对每个商品的图片都建立超链接,单击图片就会跳转到"商品详情.html"页面,同时带有参数 productId 作为商品编号。

```
<a href="商品详情.html? productId=g78" target="_blank">
    <img src="img/home/taobao/1.jpg_.webp" align="absmiddle">
</a>
```

（2）在"商品详情.html"页面，通过地址栏信息获取参数 productId 的值。

① 127.0.0.1:81/coffee/商品详情.html?productId=g78

```
var loc=window.location.href;
var n=loc.indexOf("=");
var productId=loc.substr(n+1);
```

（3）通过商品编号 productId，从本地文件中读取商品数据。在本项目中，每个商品的数据都被保存在文本文件中，文件以商品编号命名，如图 12.5 所示。文件中的数据以JSON 格式存储。

```
{
    "gname": "【热销36万 特价全国包邮】越南原装进口3合1中原g7速溶咖啡800g",
    "gid": "g77",
    "price": "33.99",
    "pic": "1.jpg"
}
```

图 12.5　JSON 文件

（4）当"商品详情.html"页面加载时，执行 ajax 方法，异步请求数据，并显示在页面上。

（5）由于使用了 jQuery，在"商品详情.html"页面应该引入 jQuery 的库文件。

```
<script type="text/javascript" src="js/jquery.min.js"
charset="utf-8"></script>
```

12.10.3　项目实施

加载商品信息的 ajax() 方法实现代码如下。

```
function loadGoods(param) {
    $.ajax({
        url:'data/'+param+'.txt',
        type: "get",
```

```
        data: {},
        dataType: "json",
        error: function() {
            alert("json读取失败");
        },
        success: function(data) {
            document.getElementById("gname").innerHTML=data.gname;
            document.getElementById("price").innerHTML='￥'+data.price;
            document.getElementById("gid").value=data.gid;
            document.getElementById("first_img").src="img/detail/"+data.pic;
            var c=document.getElementById("canvas1");
            var ctx=c.getContext("2d");
            ctx.clearRect(0, 0, c.width, c.height);    //擦除画布中的原图像
            var img=new Image();
            img.src="img/detail/"+data.pic;
            img.onload=function(){                          //绘制商品源图
                ctx.drawImage(first_img, 0, 0, c.width, c.height);
            }
        }
    });
}
```

习　　题

1. (　　　)不是 jQuery 的选择器。
   A. 基本选择器　　　　　　　　　　　B. 层次选择器
   C. CSS 选择器　　　　　　　　　　　D. 表单选择器

2. (　　　)不是 jQuery 对象访问的方法。
   A. each()　　　　　B. size()　　　　　C. .length　　　　D. onclick()

3. 如果需要匹配包含文本的元素,则用(　　　)实现。
   A. text()　　　　　B. contains()　　　C. input()　　　　D. attr(name)

4. 如果想找到一个表格的指定行数的元素,用(　　　)方法可以快速找到指定元素。
   A. text()　　　　　B. get()　　　　　C. eq()　　　　　D. contents()

5. 在 jQuery 中,想给第一个指定的元素添加样式,选项(　　　)是正确的。
   A. first　　　　　　　　　　　　　　B. eq(1)
   C. css(name)　　　　　　　　　　　D. css(name,value)

6. 在 jQuery 中想实现通过远程 httpget 请求载入信息功能的是(　　　)。
   A. $. ajax()　　　　　　　　　　　　B. load(url)
   C. $. get(url)　　　　　　　　　　　D. $. getScript(url)

7. 选项(　　)能隐藏下面的元素。

```
<inputid="id_txt"name="txt"type="text"value=""/>
```

  A. $("id_txt").hide();   B. $(#id_txt).remove();

  C. $("#id_txt").hide();   D. $("#id_txt").remove();

8. jQuery 的方法 get()用于(　　)。

  A. 使用 HTTP GET 请求从服务器加载数据

  B. 返回一个对象

  C. 返回存在 jQuery 对象中的 DOM 元素

  D. 触发一个 get Ajax 请求

9. 在 jQuery 中,

```
$('#hello').css("color","#f0000")
$('#hello').css("color"")
```

表示的含义分别是(　　)和(　　)。

  A. $('#hello').css("color",#0000)表示选择 id 为 hello 的元素,并设置颜色为 "f0000"

  B. $('#hello').css("color"")表示选择 id 为 hello 的元素,并且取到该元素字体显示的颜色

  C. $('#hello')css("color""f0000"表示选择 CSS 类为 hello 的元素,并且取到该元素字体显示的颜色

  D. $('hello')css("color")表示选择 CSS 类为 hello 的元素,并且取到该元素字体显示的颜色

10. 在 jQuery 中,(　　)选择使用 myClass 类的所有元素。

  A. $(".myClass")   B. $("#myClass")

  C. ${*}   D. ${'body'}

11. 在 jQuery 中指定一个类,如果存在,就执行删除功能,如果不存在,就执行添加功能。(　　)是可以直接完成该功能的。

  A. removeClass()   B. deleteClass()

  C. toggleClass(class)   D. addClass()

12. JQuery 中,属于鼠标事件方法的选项是(　　)。

  A. onClick() B. mouseOver() C. onMouseOut() D. blur()

13. 在 jQuery 中,关于 fadeIn()方法正确的是(　　)。

  A. 可以改变元素的高度

  B. 可以逐渐改变被选元素的不透明度,从隐藏到可见(褪色效果)

  C. 可以改变元素的宽度

  D. 与 fadeIn()相对的方法是 fadeOn()

14. 在 jQuery 中,通过 jQuery 对象.css()可实现样式控制,以下说法正确的是(　　)和(　　)。

A. css()方法会去除原有样式而设置新样式

B. 正确语法：css("属性","值")

C. css()方法不会去除原有样式

D. 正确语法：css("属性")

15. 下列选项中,(　　)不属于键盘事件。

A. keydown　　　　B. keyup　　　　　C. keypress　　　　D. ready

16. 以下 jQuery 代码运行后,对应的 HTML 代码变为(　　)。

HTML 代码：<p>你好</p>

jQuery 代码：$("p").append("<b>快乐编程</b>");

A. <p>你好</p><b>快乐编程</b>

B. <p>你好<b>快乐编程</b></p>

C. <b>快乐编程</b><p>你好</p>

D. <p><b>快乐编程</b>你好</p>

17. 下列选项中,有关数据验证的说法,正确的是(　　)。

A. 使用客户端验证可以减轻服务器压力

B. 客观上讲,使用客户端验证也会受限于客户端的浏览器设置

C. 基于 JavaScript 的验证机制正是将服务器的验证任务转嫁至客户端,有助于合理使用资源

D. 以上说法均正确

18. 以下关于 jQuery 优点的说法,错误的是(　　)。

A. jQuery 的体积较小,压缩以后,大约只有 100KB

B. jQuery 封装了大量的选择器、DOM 操作、事件处理,使用起来比 JavaScript 简单得多

C. jQuery 的浏览器兼容很好,能兼容所有的浏览器

D. jQuery 易扩展,开发者可以自己编写 jQuery 的扩展插件

19. 在 jQuery 中,下列关于 DOM 操作的说法错误的是(　　)和(　　)。

A. $(A).append(B)表示将 A 追加到 B 中

B. $(A).appendTo(B)表示把 A 追加到 B 中

C. $(A).after(B)表示将 A 插入到 B 以后

D. $(A).insertAfter(B)表示将 A 插入到 B 以后

20. (　　)函数不是 jQuery 内置的与 Ajax 相关的函数。

A. $.ajax()　　　　B. $.get()　　　　C. $.post()　　　　D. $.each()

21. 选项(　　)不能正确地得到下面这个标签。

<input? id="btnGo"type="buttom"value="单击"class="btn">

A. $("#btnGo")　　　　　　　　　　B. $(".btnGo")

C. $(".btn")　　　　　　　　　　　D. $("input[type='button']")

22. 以下关于 jQuery 的描述,错误的是(　　)。
    A. jQuery 是一个 JavaScript 函数库
    B. jQuery 极大地简化了 JavaScript 编程
    C. jQuery 的宗旨是 writeless,domore
    D. jQuery 的核心功能不是根据选择器查找 HTML 元素,然后对这些元素执行相关的操作

23. 在 jQuery 中被誉为工厂函数的是(　　)。
    A. ready()　　　　B. function()　　　　C. $()　　　　D. next()

跨平台移动 App 开发

本章概述

通过本章的学习，学生能够掌握使用 HTML、JavaScript、CSS 开发 App 的方法；学会如何利用 HBuilder 提供的项目模板和打包工具，快速开发出适用于 Android/iOS 手机的 App 程序。

学习重点与难点

重点：

（1）运用 Hello mui 示例模板，开发 UI 界面控件。

（2）运用 Hello H5＋示例模板，调用手机底层功能。

难点：

（1）读懂示例程序源代码。

（2）清楚引入库文件的依赖关系。

重点及难点学习指导建议：

- HBuilder 提供的 MUI 控件和 API 调用接口方法几乎可以满足常见的项目需求，只要熟练掌握，就能快速开发出自己的 App。

13.1　HTML5 Plus规范

HTML5 Plus 移动 App 简称 5＋App,是一种基于 HTML、JavaScript、CSS 编写的运行于手机端的 App,这种 App 可以通过扩展的 JS API 任意调用手机的原生能力,实现与原生 App 同样强大的功能和性能。

通过 HTML5 开发移动 App 时,会发现 HTML5 很多能力不具备。为弥补 HTML5 能力的不足,在 W3C 的指导下成立了 www. html5plus. org 组织,推出 HTML5＋规范。

HTML5＋规范是一个开放规范,允许三方浏览器厂商或其他手机 runtime 制造商实现。HTML5＋扩展了 JavaScript 对象 plus,使得 JavaScript 可以调用各种浏览器无法实现或实现不佳的系统能力,设备能力如摄像头、陀螺仪、文件系统等,业务能力如上传下载、二维码、地图、支付、语音输入、消息推送等。

HBuilder 的手机原生能力调用分两个层面。

(1) 跨手机平台的能力调用都在 HTML5＋规范里,如二维码、语音输入,使用 plus. barcode 和 plus. speech。编写一次,可跨平台运行。

(2) Native.js 是另一项创新技术。手机 OS 的原生 API 有 40 多万,大量的 API 无法被 HTML5 使用。Native. js 把几十万原生 API 封装成了 JavaScript 对象,通过 JavaScript 可以直接调 iOS 和 Android 的原生 API。这部分就不再跨平台,写法分别是 plus. ios 和 plus. android,如调 ios game center,或在 android 手机桌面创建快捷方式。

Native. js 的用法示例如下。

```
var obj=plus.android.import("android.content.Intent");
```

将一个原生对象 android. content. Intent 映射为 JavaScript 对象 obj,然后在 JavaScript 里操作 obj 对象的方法属性就可以了。

13.2　HTML5＋ App

使用 HTML5＋开发的移动 App 并非 mobile web 页面。mobile web 的文件存放在 Web 服务器上,而移动 App 的文件存放在手机本地,编写移动 App 的 html、js、css 文件被打包到 ipa 或 apk 等原生安装包,在手机客户端运行。

这些移动 App 里的某些页面也可以继续从服务器端以网页方式下行,就像任何原生应用(如微信)都可以内嵌网页一样。

所以,mobile web 在 HBuilder 里新建项目时属于 web 项目。不要放置到移动 App 项目下。mobile web 项目也不能真机联调和打包。

(1) 把一个 mobile web 项目打包成移动 App。

① 在 HBuilder 里新建一个 Web 项目,把 mobile web 代码放进去。

② 在 HBuilder 里新建移动 App。

③ 在新建的移动 App 下找到 manifest. json,将其中的入口页面配置为 mobile web 的网络地址。

④ 发行打包,得到一个移动 App 的安装包。除了有一个安装包和桌面上有一个快捷方式外,与浏览器的体验不会有其他区别。

⑤ 不过,这样的移动 App 体验很差,它在页面跳转时会像浏览器那样切换并且白屏,它完全无法脱线使用,没有网络时点开这个 App 只能看到一片白板。这样的 App 在 Apple 的 Appstore 审核时是无法通过的,其他大的安卓市场也不会允许发行。

(2) 建立正规的移动 App,方法如下所示。

① 在 HBuilder 里新建移动 App 项目。

② 在移动 App 里编写 HTML、JavaScript、CSS 文件,本地 JavaScript 通过 Ajax 方式请求服务器数据,通过 plus. net 对象避开跨域限制。

③ 移动 App 里的 JavaScript 可以通过 plus 对象调用手机原生能力。

④ 编写好的移动 App 点打包变成安装包,这才是一个体验良好的、可上线的移动 App。

(3) 混合型移动 App。这里的混合型移动 App 并非是原生和 HTML5 的 hybrid App,而是指一部分页面是本地的 HTML,通过 Ajax 与服务器交互,另一部分页面是从服务器下行的 mobile web 页面。其过程如下。

① 分别新建一个 Web 项目和一个移动 App 项目。

② 在移动 App 里的某个 HTML 里通过超链接访问 mobile web 页面。

③ 在服务器下行的 mobile web 页面中,同样可以通过 JavaScript 调用本地 HTML5 Plus API 对硬件层进行访问,类似微信 JS SDK。

13.3　HelloMUI 示例

HBuilder 开发环境提供了一个 Hello mui 示例程序,并提供了用户界面的各种控件展示,可以作为 UI(界面)的参考代码和开发模板。通常,可以先创建这个示例,运行和展示其控件功能,然后参照其中的代码编写自己的 UI。

创建 Hello mui 示例程序的过程如下所示。

(1) 选择“文件”→“新建”→“移动 App”,在如图 13.1 所示的对话框中填写应用名称,选择模板 Hello mui 示例。

(2) 项目结构如图 13.2 所示。其中,index. html 默认为首页。

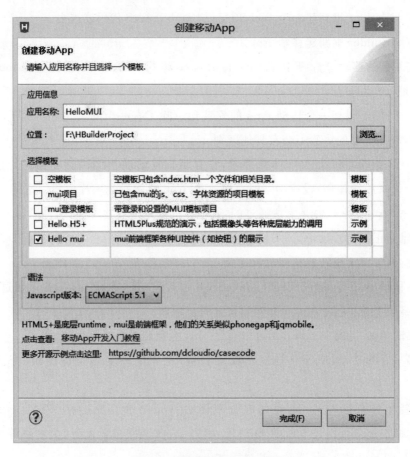

图 13.1　创建 Hello mui 示例

图 13.2　项目结构

（3）在浏览器内运行该项目，如图 13.3 所示。

（4）单击其中的选项，可以看到各种界面效果，如图 13.4 所示。

（5）连接手机后，选择"运行"→"手机"运行，单击"运行"按钮，就可以在手机上体验
MUI 的各项能力。连接手机的方法参见第 1 章。

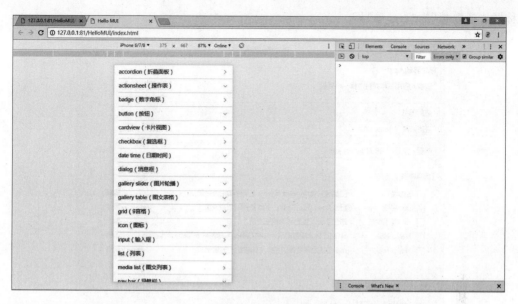

图 13.3　运行项目

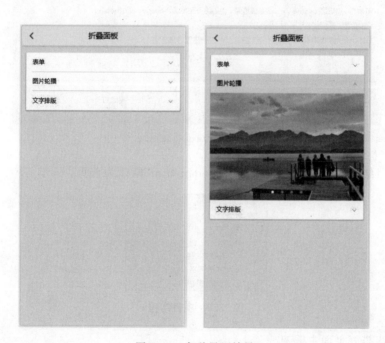

图 13.4　各种界面效果

13.4　建立 MUI 项目

利用 HBuilder MUI 模板创建移动 App 项目的过程如下。

（1）选择"文件"→"新建"→"移动 App"，在如图 13.5 所示的对话框中填写"应用名称""选择模板"为"mui 项目"。

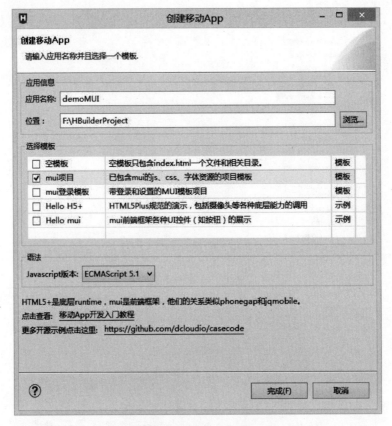

图 13.5　创建 mui 项目

（2）项目结构如图 13.6 所示。其中，index.html 默认为首页。

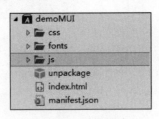

图 13.6　项目结构

（3）三步搭好页面主框架。

① 新建含 mui 的 HTML 文件。在 HBuilder 中新建 HTML 文件，选择"含 mui 的 HTML"模板，可以快速生成 mui 页面模板，该模板默认处理了 mui 的 js、css 资源引用。

② 输入 mheader。顶部标题栏是每个页面都必需的内容，在 HBuilder 中输入 mheader，可以快速生成顶部导航栏。

③ 输入 mbody。在 HBuilder 中输入 mbody，可快速生成包含.mui-content 的代码块。除顶部导航、底部选项卡两个控件外，建议其他控件都放在.mui-content 控件内。

13.5 咖啡商城——移动 App

13.5.1 项目说明

制作咖啡商城——移动 App 的 UI,包括 4 个基本模块:首页、商品详情、购物车、我的订单。其中首页包括导航、广告和商品展示,如图 13.7 所示。

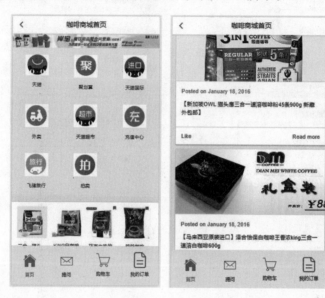

图 13.7 App 首页

"商品详情"页面如图 13.8 所示。"购物车"页面如图 13.9 所示。

图 13.8 "商品详情"页面

图 13.9 "购物车"页面

"我的订单"页面如图 13.10 所示。

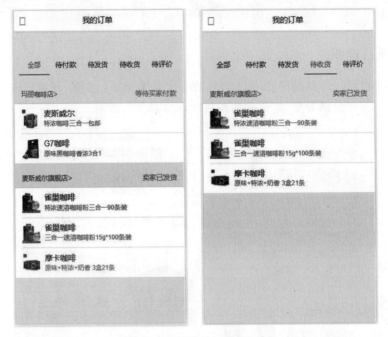

图 13.10 "我的订单"页面

13.5.2 项目设计

此项目包含多种 UI 控件,如图片轮播、九宫格、图文表格、卡片视图、底部选项卡等。使用 MUI 模板开发,可以利用模板控件快速完成项目界面的搭建。

13.5.3 项目实施

(1) 新建移动 App 项目,命名为 coffee_app,选择"MUI 项目"模板。

(2) 新建目录 pages,新建 HTML 文件"首页.html",选择"含 mui 的 html",如图 13.11 所示。

(3) 编辑"首页.html",输入 mHeader,快速生成首页头部,如图 13.12 所示。

图 13.11 新建首页

图 13.12 首页头部

（4）输入 mBody，生成页面主体。

（5）输入 mslider_gallery，生成图片轮播，如图 13.13 所示。

（6）输入 mgrid，生成九宫格，如图 13.14 所示。

图 13.13　图片轮播

图 13.14　九宫格

（7）输入 mslider_gallery_table，生成图文表格，如图 13.15 所示。

（8）想制作"卡片视图"，但是不知道它的快捷键，可以从 HelloMUI 示例项目中找它的代码。找到 example 目录中的 card.html，复制第 40～52 行，粘贴到首页.html 中。换上自己的图片，效果如图 13.16 所示。

图 13.15　图文表格

图 13.16　卡片视图

（9）输入 mtab，生成底部选项卡，如图 13.17 所示。

图 13.17　底部选项卡

（10）完成首页的界面布局，替换其中的图片和文字。其余的页面和 UI 控件，请参照以上方式自己完成，此处不再赘述。

13.6　Hello H5+ 示例

HBuilder 开发环境提供了一个 Hello H5＋示例程序，并提供了调用手机底层功能的方法，展示如何实现设备能力（如摄像头、陀螺仪、文件系统等）及业务能力（如上传下载、二维码、地图、支付、语音输入、消息推送等）。通常，可以先创建这个示例，运行和展示功能，然后参照其中的代码编写自己的 App。

创建 Hello H5＋示例程序的过程如下所示。

（1）选择文件→新建→移动 App，在如图 13.18 所示的对话框中填写应用名称，选择模板 Hello H5＋示例。

（2）项目结构如图 13.19 所示。其中，index.html 默认为首页。

图 13.18　创建 Hello H5＋示例　　　　　　图 13.19　项目结构

（3）可以通过真机运行查看效果。将 iOS 或 Android 设备连接到计算机，这时 HBuilder 会自动检测连接到计算机上的设备，通过菜单栏中的"运行"菜单启动，如图 13.20 所示。

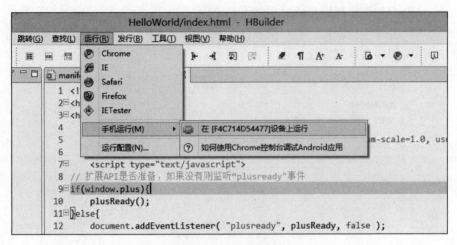

图 13.20 手机运行

（4）示例 App 在手机上的演示效果如图 13.21 所示。

图 13.21 示例 App 在手机上的演示效果

13.7　创建 Hello H5+ 项目

创建 Hello H5+示例程序的过程如下所示。

（1）选择"文件"→"新建"→"移动 App"，在如图 13.22 所示的对话框中填写"应用名称"为 HelloWorld，选择空模板。

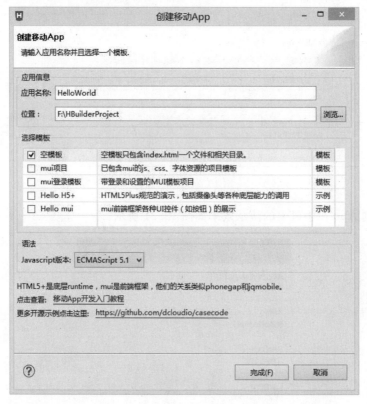

图 13.22　创建 Hello H5+项目

（2）项目结构如图 13.23 所示。其中，index. html 默认为首页。

（3）在项目管理器中双击 manifest. json 文件，打开应用配置页面，如图 13.24 所示。对于要打包的原生应用而言，其各种配置均在此处。

（4）在项目管理器中双击 index. html 文件（快捷键为 Ctrl+T，然后输入 in 选择文件后按回车键），对于 HTML5+应用的页面有一个很重要的 plusready 事件，此事件会在页面加载后自动触发，表示所有 HTML5+ API 都可以使用，在此事件触发

图 13.23　项目结构

前不能调用 HTML5+ API，所以应该在此事件回调函数中调用页面初始化需要调用的 HTML5+ API，而不应该在 onload 或 DOMContentLoaded 事件中调用。

（5）编辑程序启动后默认显示的页面 index. html，在页面中添加一个按钮，单击该按

应用信息　　manifest配置指南

注：manifest里大部分配置在真机运行时是不生效的，生效的部分以蓝色字体表示，其他部分需要通过App打包才可看到效果

基本信息

应用名称：　HelloWorld

appid：　　　H535F384D　　　　　　　　　　　　　　　　　　云端获取

版本号：　　1.0

页面入口：　index.html　　　　　　　　　　　　　　　　　　选择...

应用描述：

□应用是否全屏显示 应用全屏配置说明

□debug模式 (android是否支持日志输出及chrome调试)

应用资源是否解压　◉不解压直接运行　○解压资源后运行

应用信息　图标配置　启动图片(splash)配置　SDK配置　模块权限配置　页面引用关系　代码视图

图 13.24　应用配置页面

钮后将打开新页面加载 www. dCloud. io，为了实现此功能，需要用 HTML5＋扩展 API 中的 plus. webview. create()方法创建窗口，如图 13.25 所示。

```
4   <head>
5       <meta charset="utf-8">
6       <meta name="viewport" content="initial-scale=1.0, maximum-scale=1.0, user-scalab
7       <title></title>
8       <script type="text/javascript">
9           document.addEventListener('plusready', function() {
10              //console.log("所有plus api都应该在此事件发生后调用，否则会出现plus is undefined.
11
12          });
13          function openNewWebview() {
14              var url = "http://www.dCloud.io";
15              plus.webview.create(url).show();
16          }
17      </script>
18  </head>
19
20  <body>
21      Hello World<br>
22      <button onclick="openNewWebview()">打开新页面</button>
23  </body>
24
25  </html>
```

图 13.25　编辑 index. html

编辑完成后，按 Ctrl＋S 组合键保存。

（6）写完代码后，可以通过真机运行查看效果。将 iOS 或 Android 设备连接到计算机，这时 HBuilder 会自动检测连接到计算机上的设备，通过菜单栏中的"运行"菜单启动，如图 13.26 所示。

图 13.26 手机运行

也可通过工具栏启动,如图 13.27 所示。

图 13.27 通过工具栏启动

(7) 启动真机运行后,在控制台中显示以下信息,如图 13.28 所示。

图 13.28 控制台信息

注意:如果提示错误信息,尝试"终止"后重新启动真机运行。

(8) 启动真机后会弹出提示框,单击"确定"按钮,显示页面如图 13.29 所示。

Android 设备会自动安装并启动 HBuilder 调试基座,iOS 设备需要开发者手动单击手机桌面的 HBuilder 调试 App。

注意:真机联调 App 时,提供的是一个测试环境,并不真实发生打包,调试基座 App 的名字、图标、启动封面图片、是否可旋转这些只有打包才能更改的属性不会因为开发者

图 13.29　显示页面

修改 manifest 文件而变化。只有修改 manifest 且单击菜单"发行-打包"后，上述 4 个设置才能更改。

运行后，在 HBuilder 中修改页面代码，保存后会自动同步到手机中，如果手机当前展示着被修改的页面，则会刷新页面。

尝试在 JavaScript 中在 plus ready 之后编写 console. log，或者改写错误的 JavaScript，可以直接在 HBuilder 的控制台看到结果。

如果真机运行遇到各种故障，请单击运行菜单里的"真机运行常见故障指南"。

（9）发行打包。完成应用页面的编辑后，需要正式打包为原生的 apk 或 ipa 安装包。

通过菜单栏中的"发行"→"App 打包"，打开"App 云端打包"对话框，如图 13.30 所示。注意，只有移动 App 项目才可以打包。

AppID：iOS 应用标识，推荐使用反向域名风格的字符串，如"com. domainname. appname"，必须与 profile 文件绑定的 AppID 匹配。

私钥密码：导入私钥证书的密码。

profile 文件：iOS Provisioning Profile 文件（. mobileprovision），必须与苹果 AppID 和私钥证书匹配。

私钥证书：iOS Certificates 文件（. p12）。

HBuilder 提供的打包有云打包和本地打包两种。HBuilder 并不会向开发者收取任何有关打包的费用，也不限制开发者使用本地打包。

云打包的特点是 DCloud 官方配置好了原生的打包环境，可以把 HTML 等文件编译为原生安装包。

- 对于不熟悉原生开发的前端工程师，云打包大幅降低了他们的使用门槛。

图 13.30 "App 云端打包"对话框

• 对于没有 Mac 计算机的开发者，也可以通过云打包直接打出 iOS 的 ipa 包。

无论是云打包，还是本地打包，都在 HBuilder 的"菜单-发行"中。

（10）查看打包状态。通过菜单栏中的"发行"→"查看打包状态"打开"查看 App 打包状态"对话框，查看打包历史记录和状态，如图 13.31 所示。

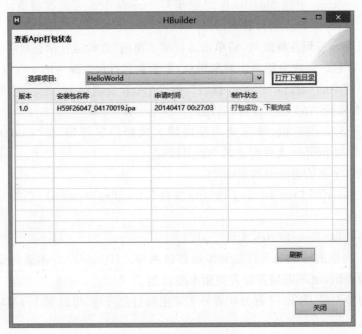

图 13.31 查看打包状态

如果"制作状态"栏显示"打包成功,下载完成",则表示云端打包完成,可单击"打开下载目录"查看下载的安装包。

(11) iOS 发布。对于 iOS 平台,可以选择越狱包或正式包(Appstore 专用或企业证书),前者只能安装在已越狱的设备上,后者可通过 iDP 证书打包提交到 Appstore 发布,或通过 iEP 证书打包在企业内部发布。

(12) Android 发布。对于 Android 平台,可以选择使用 DCloud 生成的公用证书或自己生成的证书,两者不影响安装包的发布,唯一的差别是证书中的开发者和企业信息不同。

(13) 生成 Android 签名证书(使用 DCloud 公用证书可忽略此操作)。确保计算机上安装了 JRE,我们将使用 JRE 自带的创建和管理数字证书的工具 Keytool。使用以下命令生成证书,如图 13.32 所示。

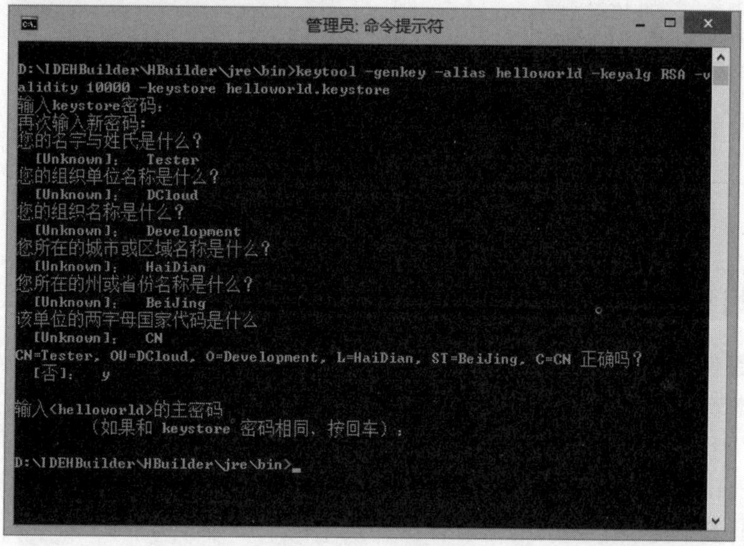

图 13.32　生成证书

- keystore helloworld.keystore 表示生成的证书,可以加上路径(默认在用户主目录下)。
- alias helloworld 表示证书的别名是 helloworld。
- keyalg RSA 表示采用的是 RSA 算法。
- validity 10000 表示证书的有效期是 10000 天。

13.8　项目:语音答题 App

13.8.1　项目说明

制作一个手机 App,用户单击按钮播放问题语音,之后等待用户说出答案,当用户作答后,通过语音识别判断答案是否正确,给出判断结果。用户界面如图 13.33 所示。

图 13.33　用户界面

13.8.2　项目设计

（1）准备 3 个语音文件，如图 13.34 所示。

语音内容分别是：“西汉中后期著名的散文家有哪些?”“恭喜你，答对了”“对不起，答错了”。

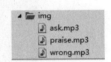

（2）从 Hello H5＋示例程序中找出语音识别的案例 plus/
speech.html，其中提供了基于讯飞语音识别技术的 plus 插件，本例

图 13.34　语音文件

中主要使用 startRecognize()方法实现中文语音识别，如果要做英文
语音识别，还可以使用 startRecognizeEnglish()方法。

（3）通过语言识别，把用户输入的语音转换为文字保存在字符串中，在字符串中查找子串，如果有“司马相如”或者“司马迁”，就算回答正确。

13.8.3　项目实施

新建项目，使用空模板在 index.html 中编辑如下代码。

```
<!DOCTYPE HTML>
<html>
    <head>
        <meta charset="utf-8" />
        <meta name="viewport" content="initial-scale=1.0, maximum-scale=1.0,
        user-scalable=no" />
        <meta name="HandheldFriendly" content="true" />
```

```
<meta name="MobileOptimized" content="320" />
<title>Hello H5+</title>
<script type="text/javascript" src="js/common.js"></script>
<script type="text/javascript">
    var text=null;
    function ask() {
        document.getElementById("ask").play();
    };
    function startRecognize() {
        if(plus.os.name=='Android' &&
        navigator.userAgent.indexOf('StreamApp')>0) {
            plus.nativeUI.toast('当前环境暂不支持语音识别插件');
            return;
        }
        var options={};
        options.engine='iFly';
        text.value="";
        outSet("开始语音识别: ");
        plus.speech.startRecognize(options, function(s) {
            outLine(s);
            text.value+=s;
            testanswer(s);
        }, function(e) {
            outSet("语音识别失败: "+e.message);
        });

    }

    function testanswer(a) {
        //alert("get "+a);
        var text=document.getElementById("text");
        var a=text.value;
        if(a.indexOf("司马迁")>=0 || a.indexOf("司马相如")>=0) {
            document.getElementById("praise").play();
        }
    }
</script>
<link rel="stylesheet" href="css/common.css" type="text/css"
charset="utf-8" />
</head>
<body onload="text=document.getElementById('text');">
    <header id="header">
        <div class="nvbt iback" onClick="back(true)"></div>
        <div class="nvtt">Speech</div>
```

```html
        <div class="nvbt idoc" onClick="openDoc('Speech Document',
        '/doc/speech.html')"></div>
        <audio id="ask" src="img/ask.mp3"></audio>
        <audio id="praise" src="img/praise.mp3"></audio>
        <audio id="wrong" src="img/wrong.mp3"></audio>
    </header>
    <div id="dcontent" class="dcontent">
        <div class="button" onClick="ask()">提   问</div>
        <br/>
        <div class="button" onClick="startRecognize()">开始语音识别</div>
        <br/>
        <textarea readonly="readonly" id="text" style="margin:2%;padding:
        2%;height:50%;width:90%;border:1px solid #6C6C6C;-webkit-border-
        radius: 2px;border-radius: 2px;-webkit-appearance:none;">
        语音输入内容
        </textarea>
    </div>
    <div id="output">
        Speech 提供语音识别功能,可通过麦克风设备进行语音输入操作。
    </div>
</body>
<script type="text/javascript" src="js/immersed.js"></script>
</html>
```

网站综合设计

章节概述

通过本章的学习,学生能够综合运用前面章节所讲知识,充分掌握 HTML、CSS、JavaScript 的基本语法和作用,在熟练运用所学技术的基础上完成一个较为综合复杂的咖啡销售网站的页面设计和实现,学会使用 HTML 进行页面结构搭建,使用 CSS 进行页面样式设定,使用 JavaScript 实现页面动态效果和用户动态交互。

学习重点与难点

重点:

(1) HTML 与 HTML5 的常用标签的使用。

(2) CSS 样式定义。

(3) JavaScript 脚本编写、函数定义、事件处理。

难点:

(1) CSS 样式的定义和使用。

(2) JavaScript 事件处理。

重点及难点学习指导建议:

- 对综合项目的整体需求进行反复阅读,理解需求的含义。
- 根据需求设计项目各个主要页面的布局,可参考本章给出的 UI 设计样例。
- 对每个页面中的关键内容确定使用的实现技术。
- 根据前面章节对综合项目各个关键模块的实现,完成整个项目中各个页面的代码实现。

14.1 项 目 构 思

本章实现一个综合的、较为复杂的 Web 网站界面,综合运用之前所学知识,利用 HTML5、CSS、JavaScript 等技术,完成一个咖啡销售网站的界面设计和实现。

咖啡销售网站的页面主要包括以下 4 个部分。

(1) 商城首页

(2) 商品详情页面

(3) 购物车页面

(4) 我的订单页面

下面分别对以上页面包含的内容加以说明。

1. 商城首页

整个咖啡销售网站的首页面主要包含网站导航区、商品分类区、商品展示区、新闻广告区和页脚区。

(1) 网站导航区:位于首页面的顶部,从上至下依次用于展示用户通用功能链接区、网站搜索操作区、网站各模块导航条区。

① 用户通用功能链接区,从左至右依次为

· "登录"链接。

· "注册"链接。

· "我的订单"链接。

· "购物车"链接。

· "帮助中心"链接。

② 网站搜索操作区,从左至右依次为

· 网站 Logo 图标。

· 站内商品搜索框和搜索按钮。

· "购物车"按钮。

· "我的驿吧"按钮。

③ 网站各模块导航条区,从左至右依次为

· "首页"链接。

· "商品分类"链接。

· "商品详情"链接。

(2) 商品分类区:位于首页面的左侧,从上至下依次用于展示咖啡商品大类名称链接、咖啡商品小类名称链接、商品展示区。

① 咖啡商品大类名称链接,从上至下依次为

· 白咖啡。

· 咖啡器具。

· 咖啡原料。

- 咖啡辅料。
- 咖啡壶。

② 咖啡商品小类名称链接,从上至下包括

- 白咖啡大类下,包含大马白咖啡、白咖啡等。
- 咖啡大类下,包含咖啡豆、咖啡生豆、有机咖啡、咖啡胶囊等。
- 咖啡器具大类下,包含奶泡壶、压粉器、磕粉盒、滤纸/滤器/滤布/虑杯、光波炉等。
- 咖啡原料大类下,包含咖啡粉、速溶咖啡粉、纯咖啡粉等。

（3）商品展示区:位于首页面中间,从上至下依次用于展示幻灯图片公告展示区、商品列表展示区。

① 幻灯图片公告展示区,由一组图片以幻灯片方式循环播放,用于展示网站重要公告消息、广告等。

② 商品列表展示区,从上至下包括 X 行 Y 列的以列表方式排列的商品展示单元。

每个展示单元用于展示一种商品,每个展示单元从上至下包括

- 商品图片。
- 商品价格。
- 售出件数。

（4）新闻广告区:位于首页面右侧,从上至下依次用于展示咖啡快报区、广告区。

① 咖啡快报区,用于显示快报标题链接。

从上至下包括 4 行 2 列的以列表方式排列的快报标题。左侧提供"更多快报"链接。

② 广告区,用于展示网站招标、活动、优惠等广告宣传图片。

从上至下包括 X 行 1 列的以列表方式排列的广告图片。

（5）页脚区:位于首页面底部,从左至右依次展示如下内容。

- "网站地图"链接。
- "关于我们"链接。
- "沙龙动态"链接。
- "友情链接"链接。
- "联系我们"链接。
- "版权声明"链接。
- "会员登录"按钮。
- "会员注册"按钮。

2. 商品详情页面

商品详情页面用于显示商品详细信息,主要包含导航区、商品购买区、热卖商品排行榜、商品详细信息显示区。

（1）导航区:位于页面顶部,用于显示网站中的其他模块链接,与商城首页的"网站导航区"内容一致。

（2）商品购买区:位于页面中间,用于显示商品购买操作信息,从左至右依次用于展示:

① 商品图片区,用于显示商品外观大图。

② 商品购买区,从上至下为商品名称、商品简介、商品价格、商品单位价格、邮费、"立即购买"和"加入购物车"按钮。

③ 商品细节小图区,用于显示商品细节小图片。

从上至下包括：X 行 1 列的以列表方式排列的商品细节小图片。

(3) 热卖商品排行榜：位于页面左侧,用于显示热卖商品信息,从上至下包括 X 行 1 列的以列表方式排列的热卖商品展示单元。

每个展示单元用于展示一个热卖商品,每个展示单元从上至下为商品图片、商品简介、商品价格、售出件数。

(4) 商品详细信息显示区：位于页面中间,用于显示商品详细信息,从上至下依次用于展示商品详情介绍文字区、商品细节大图区。

① 商品详情介绍文字区。

② 商品细节大图区,用于显示商品细节大图片。

从上至下包括 X 行 1 列的以列表方式排列的商品细节大图片。

3. 购物车页面

购物车页面用于显示购物车信息,主要包含导航区、购物车商品信息区。

(1) 导航区：位于页面顶部,用于显示网站中的其他模块链接,与商城首页的"网站导航区"内容一致。

(2) 购物车商品信息区：位于页面中间,用于显示购物车内的商品信息,从上至下包括 X 行 1 列的以列表方式排列的购物车商品展示单元。

每个展示单元用于展示一个购物车商品。每个展示单元从左至右为商品缩略图片、商品名称、商品描述、商品单价、商品数量、商品金额、操作(包括"移入收藏夹"链接和"删除"链接)。

4. 我的订单页面

我的订单页面用于展示订单信息,主要包含导航区、链接区、订单信息显示区。

(1) 导航区：位于页面顶部,用于显示网站中的其他模块链接,与商城首页的"网站导航区"内容一致。

(2) 链接区：位于页面左侧,用于显示各种操作链接,从上至下依次展示"我的购物车"链接、"已买到的宝贝"链接、"我的收藏"链接、"我的积分"链接、"我的优惠"链接、"退款维权"链接。

(3) 订单信息显示区：位于页面右侧,用于显示订单详细信息,从上至下包括 X 行 1 列的以列表方式排列的订单商品展示单元。

每个展示单元用于展示一个订单商品。每个展示单元从左至右依次为商品缩略图片、商品名称、商品单价、商品数量、商品操作(包括"退款/退货"链接和"投诉卖家"链接)、实付款、交易状态、交易操作(包括"确认收货"按钮)。

14.2　UI 设计

本节对 14.1 节提到的咖啡销售网站的 4 个主要页面进行 UI 设计。

1. 商城首页

（1）网站导航区：位于首页面的顶部，从上至下依次用于展示用户通用功能链接区、网站搜索操作区、网站各模块导航条区。

① 用户通用功能链接区，包含用户"登录"、"注册"链接，"我的订单"链接，"购物车"链接，"帮助中心"链接等。

② 网站搜索操作区，包含网站 Logo 图标、站内商品搜索框、购物车按钮、"我的驿吧"按钮。

③ 网站各模块导航条区，包含"首页"链接、"商品分类"链接、"商品详情"链接。
首页导航区 UI 设计效果如图 14.1 所示。

图 14.1　首页导航区 UI 设计效果

（2）商品分类区：位于首页面的左侧，从上至下依次用于展示咖啡商品大类名称链接、咖啡商品小类名称链接。

① 咖啡商品大类名称链接，如白咖啡、咖啡器具、咖啡原料、咖啡辅料、咖啡壶等。

② 咖啡商品小类名称链接，如：

白咖啡大类下，包含大马白咖啡、白咖啡等。

咖啡大类下，包含咖啡豆、咖啡生豆、有机咖啡、咖啡胶囊等。

咖啡器具大类下，包含奶泡壶、压粉器、磕粉盒、滤纸/滤器/滤布/滤杯、光波炉等。

咖啡原料大类下，包含咖啡粉、速溶咖啡粉、纯咖啡粉等。

商品分类区 UI 设计效果如图 14.2 所示。

（3）商品展示区：位于首页面中间，从上至下依次用于展示幻灯图片公告展示区、商品列表展示区。

① 幻灯图片公告展示区，由一组图片以幻灯片方式播放，用于展示网站重要公告消息、广告等。

② 商品列表展示区，从上至下包括 X 行 Y 列的以列表方式排列的商品展示单元。每个展示单元由商品图片、商品价格和售出件数构成。

商品展示区 UI 设计效果如图 14.3 所示。

（4）新闻广告区：位于首页面右侧，从上至下依次用于展示咖啡快报区、广告区。

图 14.2　商品分类区 UI 设计效果

图 14.3　商品展示区 UI 设计效果

① 咖啡快报区，用于显示快报标题链接，从上至下包括 4 行 2 列的以列表方式排列的快报标题。左侧提供"更多快报"链接。

② 广告区，用于展示网站招标、活动、优惠等广告宣传图片，从上至下包括 X 行 1 列的以列表方式排列的广告图片。

新闻广告区的设计效果如图 14.4 所示。

图 14.4 新闻广告区的设计效果

(5) 页脚区：位于首页面底部，从左至右依次展示"网站地图"链接、"关于我们"链接、"沙龙动态"链接、"友情链接"链接、"联系我们"链接、"版权声明"链接、"会员登录"按钮、"会员注册"按钮等。

页脚区 UI 设计效果如图 14.5 所示。

图 14.5 页脚区 UI 设计效果

2．商品详情页面

商品详情页面用于显示商品的详细信息，主要包含导航区、商品购买区、热卖商品排行榜、商品详细信息显示区。

(1) 导航区：位于页面顶部，用于显示网站中的其他模块链接，与商城首页中的"网站导航区"内容一致，如图 14.1 所示。

(2) 商品购买区：位于页面中间，用于显示商品购买操作信息，从左至右依次展示商品图片区、商品购买区、商品细节小图区。

① 商品图片区，商品外观大图。

② 商品购买区，从上至下包括商品名称、商品简介、商品价格、商品单位价格、邮费、"立刻购买"和"加入购物车"按钮。

③ 商品细节小图区，从上至下包括 X 行 1 列的以列表方式排列的商品细节小图片。

商品购买区 UI 设计效果如图 14.6 所示。

图 14.6　商品购买区 UI 设计效果

（3）热卖商品排行榜：位于页面左侧，用于显示热卖商品信息，从上至下包括 X 行 1 列的以列表方式排列的热卖商品展示单元。每个展示单元由商品图片、商品简介、商品价格和售出件数构成。

热卖商品排行榜 UI 设计效果如图 14.7 所示。

（4）商品详细信息显示区：位于页面中间，用于显示商品的详细信息，从上至下依次展示商品详情介绍文字、商品细节大图。

① 商品详情介绍文字。

② 商品细节大图，从上至下包括 X 行 1 列的以列表方式排列的商品细节大图片。

商品详细信息显示区 UI 设计效果如图 14.8 所示。

3. 购物车页面

购物车页面用于显示购物车中的信息，主要包含导航区、购物车商品信息区。

（1）导航区：位于页面顶部，用于显示网站中的其他模块链接，与商城首页的"网站导航区"内容一致，如图 14.1 所示。

（2）购物车商品信息区：位于页面中间，用于显示购物车内的商品信息，从上至下包括 X 行 1 列的以列表方式排列的购物车商品展示单元。每个展示单元都包括商品缩略图片、商品名称、商品描述、商品单价、商品数量、商品金额、操作。

热卖商品排行榜

特价50片独立包装
¥25.99 已售出10511笔

特价4盒全国包邮 ¥9.88
已售出3084笔

购菌包邮马来西亚进口
零食品 ¥8.39 已售出
2771笔

图 14.7　热卖商品排行榜
UI 设计效果

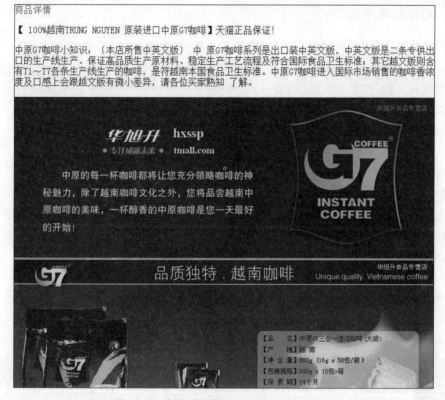

图 14.8　商品详细信息显示区 UI 设计效果

购物车商品信息区 UI 设计效果如图 14.9 所示。

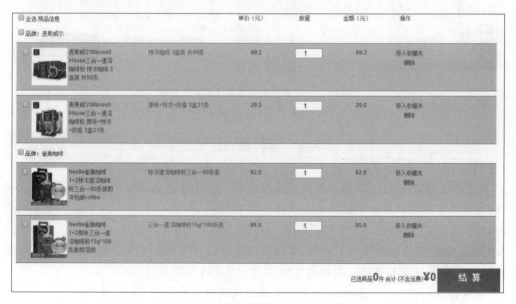

图 14.9　购物车商品信息区 UI 设计效果

4. 我的订单页面

我的订单页面用于展示订单信息，主要包含导航区、链接区、订单信息显示区。

（1）导航区：位于页面顶部，用于显示网站中的其他模块链接，与商城首页的"网站导航区"内容一致，如图 14.1 所示。

（2）链接区：位于页面左侧，用于显示各种操作链接，包括我的购物车、已买到的宝贝、我的收藏、我的积分、我的优惠、退款维权。

图 14.10　链接区 UI设计效果

链接区 UI 设计效果如图 14.10 所示。

（3）订单信息显示区：位于页面右侧，用于显示订单详细信息，从上至下包括 X 行 1 列的以列表方式排列的订单商品展示单元。每个显示单元包括商品缩略图片、商品名称、商品单价、商品数量、商品操作、实付款、交易状态、交易操作。

订单信息显示区 UI 设计效果如图 14.11 所示。

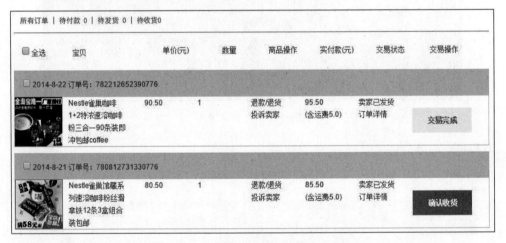

图 14.11　订单信息显示区 UI 设计效果

14.3　网页制作

本节介绍咖啡销售网站各个页面的实现过程。由于之前各章中已经介绍了本综合项目的各个功能模块的关键功能或动态效果的实现代码，因此在本节有关动态效果实现部分不再赘述，这里仅列出各个页面的结构和布局代码。

首先，创建本项目根目录文件夹"咖啡销售网站设计"，在根目录下分建 css、js、image 目录，分别用于存放本项目中用到的 CSS 文件、JS 文件和图片资源。

本项目使用的 CSS 文件 coffee.css 存放于项目根目录下的 css 目录中。

下面分别实现 14.2 节 UI 设计完毕的 HTML 页面。

1. 商城首页

在项目根目录下创建"商城首页.html"。在<head>中导入本页面需要使用的外部
CSS 文件,使用如下语句。

```
<link href="css/coffee.css" rel="stylesheet" type="text/css">
```

(1) 网站导航区。

① 用户通用功能链接区,包括用户"登录""免费注册"链接,"我的订单"链接,"购物
车"链接,"帮助中心"链接等。这里需要使用<a>标签制作超链接,关键代码如下。

```
<div id="topnav">
    <ul>
        <li id="loginbar">
        <span>您好,游客您好! 欢迎来到咖啡驿</span>
        <a href="" onClick="login()">[登录]</a> 
        <a href="" onClick="reg()">[免费注册]</a></li>
        <li><a href="#">我的订单</a></li>
        <li><a href="#" target="_blank">购物车</a></li>
        <li>帮助中心</li>
    </ul>
</div>
```

② 网站搜索操作区,包括网站 Logo 图标、站内商品搜索框、购物车按钮、"我的驿吧"
按钮。这里需要使用<form>标签制作搜索文本框和按钮,关键代码如下。

```
<div class="search">
    <div>
        < a href="#" hidefocus="true"><img width="150px" src="image/site_
        logo.jpg"></a>
    </div>
    <div id="searchForm">
        <div class="form">
            <form method="GET" action="">
                <input type="text" class="text" name="keyword" autocomplete=
                "off">
                <input type="submit" class="button" value="搜索" hidefocus=
                "true">
            </form>
        </div>
    </div>
    <div id="mycoffee">
        <dl><dt><a href="">我的驿吧</a></dt></dl>
    </div>
    <div id="mycart">
```

```
                <dl><dt><a href="" class="buy">购物车<strong>0</strong>种商品</a></dt>
    </dl>
        </div>
</div>
```

③ 网站各模块导航条区，包括"商城首页"链接、"商品分类"链接、"商品详情"链接。这里仍主要使用<a>标签制作超链接，关键代码如下。

```
<div class="nav">
    <div id="categorys">
        <div><h2><a href="">全部商品分类<b></b></a></h2></div>
    </div>
    <ul>
        <li><a href="商城首页.html">首页</a></li>
        <li><a href="#">商品分类</a></li>
        <li><a href="#" target="_blank">商品详情</a></li>
    </ul>
</div>
```

（2）商品分类区：位于首页面的左侧，从上至下依次用于展示咖啡商品大类名称链接、咖啡商品小类名称链接。

① 咖啡商品大类名称链接，如白咖啡、咖啡器具、咖啡原料、咖啡辅料、咖啡壶等。

② 咖啡商品小类名称链接，如

咖啡大类下，包含咖啡豆、咖啡生豆、有机咖啡、咖啡胶囊等；

咖啡器具大类下，包含奶泡壶、压粉器、磕粉盒、滤纸/滤器/滤布/滤杯、光波炉等；

咖啡原料大类下，包含咖啡粉、速溶咖啡粉、纯咖啡粉等。

注意：这里的<div id="main">容器需要包含"商品分类区""商品展示区"和"新闻广告区"3个区域，关键代码如下。

```
<div id="main">
    <!--商品分类区 -->
    <div class="left">
    <div class="assort ">
        <dl>
        <dt><a href="">白咖啡</a></dt>
            <dd><a href="">大马白咖啡</a>
              |<a href="">白咖啡</a></dd>
            </dl>
            ...
        </div>
        </div>
</div>
```

（3）商品展示区：位于首页面中间，从上至下依次用于展示幻灯图片公告展示区、商品列表展示区。

① 幻灯图片公告展示区,由一组图片以幻灯片方式播放,用于展示网站中的重要公告消息、广告等。

② 商品列表展示区,从上至下包括 X 行 Y 列的以列表方式排列的商品展示单元,每个展示单元由商品图片、商品价格和售出件数构成。

这一部分需要放在"商品分类区"所在的＜div id＝"main"＞＜/div＞中,关键代码如下。

```
<div id="main">
    <!--商品分类区 -->
    ...
    <!--商品展示区 -->
    <!----middle---->
    <div class="middle">
        <div id="notice">
        <!--幻灯图片公告展示区 -->
        <div id="ad_cycle">
            ...
        </div><!--end ad_cycle -->
        </div><!--end notice-->
        <!--商品列表展示区 -->
        <!--queue -->
        <div id="queue">
        <div class="que">
            <div class="que-1">
            <a href="#"><img src="image/taobao/1.jpg_.webp"
            align="absmiddle"></a>
            <p>【热销 36 万特价全国包邮】越南原装进口 3 合 1 中原 g7 速溶咖啡 800g</p>
            </div>
            <div class="que-2">￥32.99</div>
            <span class="que-3">已售出<em>366699</em>件</span>
        </div>
        ...
        </div><!--end queue-->
    </div><!--end middle-->
</div><!--end main-->
```

(4) 新闻广告区:位于首页面右侧,从上至下依次用于展示咖啡快报区、广告区。

① 咖啡快报区,显示快报标题链接,以 4 行 2 列的列表方式排列快报标题。左侧提供"更多快报"链接。

② 广告区,用于展示网站招标、活动、优惠等广告宣传图片,从上至下排列,以 X 行 1 列的列表方式排列广告图片。

这一部分仍需要放在"商品分类区"所在的＜div id＝"main"＞＜/div＞中,关键代码如下:

```
<div id="main">
    <!--商品分类区 -->
    ...
    <!--商品展示区 -->
    ...
    <!--新闻广告区 -->
    <div class="right">
    <div id="coffeenews">
        <div class="mt">
            <h2>咖啡快报</h2>
            <div><a href="" target="_blank">更多快报  &gt;</a></div>
        </div>
        <div class="mc">
            <ul>
            <li><a href="#" title="咖啡师人才服务">咖啡师人才服务</a></li>
            ...
            </ul>
        </div>
    </div><!--end coffeenews--->
    <div id="video">
        <video src="image/monin.mp4"  style="border:10px solid black;margin:
        10px  0;" width=290px autoplay controls>
    浏览器不支持 video</video>
    </div>
    </div><!----end div right---->
</div><!--end main-->
```

（5）页脚区：位于首页面底部，从左至右依次用于展示"网站地图"链接、"关于我们"链接、"沙龙动态"链接、"友情链接"链接、"联系我们"链接、"版权声明"链接、"会员登录"按钮、"会员注册"按钮等。

关键代码如下。

```
<!--页脚区 -->
<footer>
    <div class="footer">
            <a href="#" target="_blank">网站地图</a>/
            <a target="_blank" href="#">关于我们</a>/
            <a target="_blank" href="#">沙龙动态</a>/
            <a target="_blank" href="#">友情链接</a>/
            <a target="_blank" href="#">联系我们</a>/
            <a target="_blank" href="#">版权声明</a>
            <a target="_blank" class="login" href="">会员登录</a>
            <a target="_blank" class="register" href="">会员注册</a>
    </div>
```

```
<div class="copyright">
        <p><a href="" target="_blank">咖啡销售网</a><br>
    Copyright © 2018 All Rights Reserved.</p>
    </div>
</div>
</footer>
```

2. 商品详情页面

商品详情页面用于显示商品的详细信息,主要包含导航区、商品购买区、热卖商品排行榜、商品详细信息显示区。

(1) 导航区:位于页面顶部,用于显示网站中的其他模块链接。

具体实现代码与商城首页中的导航区基本类似,在此不再赘述。

(2) 商品购买区:位于页面中间,用于显示商品购买操作信息,从左至右依次展示商品图片区、商品购买区、商品缩略图区。

① 商品图片区,商品外观大图。

② 商品购买区,从上至下依次展示商品名称、商品简介、商品价格、商品单位价格、邮费、"立刻购买"和"加入购物车"按钮。

③ 商品缩略图区,从上至下依次展示商品细节小图。

商品购买区代码也需要放在最外层容器<div id="main">中,关键代码如下。

```
<div id="main">
<div id="top">
    <div class="left">
        <div>
            <canvas id="canvas1" width="360px" height="360px"></canvas>
            <canvas id="canvas2" width="200px" height="200px"></canvas>
        </div>
        <div id="ULlist">
        <ul>
            <li onMouseOver="changePic(this)"><a href="#">
            <img id="first_img" src="image/taobao/detail/1.jpg"></a></li>
            <li onMouseOver="changePic(this)"><a href="#">
            <img src="image/taobao/detail/2.jpg"></a></li>
            <li onMouseOver="changePic(this)"><a href="#">
            <img src="image/taobao/detail/3.jpg"></a></li>
            <li onMouseOver="changePic(this)"><a href="#">
            <img src="image/taobao/detail/4.jpg"></a></li>
        </ul>
        </div><!---end ULlist--->
    </div><!---end left---->
    <div class="right">
        <img src="image/pic/2.jpg" width="160" height="160" border="0">
```

```
        <img src="image/pic/3.jpg" width="160" height="160" border="0">
        <img src="image/pic/4.jpg" width="160" height="160" border="0">
    </div><!---end right--->
</div><!---end top-->
        …
</div><!--end main -->
```

（3）热卖商品排行榜：位于页面左侧，用于显示热卖商品信息，从上至下以 X 行 1 列的列表方式排列展示单元，每个展示单元由商品图片、商品简介、商品价格和售出件数构成。

热卖商品排行榜代码也需要放在最外层容器＜div id＝"main"＞中，关键代码如下。

```
<div id="main">
…
<div id="mid-bottom">
    <div class="rank">
        <span style="color :red">热卖商品排行榜</span>
            <ul>
                <li>…</li>
                <li>…</li>
            </ul>
    </div>
</div><!--end mid-bottom-->
</div><!---end div main--->
```

（4）商品详细信息显示区：位于页面中间，用于显示商品详细信息，从上至下依次展示商品详情介绍文字、商品细节大图。

① 商品详情介绍文字。

② 商品细节大图。

热卖商品排行榜代码也需要放在最外层容器＜div id＝"main"＞中，并且还需要放在热卖商品排行榜所在的＜div id＝"mid-bottom"＞中，关键代码如下。

```
<div id="mid-bottom">
    <!-- 热卖商品排行榜 -->
    …
    <!-- 商品详细信息显示区 -->
    <div class="detail">
        <p style="color:red">商品详情</p>
        <p>【100%越南 TRUNG NGUYEN 原装进口中原 G7 咖啡】天猫正品保证！</p>
        <p>…</p>
        <img src="image/pic/7.jpg" width="735" border="0" alt="">
        <img src="image/pic/8.jpg" width="735" border="0" alt="">
    </div>
</div><!--end mid-bottom-->
```

3. 购物车页面

购物车页面用于显示购物车中的信息,主要包含导航区、购物车商品信息区。

(1)导航区:位于页面顶部,用于显示网站中的其他模块链接。

具体实现代码与商城首页中的导航区基本类似,在此不再赘述。

(2)购物车商品信息区:位于页面中间,用于显示购物车内的商品信息,从上至下以X行1列的列表方式排列,每个显示单元都包括商品缩略图片、商品名称、商品描述、商品单价、商品数量、商品金额、操作。

需要将购物车商品信息区代码放在最外层容器<div id="container">中,关键代码如下。

```html
<!--购物车商品信息区 -->
<div class="middle">
    <div style="text-align:center;margin:10px;">
        <div>
        <input type="checkbox" name="selectAll" onchange="checkAll(event)">
        全选商品信息</div>
        <div>xxxxx</div>
        <div>单价(元)</div>
        <div>数量</div>
        <div>金额(元)</div>
        <div>操作</div>
    </div>
    <form id="list">
    <!--购物车第一个商品显示单元-->
    <div class="unit">
        <div class="unit1">
        ...
        </div>
    </div><!--end unit -->
    </div>
    </form>
    <div style="text-align:right;">
    已选商品<span style="font-size:2em;color:#d2691e;font-weight:bolder"
    id="piece">0</span>件
    合计(不含运费)<span style="font-size:2em;color:#d2691e;font-weight:
    bolder">
    ¥<span id="money">0</span></span>
    <a href="">
    <div style="display:inline-block;width:120px;height:30px;background:
    #d2691e;
    font-size:20px;color:white;font-weight:bold;font-family:黑体;
    text-align:center;padding:10px">结算</div></a>
```

```
    </div>
</div><!--end middle-->
```

4. 我的订单页面

我的订单页面用于展示订单信息,主要包含导航区、链接区、订单信息显示区。

(1) 导航区:位于页面顶部,用于显示网站中的其他模块链接。

其具体实现代码与商城首页中的导航区基本类似,在此不再赘述。

(2) 链接区:位于页面左侧,用于显示各种操作链接,从上至下以 X 行 1 列的列表方式排列,包括我的购物车、已买到的宝贝、购买过的店铺、我的收藏、我的积分、我的优惠、退款维权。

关键代码如下。

```
<div class="middle">
    <!--链接区 -->
    <div class="left">
        <ul>
            <li><a herf="">我的购物车</a></li>
            <li><a herf="">已买到的宝贝</a></li>
            <li><a herf="">购买过的店铺</a></li>
            <li><a herf="">我的收藏</a></li>
            <li><a herf="">我的积分</a></li>
            <li><a herf="">我的优惠</a></li>
            <li><a herf="">退款维权</a></li>
        </ul>
    </div>
</div>
```

(3) 订单信息显示区:位于页面右侧,用于显示订单的详细信息,从上至下以 X 行 1 列的列表方式排列,每个显示单元包括商品缩略图片、商品名称、商品单价、商品数量、商品操作、实付款、交易状态、交易操作。需要将订单信息显示区代码放在链接区所在容器 <div id="middle">中,关键代码如下。

```
<div class="middle">
    <!--链接区 -->
    ...
    <!--订单信息显示区 -->
    <div class="right">
        <div style="color:gray;font-size:20px;font-family:黑体;
        padding-left:20px;border-bottom:solid 1px gray;padding:10px;">
        所有订单 | 待付款| 待发货 | 待收货
        </div>
        <div style="background:lightgray;padding:10px;margin-top:10px;
        font:12px;
```

```
          text-align:center;">
              <div>商品名称</div>
              <div>商品单价(元)</div>
              <div>商品数量</div>
              <div>商品操作</div>
              <div>实付款(元)</div>
              <div>交易状态</div>
              <div>交易操作</div>
          </div>
          <input type="checkbox" name="selectAll" onchange="checkAll()">全选
          <div class="order">
              <div>
              <input type="checkbox" name="order">2017-3-22
                订单号:782212652390776
              </div>
              <div>
              <img src="image/pic/li/6.jpg" width="80" height="80" border="0"
              alt="">
              <div style="width:100px;display:inline-block;margin-left:10px;
              vertical-align:top;">
              <a href="" alt="">特卖80后记忆龙须糖龙须酥龙眼上海新疆特产</a>
              </div>
              </div>
              <div>10.50</div>
              <div>1</div>
              <div><a href="">退款/退货</a><br><a href="">投诉卖家</a></div>
              <div>15.50<br>(含运费5.0)</div>
              <div>卖家已发货<br><ahref="">订单详情</a></div>
              <div>确认收货</div>
              <div></div>
          </div>
          ...
      </div><!--end right -->
</div><!--end middle -->
```

学习知识点及能力要点

A.1　教材的知识要点及掌握程度

本教材的知识要点及掌握程度如下表所示。

序号	单元标题	知识要点	掌握程度
1	HTML 基础	HTML 语法介绍	了解
		HTML 常用标签	运用
		表格元素	运用、分析
		表单元素	运用、分析
2	HTML5 新增元素和属性	新增文档结构元素	了解
		新增表单元素	运用
3	CSS 基础	CSS 选择符	运用
		文本和字体相关属性	了解、运用
		背景和边框相关样式	了解、运用
4	CSS 盒子模型	盒子相关属性	运用
		浮动定位	运用、分析
		位置定位	运用、分析
		display 属性	运用、分析
5	CSS3 动画	Animation 动画	运用
		Transition 过渡	运用
6	JavaScript 基础	认识 JavaScript	了解
		JavaScript 函数	运用
		事件和事件处理	运用、分析
		内置对象	运用
		BOM 对象	运用
		DOM 对象	运用、分析

续表

序号	单元标题	知识要点	掌握程度
7	Canvas 画布	绘制基本图形	运用
		绘制图像	运用
8	本地存储	Web Storage	运用、分析
		本地数据库	运用、分析
9	JSON 和 Ajax	JSON	了解、运用
		Ajax	了解、运用
10	跨平台移动 App 开发	MUI 框架	运用、分析
		HTML H5＋ API 调用	运用、分析
11	网站综合设计	项目构思	运用
		UI 设计	运用、分析
		网页制作	运用、分析

A.2　教材的能力要点及重要程度

本教材的能力要点及重要程度如下表所示。

目标内容	培养能力	掌握程度	具体描述
理论知识	人文社会科学知识	运用	具有良好的政治素养和道德情操,符合社会行业及对高素质软件人才的预期要求
	专业知识	运用	熟练使用 CSS、JavaScript、HTML5 编写代码;熟悉 HBuilder 等工具完成界面设计和制作;熟悉基于 CSS＋DIV 架构的页面;熟悉 H5＋手机 App 的开发、打包和发布
专业技能	系统的显现和交互作用	理解	识别系统表现的行为和功能特性;掌握人机交互工程设计原则;熟悉软件用户操作习惯和常见需求
	分析问题	识记	掌握根据业务特点和客户需求,选择系统开发技术、设计系统体系结构的方法;对软件系统开发中的理论性和操作性问题具有一定的分析能力
	具有综合和通用化能力	评价	具有综合运用软件开发技术进行系统的创造性开发能力;根据软件规模的大小和复杂度,选择软件开发过程和方法的能力

RGB 颜色对照表

英文代码	形像颜色	HEX 格式	RGB 格式
LightPink	浅粉红	＃FFB6C1	255,182,193
Pink	粉红	＃FFC0CB	255,192,203
Crimson	猩红	＃DC143C	220,20,60
LavenderBlush	脸红的淡紫色	＃FFF0F5	255,240,245
PaleVioletRed	苍白的紫罗兰红色	＃DB7093	219,112,147
HotPink	热情的粉红	＃FF69B4	255,105,180
DeepPink	深粉色	＃FF1493	255,20,147
MediumVioletRed	适中的紫罗兰红色	＃C71585	199,21,133
Orchid	兰花的紫色	＃DA70D6	218,112,214
Thistle	蓟	＃D8BFD8	216,191,216
plum	李子	＃DDA0DD	221,160,221
Violet	紫罗兰	＃EE82EE	238,130,238
Magenta	洋红	＃FF00FF	255,0,255
Fuchsia	灯笼海棠(紫红色)	＃FF00FF	255,0,255
DarkMagenta	深洋红色	＃8B008B	139,0,139
Purple	紫色	＃800080	128,0,128
MediumOrchid	适中的兰花紫	＃BA55D3	186,85,211
DarkVoilet	深紫罗兰色	＃9400D3	148,0,211
DarkOrchid	深兰花紫	＃9932CC	153,50,204
Indigo	靛青	＃4B0082	75,0,130
BlueViolet	深紫罗兰的蓝色	＃8A2BE2	138,43,226
MediumPurple	适中的紫色	＃9370DB	147,112,219
MediumSlateBlue	适中的板岩暗蓝灰色	＃7B68EE	123,104,238
SlateBlue	板岩暗蓝灰色	＃6A5ACD	106,90,205

续表

英文代码	形像颜色	HEX 格式	RGB 格式
DarkSlateBlue	深岩暗蓝灰色	＃483D8B	72,61,139
Lavender	薰衣草花的淡紫色	＃E6E6FA	230,230,250
GhostWhite	幽灵的白色	＃F8F8FF	248,248,255
Blue	纯蓝	＃0000FF	0,0,255
MediumBlue	适中的蓝色	＃0000CD	0,0,205
MidnightBlue	午夜的蓝色	＃191970	25,25,112
DarkBlue	深蓝色	＃00008B	0,0,139
Navy	海军蓝	＃000080	0,0,128
RoyalBlue	皇军蓝	＃4169E1	65,105,225
CornflowerBlue	矢车菊的蓝色	＃6495ED	100,149,237
LightSteelBlue	淡钢蓝	＃B0C4DE	176,196,222
LightSlateGray	浅石板灰	＃778899	119,136,153
SlateGray	石板灰	＃708090	112,128,144
DoderBlue	道奇蓝	＃1E90FF	30,144,255
AliceBlue	爱丽丝蓝	＃F0F8FF	240,248,255
SteelBlue	钢蓝	＃4682B4	70,130,180
LightSkyBlue	淡蓝色	＃87CEFA	135,206,250
SkyBlue	天蓝色	＃87CEEB	135,206,235
DeepSkyBlue	深天蓝	＃00BFFF	0,191,255
LightBLue	淡蓝	＃ADD8E6	173,216,230
PowDerBlue	火药蓝	＃B0E0E6	176,224,230
CadetBlue	军校蓝	＃5F9EA0	95,158,160
Azure	蔚蓝色	＃F0FFFF	240,255,255
LightCyan	淡青色	＃E1FFFF	225,255,255
PaleTurquoise	苍白的绿宝石	＃AFEEEE	175,238,238
Cyan	青色	＃00FFFF	0,255,255
Aqua	水绿色	＃00FFFF	0,255,255
DarkTurquoise	深绿宝石	＃00CED1	0,206,209
DarkSlateGray	深石板灰	＃2F4F4F	47,79,79
DarkCyan	深青色	＃008B8B	0,139,139
Teal	水鸭色	＃008080	0,128,128

英文代码	形像颜色	HEX 格式	RGB 格式
英文代码	形像颜色	HEX 格式	RGB 格式
MediumTurquoise	适中的绿宝石	＃48D1CC	72,209,204
LightSeaGreen	浅海洋绿	＃20B2AA	32,178,170
Turquoise	绿宝石	＃40E0D0	64,224,208
Auqamarin	绿玉/碧绿色	＃7FFFAA	127,255,170
MediumAquamarine	适中的碧绿色	＃00FA9A	0,250,154
MediumSpringGreen	适中的春天的绿色	＃F5FFFA	245,255,250
MintCream	薄荷奶油	＃00FF7F	0,255,127
SpringGreen	春天的绿色	＃3CB371	60,179,113
SeaGreen	海洋绿	＃2E8B57	46,139,87
Honeydew	蜂蜜	＃F0FFF0	240,255,240
LightGreen	淡绿色	＃90EE90	144,238,144
PaleGreen	苍白的绿色	＃98FB98	152,251,152
DarkSeaGreen	深海洋绿	＃8FBC8F	143,188,143
LimeGreen	酸橙绿	＃32CD32	50,205,50
Lime	酸橙色	＃00FF00	0,255,0
ForestGreen	森林绿	＃228B22	34,139,34
Green	纯绿	＃008000	0,128,0
DarkGreen	深绿色	＃006400	0,100,0
Chartreuse	查特酒绿	＃7FFF00	127,255,0
LawnGreen	草坪绿	＃7CFC00	124,252,0
GreenYellow	绿黄色	＃ADFF2F	173,255,47
OliveDrab	橄榄土褐色	＃556B2F	85,107,47
Beige	米色(浅褐色)	＃6B8E23	107,142,35
LightGoldenrodYellow	浅秋麒麟黄	＃FAFAD2	250,250,210
Ivory	象牙	＃FFFFF0	255,255,240
LightYellow	浅黄色	＃FFFFE0	255,255,224
Yellow	纯黄	＃FFFF00	255,255,0
Olive	橄榄	＃808000	128,128,0
DarkKhaki	深卡其布	＃BDB76B	189,183,107
LemonChiffon	柠檬薄纱	＃FFFACD	255,250,205
PaleGodenrod	灰秋麒麟	＃EEE8AA	238,232,170

续表

英文代码	形像颜色	HEX 格式	RGB 格式
Khaki	卡其布	#F0E68C	240,230,140
Gold	金	#FFD700	255,215,0
Cornislk	玉米色	#FFF8DC	255,248,220
GoldEnrod	秋麒麟	#DAA520	218,165,32
FloralWhite	花的白色	#FFFAF0	255,250,240
OldLace	老饰带	#FDF5E6	253,245,230
Wheat	小麦色	#F5DEB3	245,222,179
Moccasin	鹿皮鞋	#FFE4B5	255,228,181
Orange	橙色	#FFA500	255,165,0
PapayaWhip	番木瓜	#FFEFD5	255,239,213
BlanchedAlmond	漂白的杏仁	#FFEBCD	255,235,205
NavajoWhite	Navajo 白	#FFDEAD	255,222,173
AntiqueWhite	古代的白色	#FAEBD7	250,235,215
Tan	晒黑	#D2B48C	210,180,140
BrulyWood	结实的树	#DEB887	222,184,135
Bisque	(浓汤)乳脂,番茄等	#FFE4C4	255,228,196
DarkOrange	深橙色	#FF8C00	255,140,0
Linen	亚麻布	#FAF0E6	250,240,230
Peru	秘鲁	#CD853F	205,133,63
PeachPuff	桃色	#FFDAB9	255,218,185
SandyBrown	沙棕色	#F4A460	244,164,96
Chocolate	巧克力	#D2691E	210,105,30
SaddleBrown	马鞍棕色	#8B4513	139,69,19
SeaShell	海贝壳	#FFF5EE	255,245,238
Sienna	黄土赭色	#A0522D	160,82,45
LightSalmon	浅鲜肉(鲑鱼)色	#FFA07A	255,160,122
Coral	珊瑚	#FF7F50	255,127,80
OrangeRed	橙红色	#FF4500	255,69,0
DarkSalmon	深鲜肉(鲑鱼)色	#E9967A	233,150,122
Tomato	番茄	#FF6347	255,99,71
MistyRose	薄雾玫瑰	#FFE4E1	255,228,225

续表

英文代码	形像颜色	HEX 格式	RGB 格式
Salmon	鲜肉(鲑鱼)色	＃FA8072	250,128,114
Snow	雪	＃FFFAFA	255,250,250
LightCoral	淡珊瑚色	＃F08080	240,128,128
RosyBrown	玫瑰棕色	＃BC8F8F	188,143,143
IndianRed	印度红	＃CD5C5C	205,92,92
Red	纯红	＃FF0000	255,0,0
Brown	棕色	＃A52A2A	165,42,42
FireBrick	耐火砖	＃B22222	178,34,34
DarkRed	深红色	＃8B0000	139,0,0
Maroon	栗色	＃800000	128,0,0
White	纯白	＃FFFFFF	255,255,255
WhiteSmoke	白烟	＃F5F5F5	245,245,245
Gainsboro	亮灰	＃DCDCDC	220,220,220
LightGrey	浅灰色	＃D3D3D3	211,211,211
Silver	银白色	＃C0C0C0	192,192,192
DarkGray	深灰色	＃A9A9A9	169,169,169
Gray	灰色	＃808080	128,128,128
DimGray	暗淡的灰色	＃696969	105,105,105
Black	纯黑	＃000000	0,0,0

第 2 章

1. 代码如下所示。

```
<!DOCTYPE html>
<html>
    <head>
        <metacharset="UTF-8">
        <title></title>
    </head>
    <body>
        <tableborder="1">
            <tr>
                <thheight="200"width="100"rowspan="2">A</th>
                <thcolspan="2"width="200"height="100">B</th>
            </tr>
            <tr>
                <th>E</th>
                <throwspan="2"height="200"width="100">C</th>
            </tr>
            <tr>
                <thcolspan="2"height="100">D</th>
            </tr>
        </table>
    </body>
</html>
```

2. 代码如下所示。

```
<html>
<head>
<metacharset="utf-8">
<title>复选框</title>
</head>
<body>
请选择你喜欢的水果:
```

```
<form method="POST" name="myform">
    <p><input type="checkbox" name="C1" value="ON">苹果</p>
    <p><input type="checkbox" name="C2" value="ON">桔子</p>
    <p><input type="checkbox" name="C3" value="ON">芒果</p>
    <p><input type="submit" value="提交" name="B1"></p>
</form>
</body>
</html>
```

第 3 章

1～5　ABDCD　6～10　DBCBA　11～15　DBADB

第 4 章

一、1～5　BDDDC　6～10　BCACC　11～15　AACDC　16～17　DB

二、答案略

第 5 章

一、1～5　DAAAB　6～10　ABCAA　11～15　DDCCB　16～20　AAADD

二、答案略

第 6 章

1. 代码如下所示。

```
<!DOCTYPE html>
<html>
    <head>
        <meta charset="utf-8">
        <style>
            div{
                width:100px;
                height:100px;
                animation:mymove 5s infinite;
            }
            @keyframes mymove{
                0%{
                    background:red;
                }
                50%{
                    background:yellow;
                }
                100%{
                    background:green;
                }
            }
        </style>
    </head>
```

```
    <body>
        <div></div>
    </body>
</html>
```

2. 代码如下所示。

```
<!DOCTYPE html>
<html>
<head>
<meta charset="utf-8">
<style>
div
{border-radius:10px;
color:#fff;
text-align:center;
line-height:65px;
width:100px;
height:65px;
position:relative;
animation:mymove 5s infinite;
animation-iteration-count:3;
-moz-animation-fill-mode:forwards;
}
@keyframes mymove
{
0%    {background:yellow;left:0px;top:100px;}
25%   {background:teal;left:0px;top:100px;transform:rotate(9deg);}
50%   {background:aqua;left:500px;top:100px;transform:rotate(0deg);}
75%   {background:teal;left:250px;top:100px;}
100%  {background:olive;left:0px;top:100px;transform:rotate(-360deg);}
}
</style>
</head>
<body>
<div>CSS3动画</div>
</body>
</html>
```

3. 代码如下所示。

```
<HTML>
  <HEAD>
    <style>
    @keyframes buttonLight{
        from{
```

```
                background:rgba(96,203,27,0.5);
                box-shadow:0 0 5px rgba(255,255,255,0.3)inset,0 0 3px rgba(220,120,
                200,0.5);
                color:red;}
        50%{
            background:rgba(196,203,127,1);
            box-shadow:0 0 5px rgba(155,255,255,0.3)inset,0 0 3px rgba(220,120,100,
            1);
            color:orange;}
        to{
            background:rgba(96,203,27,0.5);
            box-shadow:0 0 5px rgba(255,255,255,0.3)inset,0 0 3px rgba(220,120,200,0.5);
            color:green;}
    }


    .btn{
        /*按钮的基本属性*/
        border-radius:5px;
        /*调用animation属性,从而让按钮在载入页面时就具有动画效果*/
        animation:buttonLight5sinfinite;
    }</style>
    </HEAD>
    <BODY>
        <button class="btn">发光的button</button>
    </BODY>
</HTML>
```

第 7 章

1～5　ABCBC　6～10　AAACC　11～12　D[BD]

第 8 章

1～5　CBDBA　6～10　BDABD　11～15　ACAAA

第 9 章

答案略

第 10 章

一、1～5　CBDDD　6～10　BCBAD

二、答案略。

第 11 章

答案略

第 12 章

1～5　CDBCD　6～10　CCA[AB]A　11～15　CBB[AB]D　16～20　BDC[AC]
D　21～23　BDC

参 考 文 献

［1］ 陆凌牛. HTML5 与 CSS3 权威指南（上册）［M］. 3 版. 北京：机械工业出版社,2015.

［2］ Jeremy McPeak,Paul Wilton. JavaScript 入门经典［M］. 5 版. 北京：清华大学出版社,2016.

［3］ David Flanagan. JavaScript 权威指南［M］. 6 版. 北京：机械工业出版社,2012.

［4］ Christopher Schmitt,Kyle Simpson. HTML5 经典实例［M］. 北京：中国电力出版社,2013.

［5］ 李东博. HTML5＋CSS3 从入门到精通［M］. 北京：清华大学出版社,2013.